특별하게 제주

특별하게 제주

지은이 강경필, 문신기, 문신희, 빈중권, 정용혁

개정판(2024~2025) 1쇄 발행일 2024년 4월 1일

기획 및 발행 유명종
편집 이지혜
디자인 이다혜
조판 신우인쇄
용지 에스에이치페이퍼
인쇄 신우인쇄

발행처 디스커버리미디어
출판등록 제 2021-000025호(2004. 02. 11)
주소 서울시 마포구 연남로5길 32, 202호
전화 02-587-5558

ISBN 979-11-88829-40-8 13980

*사진을 제공해준 제주특별자치도청과 제주관광공사, 강경필 작가님, 김병주 작가님, 송인희 작가님, 이다혜 작가님,
 김성훈 선생님, 그 외 모든 분께 감사드립니다. 편집상 크게 사용한 사진에만 저작권 표기를 했음을 밝힙니다.

특별하게 제주

디스커버리미디어

전면 개정판을 내면서

〈특별하게 제주〉가 새로워졌습니다. 2024~2025년 전면 개정판을 냅니다. 우리는 책 제목처럼 '특별한 제주 여행 가이드북'을 만들고 싶었습니다. 그 '특별함'을 설명하는 것으로 개정판 서문을 대신하려고 합니다. 결론부터 말씀드리면 정보가 확 늘었습니다. 코로나 시대 이후에도 제주는 변화하고 있습니다. 새로운 명소가 등장했고, 여행자의 최신 취향을 적극적으로 반영한 맛집과 카페, 베이커리도 생겨나고 있습니다.

〈특별하게 제주〉 2024~2025년 전면 개정판은 이런 트렌드를 디테일하게 포착하고, 적극적으로 담아냈습니다. 책 이름만 같을 뿐 정보가 늘고 최신으로 다 바뀌었습니다. 〈특별하게 제주〉가 처음부터 추구한 지향점, 즉 SNS 속 핫 스폿부터 SNS에 없는 히든 스폿까지 빠짐없이 담겠다는 의지는 더욱 강화되었습니다. 제주에 사는 필자 다섯 명이 명소·맛집·카페·숍 등 모든 분야를 직접 취재하며 검증했습니다. 여기에 최신 여행 트렌드까지 반영하여 지금 뜨는 핫 스폿부터 현지인이기에 더 잘 아는 로컬 정보까지 새롭고 혁신적인 역대급 콘텐츠를 담았습니다.

먼저, 휴대용 특별부록으로 준비한 대형 여행 지도를 주목해 주세요. 요즘 뜨는 핫 스폿, 맛집, 카페, 술집, 숍 등 책에 나오는 모든 스폿을 대형 여행 지도에 모두 담았습니다. 두 팔로 펼쳐 보기 딱 좋습니다. 여행 지도 뒷면에 실은 크게 보는 여행 달력도 알찹니다. 월별 꽃 명소, 제철 음식, 제철 생선, 추천 오름, 월별 축제 등을 빠짐없이 담았습니다. 살짝 떼어 특별 부록만 들고 가볍게 떠나도 좋습니다.

'제주 하이라이트'도 새로워졌습니다. '제주 하이라이트'에선 23가지 여행 주제별로 베스트만 가려 뽑았습니다. 인생 사진 성지부터 드라이브 여행까지, 꼭 먹어야 할 제주도 음식부터 카페와 디저트 투어까지, 월별 꽃 여행지부터 섬 속의 섬 여행까지, 최신 정보만 엄선하였습니다. 독자 맞춤 여행을 지향한 이 정보만 잘 챙겨도 당신의 제주도 여행은 특별해질 수 있습니다. 이제 취향 따라 제주를 더 깊이 즐겨보세요. 작가들이 추천하는 '권역별 버킷 리스트'도 꼭 챙겨보세요. 우리가 몰랐던 제주 이야기, 제주도 제철 횟감 정보, 권역·월별 추천 코스도 당신의 여행을 더 만족스럽게 해줄 겁니다.

〈특별하게 제주〉의 2024~2025년 개정판 필진에 변화가 생겼습니다. 시나리오 작업에 집중하기 위해 잠시 멈추었던 강경필 작가가 다시 힘을 보태 주었습니다. 지금까지 그래왔듯 〈특별하게 제주〉의 2024~2025년 전면 개정판이 제주를 특별하게 즐기고, 오래 기억하고 싶은 여행 스토리를 만드는데 훌륭한 동행이 되길 바랍니다.
고맙습니다.

2024년 봄, 제주에서
강경필, 문신기, 문신희, 빈중권, 정용혁

Contents
목차

PART 5 　제주시 동부권 : 조천읍·구좌읍

PART 7 서귀포시 서부권 : 대정읍·안덕면

PART 10 한라산

PART 1

필수 여행 정보

제주·여행 달력부터
꼭 먹어야 할 베스트 음식까지

알아야 제대로 즐길 수 있다. 제주를 더 재미있게 즐길
수 있도록 도와주는 필수 여행 정보 6가지! 열두 달 제
주도 여행 달력, 우리가 몰랐던 제주도 이야기, 제철 횟
감과 해산물, 버스 여행 정보, 일정과 계절까지 고려한
베스트 추천 코스까지 제주 여행에 꼭 필요한 여행 정
보를 담았다.

TRAVEL INTRO 01

일러두기

특별하게 제주 100% 활용법

독자 여러분의 제주 여행이 더 즐겁고, 더 특별하길 바라며 이 책의 특징과 구성, 그리고 활용법을 소개한다. <특별하게 제주>가 친절한 가이드이자 멋진 동행이 되길 기대한다.

1

휴대용 특별부록 :
대형지도 + 월별 꽃 여행 명소 + 제주도 여행 달력

대형 여행 지도와 제주도 여행 캘린더
특별부록만 들고 가뿐하게 떠나세요

빅데이터 분석을 통해 핫 스폿, 맛집, 카페, 술집, 숍 200여 곳을 엄선해 대형 여행 지도에 담았습니다. 지도 뒷면에 실은 여행 캘린더도 알찹니다. 월별 꽃여행 명소, 제철 음식, 제철 생선, 월별 축제, 추천 오름까지 빠짐없이 담았습니다. 특별부록만 들고 가볍게 떠나도 좋습니다.

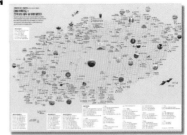

2

제주 베스트 음식과 월별·권역별 추천 코스

우리가 몰랐던 제주 이야기에, 제주 베스트 음식에
버스 여행 정보와 월별·권역별 추천 코스를 더하다

알고 떠나면 더 많이 즐길 수 있어요. 당신의 여행이 더 재밌고, 더 풍성하길 바라며 우리가 몰랐던 10가지 제주 이야기, 제주에서 꼭 먹어야 할 베스트 음식, 버스 여행 정보, 월별·권역별 추천 코스를 자세하게 안내합니다.

3

맞춤 테마 여행 23가지

인생 샷 성지부터 제술램 맛집까지
테마별 맞춤 여행 23가지 올 가이드

독자의 니즈와 취향까지 생각하며 맞춤 테마 여행 23가지를 준비했습니다. 인생 샷 성지·미식 여행·오션 뷰 카페 투어·드라이브·월별 꽃 여행·시장 투어·액티비티·서점 투어·미술관 여행·아이가 더 좋아하는 여행지, 그리고 섬에서 떠나는 섬 여행까지, 이제 취향 따라 여행하세요.

[4]

권역별 정보 6개 권역으로 세분화

디테일하면 여행하기 더 좋으니까
제주도를 6개 권역으로 세분화

동선 짜기 좋고, 여행하기 편하도록 제주도를 6개 권역으로 세
분하여 더 많은 정보를 더 자세하게 담았습니다. 제주시 중심권·
서부권·동부권, 중문과 서귀포 중심권·서부권·동부권. 권역별 정
보 맨 앞에 여행 지도와 권역별 버킷 리스트를 함께 실었습니다.

[5]

부속 섬과 한라산 독립 구성

더 많이, 더 자세히 담기 위해 독립 구성
접근 정보와 코스 지도, 소요 시간까지 디테일하게

우도 가보셨나요? 가파도와 마라도는요? 명소부터 맛집과 카
페까지 제주의 섬 여행 정보를 알차고 풍성하게 담았습니다. 한
라산 트레킹 정보도 단연 압도적입니다. 모든 탐방로의 트레킹
정보를 담았습니다. 코스별 거리, 등반 지도, 소요 시간까지 상
세합니다.

[6]

현지인 작가와 이주민 작가의 공동 작업

현지인 작가와 이주민 작가의 교차 검증
휴무일부터 가격과 주차 정보까지 꼼꼼하게

<특별하게 제주>는 이주민 작가와 현지인 작가가 함께 작업했습니다. 이주민이기에 더 민감한 핫 스폿부터 현
지인이기에 더 잘 아는 로컬 정보까지 역대급 콘텐츠를 담았습니다. 맛집과 카페의 가격과 휴무일, 주차 정보까
지 꼼꼼하게 안내합니다.

제주도 여행 달력

월별 꽃 명소부터
제철 음식과 월별 축제까지

제주도는 달이 바뀔 때마다 다른 표정과 매력을 보여준다. 꼭 가야 할 월별 명소부터
제철 음식과 제철 생선, 월별 꽃 명소와 함께 즐기면 더 좋을 축제까지 빠짐없이 담았다.

	1월	2월	3월	4월	5월	6월
꽃 절정기	동백	동백, 매화	유채, 벚꽃	유채, 겹벚꽃, 청보리	라벤더 메밀꽃	수국 철쭉

꽃 명소	• 동백포레스트
	• 동백수목원
	• 카멜리아힐
	  (동백)
	• 마노르블랑
	  (동백)
		• 경흥농원(동백)
		• 상효원(동백)
		• 휴애리자연생활
		  농원(매화)
		• 걸매생태공원
		  (매화)
		• 노리매공원(매화)
			• 애월읍장전리
			  (벚꽃)
			• 제주시 전농로
			  (벚꽃)
			• 삼성혈(벚꽃)
			• 제주대(벚꽃)
			• 이승악 진입로
			  (벚꽃)
			• 엉덩물계곡(유채)
				• 조랑말체험공원
				  (유채)
				• 서우봉(유채)
				• 산방산(유채)
				• 오라cc(겹벚꽃)
				• 가파도(청보리)
					• 보롬왓(라벤더)
					• 렛츠런팜(메밀꽃)
					• 한라산아래
					  첫마을(메밀꽃)
					• 와흘메밀체험
					  마을(메밀꽃)
						• 혼인지(수국)
						• 종달리(수국)
						• 남수사(수국)
						• 동광리(수국)
						• 에코랜드(수국)
						• 안덕면사무소
						  (수국)
						• 윗세오름(철쭉)

제철 생선	방어, 삼치 도미, 광어	방어, 삼치 도미, 광어	삼치, 도미	자리돔	자리돔	자리돔, 벤자리
제철 음식	방어회 삼치회 당근 주스	방어회 삼치회	삼치회 도미	멸치튀김 멸치조림 자리물회	멸치튀김 멸치조림 자리물회 고사리육개장	자리물회
추천 과일	천혜향, 레드향	레드향, 한라봉				
추천 섬				가파도	마라도, 비양도	우도
추천 오름	아부오름 성산일출봉	금오름	도두봉(벚꽃) 이승악(벚꽃) 서우봉(유채)	대록산(유채) 비밀의 숲(유채) 산방산(유채)	백약이오름 아부오름 지미봉	송악산(수국) 다랑쉬오름 궷물오름
한라산 탐방	1100고지 (설경)				백록담 사라오름	윗세오름(철쭉)

축제	• 성산일출제
	• 국제펭귄수영
	  대회
	• 마노르블랑
	  동백꽃축제
	• 제주윈터
	  페스티발
		• 휴애리매화축제
		• 노리매매화축제
		• 한림공원
		  매화·수선화축제
			• 제주들불축제
			  (새별오름)
			• 제주왕벚꽃축제
				• 제주왕벚꽃축제
				• 제주유채꽃축제
				• 한라산청정
				  고사리축제
					• 가파도
					  청보리축제
					• 오라청보리축제
					• 보롬왓
					  메밀꽃축제
					• 와흘메밀꽃축제
						• 휴애리수국축제
						• 제주민속촌
						  수국축제
						• 카멜리아힐
						  수국축제
						• 서귀포
						  은갈치축제

7월	8월	9월	10월	11월	12월
해바라기	해바라기	메밀꽃, 핑크뮬리 코스모스	억새, 핑크뮬리 메밀, 단풍	억새, 단풍	동백, 설경
• 항몽유적지 • 가파도 • 렛츠런팜제주 • 김경숙해바라기	• 항몽유적지 • 가파도 • 렛츠런팜제주 • 김경숙해바라기	• 마노르블랑 　(핑크뮬리) • 휴애리(핑크뮬리) • 새별오름(핑크뮬리) • 항몽유적지 　(코스코스) • 렛츠런팜제주 　(코스모스) • 제주소주(코스모스) • 가파도(코스모스) • 오라동메밀밭	• 새별오름 　(억새, 핑크뮬리) • 산굼부리(억새) • 따라비오름(억새) • 한라산아래첫마을 　(메밀) • 보롬왓(메밀) • 휴애리(핑크뮬리) • 마노르블랑(핑크뮬리) • 카페글렌코(핑크뮬리) • 영실입구(단풍)	• 새별오름(억새) • 산굼부리(억새) • 따라비오름(억새) • 천아계곡(단풍) • 천왕사(단풍)	• 카멜리아힐(동백) • 상효원(동백) • 동백수목원(동백) • 동백포레스트(동백) • 경흥농원(동백) • 1100고지(설경) • 한라생태숲(설경)
한치, 갈치, 벤자리	한치, 갈치, 벤자리	고등어, 히라스	고등어, 히라스, 광어	옥돔, 방어	방어, 광어
한치회, 한치물회 갈치회, 갈치조림 우도땅콩아이스 크림	한치회, 한치물회 갈치회, 갈치조림 우도땅콩아이스 크림	고등어회 히라스회 감귤주스	고등어회 히라스회 감귤주스	방어회 옥돔구이	방어회 광어회 구좌당근주스
		조생하우스감귤	조생하우스감귤	황금향	노지감귤
우도, 마라도	가파도	가파도, 비양도	우도, 마라도, 비양도		
아부오름 성산일출봉	거문오름, 금오름 물영아리오름	새별오름 궷물오름	새별오름, 산굼부리 따라비오름	새별오름 산굼부리	도두봉
어승생악	백록담 사라오름	백록담 윗세오름	영실	영실	1100고지
• 한림공원연꽃축제 • 이호테우축제 • 짠페스티발 • 청수곶자왈 　반딧불이축제 • 상효원수국축제	• 유리의성별빛축제 • 귀몽아일랜드 • 제주국제관악제 • 표선해변 　하얀모래축제	• 오라동메밀꽃축제 • 휴애리핑크뮬리축제 • 허브동산 　핑크뮬리축제 • 추자도참굴비대축제	• 제주올레걷기축제 • 마노르블랑 　핑크뮬리축제 • 제주광어대축제 • 와흘메밀꽃축제 • 제주신화페스티발	• 제주올레걷기축제 • 제주감귤박람회 • 최남단모슬포 　방어축제 • 제주마축제	• 휴애리동백축제 • 설몽아일랜드 • 카멜리아힐 　동백축제

제주도 미리알기

03 우리가 몰랐던
제주 이야기 10가지

1 화산, 세상에 없던 땅을 만들다

약 180만 년 전 지구는 빙하기를 건너고 있었다. 이 무렵 한반도 남쪽은 바다가 아니라 육지였다. 서해도 마찬가지였다. 그때 바다 수면은 지금보다 약 150m 아래에 있었다. 광활한 벌판은 서쪽으로는 중국에 닿았고, 남쪽으로는 제주도와 오키나와 사이까지 퍼져 있었다. 이때까지 제주도는 세상에 존재하지 않았다. 그저 드넓은 벌판이었고, 거대한 늪이었다.

그 무렵 지금의 전남 완도 남쪽 90km 지점 땅속에서 마그마가 담대한 역사를 준비하고 있었다. 지상이 그리웠던 것일까? 펄펄 끓던 마그마는 지표를 뚫고 지상으로 솟구쳐 올라왔다. 화산 폭발이었다. 자연이 기획한 거대한 불꽃 축제가 시작되었다. 축제가 끝나자 화산은 세상에 존재하지 않던 땅을 우리에게 선물했다. 제주도였다. 120만 년 전 제주도는 한라산도 성산일출봉도 없는, 지금의 제주도보다 몇 배 넓은 거대한 황무지였다.

2 한라산, 세상에 나오다

은하수를 잡을 수 있는 산. 산 이름이 한시 한 구절처럼 아름답다. 화산은 우리에게 제주도를 만들어주고도 최상급 선물을 주기까지 아주 긴 뜸을 들였다. 제주도가 처음 생긴 뒤 수많은 화산 폭발이 일어났으나 제주도는 용머리 해안 등 남부 일부를 제외하면 여전히 한라산이 없는 황무지 같은 육지였다. 다만, 산방산·수월봉·성산일출봉 등 서귀포 권역의 일부 수성화산체바닷속

에서 폭발해서 생긴 오름는 한라산보다 먼저 생겼다. 약 20만 년 전 제주도에 다시 화산이 폭발했다. 이때 한라산이 생겼다. 높이 약 1600m. 하지만 이때는 지리산은 물론 설악산보다 낮은, 게다가 백록담도 없는 평범한 봉우리였다. 한동안 뜸을 들이다, 약 2만5천 년 전, 마그마는 마침내 남한에서 제일 높은 산과 신비로운 산정호수를 만들어주

© 제주특별자치도청

었다. 훗날 사람들은 높이 솟은 산에 '한라'라는 멋진 이름을, 산정호수엔 '백록담'이라는 문학적인 이름을 지어주었다. 은하수를 잡을 수 있는 산과 흰 사슴이 물을 먹는 호수는 그렇게 탄생했다. 사람들은 이 산의 주인은 사람이 아니라 영험한 신선이라고 여겨 '영주산'이라는 별칭도 붙여주었다.

3 제주도에 오름이 나타났다

백록담이 생길 무렵, 그러니까 약 2만 5천 년 전 마그마는 제주도 전역에서 마지막 불꽃 축제를 벌였다. 이 무렵 368개 오름기생화산의 제주어 대부분과 수많은 용암동굴이 생겨났다. 2만 5천 년 전에도 제주도는 육지와 연결되어 있었다. 뒤늦게 오름의 탄생 소식을 접한 몽골과 시베리아, 한반도에 살던 순록과 곰, 사슴과 호랑이가 늪을 건너고 벌판을 지나 남쪽으로 여행을 시작했다. 새들도 뒤를 따랐다. 바람은 꽃과 풀과 나무의 씨앗을 남쪽으로 배달해주었다. 사슴은 산정호수에서 물을 마셨다. 오름의 능선과 골짜기엔 꽃이 피고 푸른 나무가 자라기 시작했다. 화산의 땅이 동물과 식물, 사람의 고원으로 아름답게 다시 태어나고 있었다.

오름이 없었어도 제주도는 아름다운 곳이었을 것이다. 그러나 지금과 같은 최상급의 땅은 되지 못했을 것이다. 제주에 가서, 특히 동부로 가서 아무 오름이나 올라가 보라. 푸르게 물결치는 오름 풍경은 신비롭고 감동적이다. 그 자체로 자연의 판타지이다. 단언컨대, 제주의 풍경 미학은 오름이 완성해주고 있다.

©제주특별자치도

④ 제주도, 마침내 섬이 되다

제주도에 사람이 살기 시작한 것은 약 7~8만 년 전이다. 애월읍 '빌레못굴'에서 발견된 뗀석기가 이를 증명해준다. 빌레못굴에서는 곰과 순록 뼈도 함께 발견되었다. 이는 빙하시대의 제주도가 한반도 및 대륙과 연결되어 있었음을 보여주는 귀중한 유물이다.

2만5천 년 전 한라산과 오름이 솟아난 뒤, 지구의 기온이 아주 조금씩 오르기 시작했다. 북극과 남극, 유럽과 북미 대륙을 덮은 빙하가 녹기 시작했다. 그러는 사이 서해와 남해의 육지가 점차 늪지로 변하기 시작했다. 제주도 남쪽 땅에도 물이 차오르고 있었다. 빙하가 녹는 만큼씩 제주도 땅이 줄어들더니, 약 1만 년 전에 이르러서는 지금의 크기로 줄어들었다. 사방이 육지였으나 이제는 동서남북이 바다로 변했다. 제주도가 섬이 된 것이다.

⑤ 제주도에 나라가 생겼다

제주도가 역사서에 처음 등장한 것은 3세기 무렵, 지금부터 약 1800년 전이다. 200년대 편찬된 중국 역사서 〈삼국지〉 위지동이전에는 제주 사람들은 소나 돼지를 기르고, 중국을 왕래하며 물건을 사고판다고 하였다. 1800년 전부터 제주도가 대륙과 해상 무역을 했음을 알 수 있다. 제주항 공사 때 발굴된 한나라 화폐 오수전도 이를 증언하고 있다. 삼국시대에는 처음 탐라국이라는 독립된 고대국가를 세웠다. 이때는 백제를 큰 나라로 섬기며 조공을 하였다. 660년 이후 백제부

흥운동 때에는 왜와 함께 백제를 도와 싸웠으나 삼국 통일 이후엔 신라에 조공하였다. 1105년부터는 고려가 관리하기 시작했다. 이 무렵부터 탐라 대신 제주로 불리기 시작했다. 고려 말 제주 도민들은 삼별초 항쟁을 도왔다. 그 후 몽골원나라는 일본 정복에 쓰려고 제주도에 말 목장을 세웠다. 조선 초에는 제주목과 대정현, 정의현으로 행정 개편이 이루어졌다. 고려와 조선 때 인구는 적게는 1만 명, 많게는 6만여 명이었다.

6 제주마에 대해 알고 싶은 두세 가지

제주도는 말의 고향이다. 제주마는 다른 말로 제주도 조랑말 또는 과하마라고 부른다. 과하마란 키가 작아 과일나무 밑을 지날 수 있다는 뜻이다. 하지만 작다고 무시하지 말자. 제주마는 이래보아도 천연기념물이다. 제주도에서 제주마를 본격적으로 기르기 시작한 건 13세기부터다. 1273년 원나라는 고려군과 연합하여 애월읍의 항파두리성에서 저항하던 삼별초를 제압한 뒤 제주도에 탐라총관부를 세우고 직접 통치했다. 몽골은 궁정의 말 160필을 들여와 제주도를 일본과 중국 남송 공략을 위한 군마 공급 거점으로 삼았다. 원나라는 훗날 '목호의 난'을 일으키는 말 전문가 목호들을 파견하여 말을 기르고 관리까지 하게 하였다. 몽골의 제주 지배는 약 100년 동안 이어지다가 최영 장군의 정벌로 1374년 고려에 편입되었다. 그 이후에도 제주도는 말 공급지였다. 이성계가 위화도에서 회군할 때 탄 말도 응상백凝霜白이라는 제주마였다. 조선 세종 때는 1만여 마리로 불어났다. 가장 많을 때는 10개 목마장에서 2만 마리를 키웠다. 1702년 제주 목사 이형상은 제주도의 다양한 행사를 그림으로 묘사한 『탐라순력도』를 남겼다. 이 중에서 산장구마山場驅馬 편을 보면 총인원 6,536명이 동원된 말몰이 행사가 기록되어 있다. 성판악 아래에서 대록산까지 방목 중이던 수 천마리 말을 일제히 점검하는 '빅 이벤트'였다.

⑦ 4·3항쟁, 제주의 슬픈 이야기

1947년 3월 1일, 진보 세력이 주최한 3·1절 기념행사가
섬 전역에서 열렸다. 어처구니없게도 경찰은 행진하는
시민에게 총을 겨누었다. 무고한 양민 6명이 죽고, 6명
이 중상을 입었다. 경찰의 발포는 이듬해 벌어진 4·3항
쟁의 발단이 되었다. 미군정이 일제에 부역한 경찰을 그
대로 재임용한 게 문제였다. 죄 없는 양민이 희생되자 제
주 민심이 폭발했다. 미군정이 탄압으로 맞서자 제주의
직장인 95%가 파업에 참여하며 저항하였다. 경찰과 미
군정의 탄압은 그칠 줄 몰랐다. 1948년 4월 3일, 급기야

남로당을 중심으로 한 일군의 무장봉기 세력이 경찰서와 관공서를 습격했다. 미군정과 이승만 정부는 남녀노소
를 가리지 않고 보복 학살을 시작하였다. 48년부터 이듬해 6월까지 무고한 시민 3만여 명이 동족의 군인과 경찰
에 학살당했다. 그날의 참상을 기억하는 제주 시민에게 4·3항쟁은 여전히 현재진행형이다.

⑧ 이주민, 또 하나의 스토리를 만들다

역사 기록에 따르면 조선 500년 동안 약 200여 명이 제주도로 유배를 왔다. 이들은 일종의 이주민이었다. 대표적
인 사람으로 광해군과 그의 자식들, 추사 김정희, 면암 최익현 등이 있다. 광해군은 제주에서 유배 생활을 하다가 불
행하게도 이곳에서 생을 마감하였다. 조천에 도착 당시 흔적이 남아있다. 추사는 대정현, 지금의 대정읍에서 유배
생활을 하면서 불후의 명작 <세한도>를 남겼다. 추사유배지와 기념관에서 그의 유배 흔적과 예술혼을 엿볼 수 있
다. 최익현은 대원군의 실정을 탄핵하는 상소를 올렸다가 제주도로 유배를 당했다. 그는 한라산 등반 소감을 <유한
라산기>에 남겨놓았는데, 신비로운 백록담에 감탄하며 이 아름다운 풍경을 소동파에게 보여주고 싶다고 하였다.
한국전쟁은 자의 반 타의 반 이주민을 만들었다. 현대 회화의 큰 산 이중섭과 김창열이 대표적이다. 1951년 1월
이중섭은 원산에서 아내와 두 아들을 데리고 피난을 와 서귀포에서 1년 남짓 살았다. 이중섭은 <과수원의 가족
과 아이들>, <서귀포의 환상>, <섶섬이 보이는 풍경> 같은 제주도를 배경으로 그린 그림을 남겼다. 서귀포 주거
지와 이중섭미술관에서 그의 한 많은 삶과 서정 깊은 예술을 엿볼 수 있다. 그 무렵 물방울 화가로 널리 알려진
김창열은 경찰공무원으로 제주도에 근무하며 이중섭과 교류했다. 그의 작품은 한림읍에 있는 제주도립김창열
미술관에서 감상할 수 있다.

9 제주의 자연, 세계 최초 유네스코 3관왕에 오르다

제주도는 세계에서 유일하게 유네스코가 주관하는 자연 유산 트리플 크라운을 달성했다. 유네스코 3관왕이란 세계자연유산, 생물권보전지역, 세계지질공원 등 유네스코가 주관하는 3대 자연 유산 보호 제도에 모두 등재되는 것을 말한다. 제주도는 2002년 생물권보전지역을 시작으로 2007년 세계자연유산, 2010년 세계지질공원으로 등재되었다.

생물권보전지역은 생물 다양성의 보전과 지속 가능한 이용을 위해 세계적으로 보전 가치가 뛰어난 생태계를 대상으로 유네스코가 지정한다. 제주도는 세계에서 보기 드물게 난대, 온대, 아한대 식물 공존할 뿐만 아니라 열대성 생물과 한대성 동물도 공존하고 있다. 한라산과 서귀포 효돈천, 쇠소깍, 산호초가 있는 서귀포 앞바다의 문섬, 범섬, 섶섬이 대표적인 생물권보전구역이다. 세계자연유산은 한라산, 성산일출봉, 거문오름 용암 동굴계만장굴, 김녕굴, 벵뒤굴 등로 제주도 면적의 약 10%이다. 세계지질공원은 지질학적으로 뛰어난 가치를 지닌 자연유산 지역을 보호하면서 교육 및 관광적 대상으로 활용하고자 지정하는 제도이다. 한라산, 만장굴, 성산일출봉, 천지연폭포, 대포동주상절리, 산방산, 수월봉, 우도, 비양도, 선흘곶 자왈이 세계지질공원이다.

10 제주어를 알면 제주가 보인다

폭싹 속수다.수고 많이 하셨습니다 하영 옵서, 다시 오쿠다.많이 파십시오, 다시 오겠습니다 제주 사투리가 영어나 일본말은 물론 타이어나 아랍어보다 더 낯설게 느껴질 때가 있다. 설명이 없으면 도무지 무슨 말인지 알아들을 수가 없다. 제주 사투리가 유독 난해한 이유는 지리적 영향이 크다. 육지와 격리되어 오랜 세월을 보낸 탓에 다행히 육지의 언어에 오염되지 않았다. 제주어의 가장 큰 특징은 말이 짧고 발음이 억세다는 것이다. 이 또한 자연환경, 특히 바람과 바다의 영향이 크다. 바람이 심한 들판과 파도가 치는 바다에서 알아듣기에 효과적인 억센 말이 자연스럽게 발전했다. 제주어가 표준말에 비해 짧은 것도 같은 이치이다. 겉으로 보면 짧고 투박하지만, 그 안엔 자연환경을 극복하려는 제주 사람들의 지혜가 숨어있다.

04 제주도의 월별 제철 횟감과 해산물

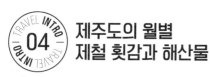

제주도까지 가서 생선회 먹지 않고 오면 퍽 아쉬울 것이다.
삼치, 한치, 갈치, 고등어, 방어…… 미식 여행에 도움이 되길 기대하며
제주도의 계절별 제철 횟감과 해산물을 소개한다.

봄철 횟감

12월~3월 삼치
보통 11월부터 살이 오르기 시작하여 2~3월에 가장
튼실하다. 추자도 삼치를 최고로 친다. 다른 생선회와
달리 입에 넣으면 아이스크림처럼 살살 녹는다. 제주
시의 추자본섬, 사방팔방, 일도촌이 삼치회 맛집이다.

여름철 횟감

7월~9월 한치
제주도 속담에 '한치는 쌀밥, 오징어는 보리밥'이라는
말이 있다. 그만큼 맛이 뛰어난 고급 횟감이다. 여름
철 밤바다에서 '어화'를 봤다면 대부분 한치잡이 배가
밝히는 것이다. 회와 물회로 주로 먹는다.

4월~7월 자리돔
제주도엔 나이 들어 허리 굽지 않으려면 자리돔을 많
이 먹으라는 말이 있다. 칼슘이 많다는 뜻이다. 몸길
이 15cm 안팎으로, '돔'자 붙은 물고기 중 제일 작다.
봄과 초여름에 회와 물회로 많이 먹는다.

7월~11월 갈치
최고급 어종 가운데 하나이다. 모양이 칼처럼 생겨 도
어刀魚라고도 불린다. 7~11월 사이가 제철이다. 여름
과 가을 갈치의 맛이 가장 좋다. 몸을 덮고 있는 은분
의 색이 밝으면 상품으로 친다.

가을철 횟감

9월~11월 고등어

무리를 지어 다닌다. 서해에서는 여름에도 잡히지만, 제주도에선 가을에 많이 잡힌다. DHA와 단백질이 풍부하다. 가장 맛있는 시기는 가을부터 겨울 사이이다. 이때 지방질이 최대로 올라오는 까닭이다.

겨울철 횟감

11월~2월 방어

제주도를 대표하는 겨울철 횟감이다. 가을에 러시아 해역에 머물다 초겨울에 제주도까지 내려온다. 히라스와 마찬가지로 클수록 맛이 좋다. 히라스보다 낮은 온도15~18℃에서 자라기 때문에 겨울에 많이 잡힌다.

8월~10월 히라스

방어의 사촌이다. 일본어 히라스로 많이 불린다. 방어보다 높은 온도18~22℃에서 자라기에 가을에 많이 잡힌다. 행동이 빨라 낚시꾼 사이에 '미사일'로 불린다. 방어보다 맛이 더 좋다. 배 부분이 특히 맛있다.

11월~2월 광어

넙치가 본래 이름이지만 광어로 더 많이 불린다. 늦가을부터 잡히기 시작하여 겨울이 제철이지만 양식 덕에 1년 내내 즐길 수 있다. 양식 광어는 배가 검은색에 가깝고, 자연산은 흰색이다. 겨울 광어 맛이 가장 좋다.

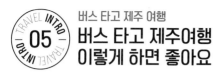

버스 타고 제주 여행

버스 타고 제주여행
이렇게 하면 좋아요

제주도 여행은 렌터카로 하는 게 가장 편리하다. 그렇다고 버스라고 꼭 못할 건 없다.
제주도 버스의 종류와 버스 정보 얻는 방법, 각 버스의 주요 행선지를 소개한다.
제주도 버스 정보 http://bus.jeju.go.kr/

1 제주도 버스 체계 이해하기

제주도 노선버스는 9가지이다. 구체적으로는 공항 리무진 버스, 급행버스, 일반 간선버스, 제주시 간선버
스, 제주시 지선버스, 서귀포 간선버스, 서귀포 간선버스, 서귀포 지선버스, 읍면 지선버스, 관광지 순환버스
가 있다. 이중에서 여행자가 주로 이용하는 버스는 공항 리무진 버스, 급행버스, 일반 간선버스, 관광지 순환
버스이다.

공항 리무진 버스600번, 800번는 제주공항과 서귀포를 왕복하는 버스다. 급행버스는 제주공항을 출발해서 주
요 정류장만 거친 뒤 서귀포, 성산, 대정, 표선 등 목적지까지 1시간 내외에 도착하는 버스이다. 시외버스라
고 이해하면 된다. 일반 간선버스의 노선과 목적지는 급행버스와 비슷하지만 정차하는 곳이 많다. 완행 시
외버스로 이해하면 쉽다. 관광지 순환버스는 대중교통이 불편한 동부와 서부 중산간 지역의 주요 명소를 순
환하는 버스이다.

각 노선버스는 고유 번호가 있다. 급행버스는 100번대, 일반 간선버스는 200번대, 제주시 간선버스 번호는
300번대, 서귀포 간선버스는 500번대 번호를 사용한다. 관광지 순환버스는 동부는 810번대, 서부는 820
번대 번호를 사용한다. 제주시 지선버스는 400번대, 서귀포 지선버스는 600번대, 읍면 지선버스는 700번
대 번호를 사용한다.

2 버스 정보는 홈페이지에서!

제주도 버스정보 홈페이지http://bus.jeju.
go.kr/ 초기 화면에서 노선번호, 정류소명,
정류소 번호를 입력하여 버스 정보를 확인
할 수 있다. 버스의 노선도, 위치 정보, 도착
시간 등을 얻을 수 있다.

3 서귀포 갈땐 공항버스로!

공항리무진 600번

제주국제공항에서 서귀포칼호텔 사이를 18~20분 간격으로 운행한다. 주요 경유지는 제주공항-중문관광단지-대포항-약천사-강정동-서귀포 월드컵경기장-서귀포 경남호텔-파라다이스호텔이다. 공항 첫차 출발 시간은 06:00, 막차는 22:50이다. 서귀포칼호텔 첫차 출발 시간은 06:00, 막차는 21:40이다. 소요 시간은 중문까지 50분, 서귀포칼호텔까지는 80분이다. 요금은 1300~5500원이다.

공항리무진 800번

제주버스터미널에서 제주공항을 경유하여 서귀포버스터미널까지 40~50분 간격으로 왕복 운행한다. 주요 경유지는 제주공항-서귀포시청이다. 600번과 달리 중문을 경유하지 않는다. 공항 출발 첫차는 06:15, 막차는 21:45이다. 서귀포터미널 첫차는 06:10, 막차는 22:00이다. 소요 시간은 약 50분, 요금은 1300~5000원이다.

4 QR코드로 버스 정보 확인을!

제주도의 모든 버스 정류장엔 QR코드가 부착되어 있다. 스마트폰으로 QR코드를 스캔하여 노선도, 위치 정보, 도착 시간 따위를 확인할 수 있다.

QR코드 부착 위치

노선도 부근에
부착되어 있다.

폴대의 중간 지점에
부착되어 있다.

설치물의 측면에
부착되어 있다.

5 급행버스 노선도

노선번호	노선명	노선	운행간격
101	제주- 동일주로- 서귀포	공항-제주시외버스 터미널- 함덕- 세화- 서상-표선-서귀포 버스터미널	20-40분
102	제주- 서일주로- 서귀포	공항-애월- 함덕- 한림- 고산-대정-서귀포 버스터미널	20-40분
110-1	제주 -번영로-성산	공항-봉개- 대천동- 송당- 서수산1리-성산포	50-70분
110-2	제주-비자림로_성산	공항-제주시외버스 터미널- 제주대학교-교래입구- 대천동-송당1리-성산	50-70분
120-1	제주-번영로-표선	공항-제주시외버스 터미널- 봉개-대천동- 성산1리 사무소-표선	50-70분
120-2	제주-비자림로-표선	공항-제주시외버스 터미널- 제주대학교-교래입구- 대천동-성읍1리-표선	50-70분
130-1	제주-번영로-남조로-남원	공항-제주시외버스 터미널-봉개-교래사거리-의귀-남원읍	50-70분
130-2	제주-비자림로-남조로-남원	공항-제주시외버스 터미널- 제주대학교-교래입구- 교래사거리-의귀-남원	50-70분
150	제주-평화로-화순-대정	공항-제주도청- 제주관광대학교-동광리- 안덕-사계리-대정	40-80분
155	제주-평화로-영어교육도시-대정	공항-제주도청- 제주관광대학교-동광리- 오설록-대정읍	40-80분
181	제주-5.16도로-서귀포	공항-제주시청- 제주대학교-성판악- 서귀포	15-35분
182	제주-평화로-서귀포	공항-제주관광대학교-중문-서귀포	15-35분

6 일반 간선버스 노선도

노선번호	노선명	노선	운행간격
201-1	동일주로	제주-동일주로-성산	40-80분
201-2	동일주로	제주-동일주로-성산(세화고 경유)	40-80분
201-3	동일주로	제주-동일주로-성산(성산고 경유)	40-80분
201-4	동일주로	서귀-동일주로-성산	20-40분
201-5	동일주로	서귀-동일주로-성산(성산고 경유)	20-40분
202-1	서일주로	제주-서일주로-고산	20-40분
202-2	서일주로	서귀-서일주로-고산	40-80분
202-3	서일주로	서귀-서일주로-고산(사계경유)	40-80분
210-1	번영로	제주-번영로-성산	40-80분

210-2	비자림로	제주-비자림로-성산	40-80분
220-1	번영로	제주-번영로-표선	50-90분
220-2	비자림로	제주-비자림로-표선	50-90분
230-1	번영로, 남조로	제주-번영로-남조로-남원	50-90분
230-2	비자림로,남조로	제주-비자림로-남조로-남원	50-90분
240	1100도로	제주-1100도로-중문	50~60분
250	평화로	제주-평화로-안덕-대정	40-80분
250-2	평화로	제주-평화로-덕수-대정	40-80분
250-3	평화로	제주-평화로-영어교육도시-대정	60-100분
250-4	평화로	제주-평화로-농공단지-대정	60-100분
260	동부중산간도로	제주-동부중산간도로-세화	40-100분
270	애조로	애월-애조로-연북로-제주대	25-45분
281	5.16도로	제주-5.16도로-서귀포	20-40분
282	평화로	제주-평화로-서귀포	20-40분
290-1	서부중산간도로	제주-노형-서부중산간도로-한림	25-45분
290-2	서부중산간도로	제주-하귀-하가-납읍-봉성-한림	40-100분

7 관광지 순환버스 노선도

노선번호	출발지 ↔ 도착지	비고
880	서귀포오일장 → 중앙R → 천지연 → 칠십리음식특화거리 → 서귀포오일장	시티투어버스
810-1	대천환승센터 → 거슨새미오름 → 비자림 → 선흘2리 → 대천환승센터	순환
810-2	대천환승센터 → 선흘2리 → 비자림 → 거슨새미오름 → 대천환승센터	순환
820-1	동광환승센터 → 자동차박물관 → 신화역사공원 → 동광환승센터	순환
820-2	동광환승센터 → 신화역사공원 → 자동차박물관 → 동광환승센터	순환

월별·권역별 베스트 추천 코스 6

제주를 특별하게 즐기는 6가지 방법

월별·권역별 베스트 추천 코스 1 | 제주 서부 명품 여행

1 Day

자동차 23분 　　　자동차 19분 　　　자동차 16분

자매국수
제주시
3대 고기국수

하이엔드 제주
오션 뷰 카페에서
커피 즐기기

협재해수욕장
에메랄드빛
바다 즐기기

자동차 7분 　　　자동차 23분

미영이네식당
찰지고 고소한
고등어회

송악산 둘레길
해안 길 따라
오름 한 바퀴

3 Day

자동차 3분, 여객선 20분 　　여객선 20분, 자동차 10분 　　자동차 13분

옥돔식당
수요미식회에
나온 보말칼국수

마라도
가슴 울컥해지는
대한민국 최남단

**산방산과
용머리해안**
기묘한 오름과
거대한 해안절벽

제주공항

자동차 6분 　　　자동차 35분

제주김만복 본점
특별한 전복 내장 김밥

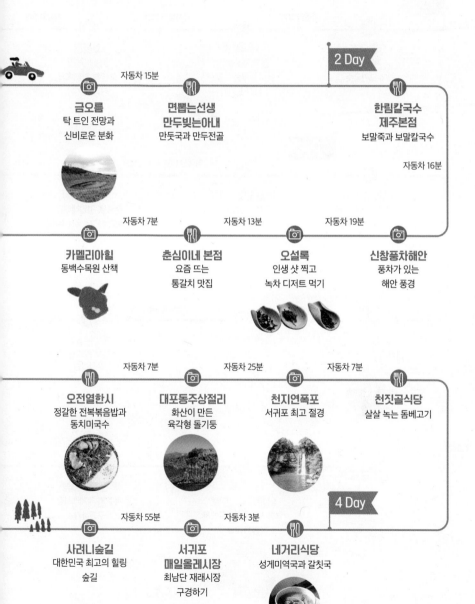

2 Day

자동차 15분

금오름
탁 트인 전망과
신비로운 분화

**면뽑는선생
만두빚는아내**
만둣국과 만두전골

**한림칼국수
제주본점**
보말죽과 보말칼국수

자동차 16분

자동차 7분

자동차 13분

자동차 19분

카멜리아힐
동백수목원 산책

춘심이네 본점
요즘 뜨는
통갈치 맛집

오설록
인생 샷 찍고
녹차 디저트 먹기

신창풍차해안
풍차가 있는
해안 풍경

자동차 7분

자동차 25분

자동차 7분

오전열한시
정갈한 전복볶음밥과
동치미국수

대포동주상절리
화산이 만든
육각형 돌기둥

천지연폭포
서귀포 최고 절경

천짓골식당
살살 녹는 돔베고기

4 Day

자동차 55분

자동차 3분

사려니숲길
대한민국 최고의 힐링
숲길

**서귀포
매일올레시장**
최남단 재래시장
구경하기

네거리식당
성게미역국과 갈칫국

월별·권역별 베스트 추천 코스 2 | 제주 동부 명품 여행

1 Day

자매국수
제주시
3대 고기국수

자동차 28분

서우봉과
함덕해수욕장
몰디브 부럽지 않은
바다 즐기기

자동차 25분

월정리
카페 거리
오션 뷰 카페에서
커피 즐기기

자동차 14분

3 Day

가시아방국수
살살 녹는 돔베고기와
고기국수

복자씨연탄구이
오션 뷰 맛집에서
흑돼지 즐기기

여객선 15분, 자동차 5분

우도 한 바퀴
우도봉, 검멀레해변,
비양도, 하고수동해수욕장

전기차 2시간

자동차 3분

섭지 코지
가장 제주다운 풍경

자동차 13분

빛의 벙커
감동적인
디지털 아트 체험

자동차 6분

맛나식당
동부 최고의
갈치조림

자동차 24분

제주공항

자동차 15분

도두동
무지개해안도로
형형색색 해안도로에서
인생 샷을

자동차 20분

동문재래시장
제주 최대 재래시장
구경하기

자동차 15분

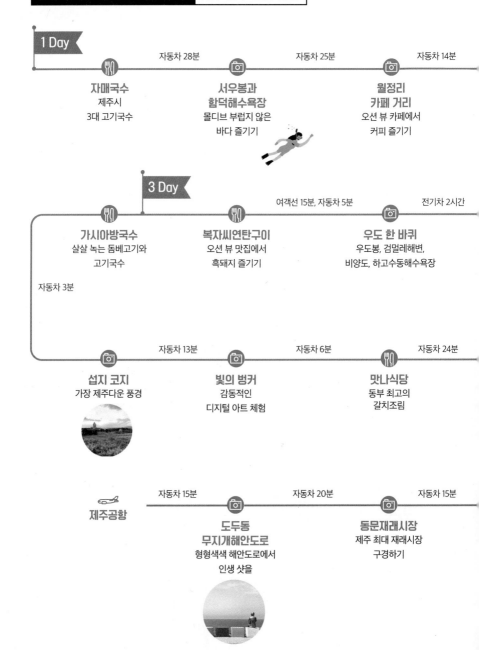

2 Day

자동차 4분

해녀박물관
제주 여성의
삶 엿보기

명진전복
수요미식회에 나온
전복 맛집

종달리해안도로
환상적인
해변 드라이브

자동차 4분

여객선 15분, 전기차 5분

우도로93
카페 같은
새우 요리 전문점

자동차 7분

성산일출봉
신비로운 분화구와
동부 최고 전망

해월정
전복죽보다
맛있는 보말죽

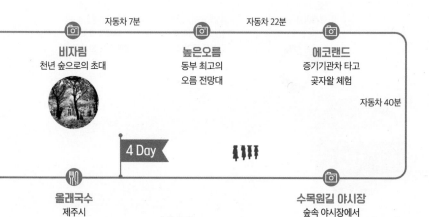

자동차 7분

비자림
천년 숲으로의 초대

자동차 22분

높은오름
동부 최고의
오름 전망대

에코랜드
증기기관차 타고
곶자왈 체험

자동차 40분

4 Day

올래국수
제주시
3대 고기국수

수목원길 야시장
숲속 야시장에서
낭만의 밤을

월별·권역별 베스트 추천 코스 3 ┃ 3~4월 유채·벚꽃·청보리 여행

1 Day

**도두동
무지개해안도로**
형형색색
인생 사진 성지

자동차 2분

순옥이네명가
도두동의
전복 맛집

자동차 21분

**항파두리
항몽유적지**
노란 유채의 물결

자동차 5분

쌍둥이횟집 본점
서귀포에서
생선회 즐기기

자동차 25분

원앤온리
오션 뷰 카페에서
바다 즐기기

자동차 2분

---

3 Day

네거리식당
성게미역국과
갈칫국

자동차 3분

**서귀포
매일올레시장**
시장도 구경하고
간식도 즐기고

자동차 40분

**녹산로와
조랑말체험공원**
유채와 벚꽃이
함께 피는 환상 풍경

자동차 38분

제주공항

자동차 8분

유채꽃 명소
조랑말체험공원 서귀포시 표선면 녹산로 381-15
항파두리항몽유적지 제주시 애월읍 항파두리로 50
산방산 서귀포시 안덕면 사계리 산 16
영덩물계곡 서귀포시 색달동 3384-4
서우봉 제주시 조천읍 함덕리 산1
섭지코지 서귀포시 성산읍 고성리 174

벚꽃 명소
전농로 삼도1동주민센터 및 제주중앙여자중학교 일대
제주대학교 제주시 제주대학로 102
애월벚꽃거리 제주시 애월읍 장전로 106
흥국사 제주시 애월읍 용흥3길 142
녹산로 서귀포시 표선면 녹산로 381-17
남산봉로 서귀포시 성산읍 삼달리 2149-6 → 신풍리 교차로

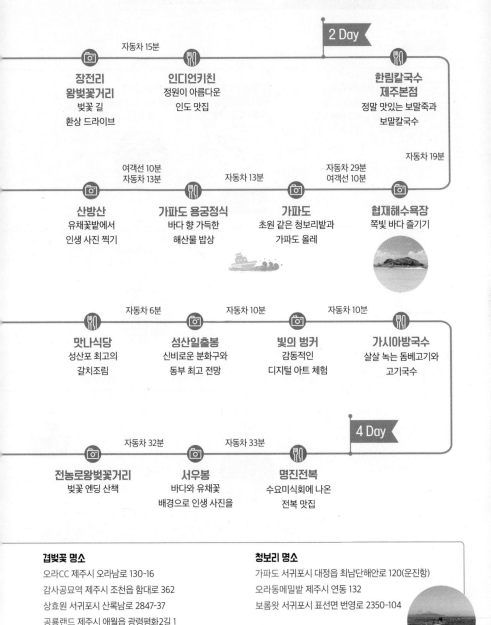

2 Day

장전리 왕벚꽃거리
벚꽃 길
환상 드라이브

자동차 15분

인디언키친
정원이 아름다운
인도 맛집

한림칼국수 제주본점
정말 맛있는 보말죽과
보말칼국수

자동차 19분

여객선 10분
자동차 13분

산방산
유채꽃밭에서
인생 사진 찍기

자동차 13분

가파도 용궁정식
바다 향 가득한
해산물 밥상

가파도
초원 같은 청보리밭과
가파도 올레

자동차 29분
여객선 10분

협재해수욕장
쪽빛 바다 즐기기

자동차 6분

맛나식당
성산포 최고의
갈치조림

자동차 10분

성산일출봉
신비로운 분화구와
동부 최고 전망

자동차 10분

빛의 벙커
감동적인
디지털 아트 체험

가시아방국수
살살 녹는 돔베고기와
고기국수

4 Day

자동차 32분

전농로왕벚꽃거리
벚꽃 엔딩 산책

자동차 33분

서우봉
바다와 유채꽃
배경으로 인생 사진을

명진전복
수요미식회에 나온
전복 맛집

겹벚꽃 명소
오라CC 제주시 오라남로 130-16
감사공묘역 제주시 조천읍 함대로 362
상효원 서귀포시 산록남로 2847-37
공룡랜드 제주시 애월읍 광령평화2길 1

청보리 명소
가파도 서귀포시 대정읍 최남단해안로 120(운진항)
오라동메밀밭 제주시 연동 132
보롬왓 서귀포시 표선면 번영로 2350-104

월별·권역별 베스트 추천 코스 4 | 5~6월 수국과 메밀꽃 환상 여행

1 Day

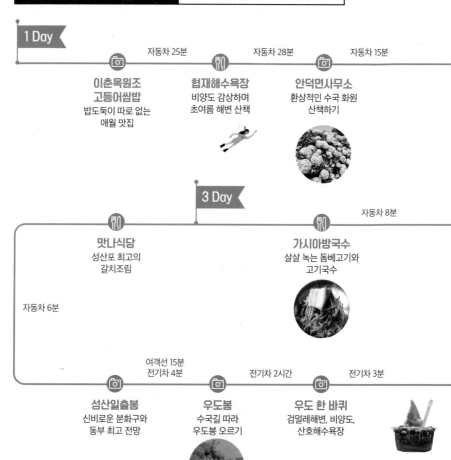

자동차 25분 · 자동차 28분 · 자동차 15분

이춘옥원조 고등어쌈밥
밥도둑이 따로 없는
애월 맛집

협재해수욕장
비양도 감상하며
초여름 해변 산책

안덕면사무소
환상적인 수국 화원
산책하기

3 Day

자동차 8분

맛나식당
성산포 최고의
갈치조림

가시아방국수
살살 녹는 돔베고기와
고기국수

자동차 6분

여객선 15분
전기차 4분 · 전기차 2시간 · 전기차 3분

성산일출봉
신비로운 분화구와
동부 최고 전망

우도봉
수국길 따라
우도봉 오르기

우도 한 바퀴
검멀레해변, 비양도,
산호해수욕장

메밀꽃 명소

오라동메밀밭 제주시 연동 132

항파두리 항몽유적지 제주시 애월읍 항파두리로 50

렛츠런팜 제주시 조천읍 남조로 1660

보롬왓 서귀포시 표선면 번영로 2350-104

한라산아래첫마을영농조합 서귀포시 안덕면 산록남로 675

와흘메밀체험마을 제주시 조천읍 남조로 2455

수국 명소

남국사 제주시 중앙로 738-16

동광리 수국길 서귀포시 안덕면 동광리 78

안덕면사무소 서귀포시 안덕면 화순서서로 74

산방로 서귀포시 안덕면 산방로 53

혼인지 서귀포시 성산읍 혼인지로 39-22

종달리해안도로 제주시 구좌읍 종달리 85-1

2 Day

자동차 32분

칠돈가 중문점
중문 최고의
흑돼지 근고기

가람돌솥밥
고소하고 담백한
전복돌솥밥

천지연폭포
서귀포의 으뜸 절경

자동차 8분

자동차 32분   자동차 50분   자동차 3분

섭지코지
가장 제주다운 풍경,
안도 다다오의 건축

보롬왓
몽환적인 수국과
메밀꽃밭

오는정김밥
서귀포 최고의
김밥 즐기기

서귀포
매일올레시장
최남단 시장 구경하기

4 Day

여객선 15분
자동차 10분

파도소리해녀촌
보말칼국수와
해물뚝배기

플레이스캠프제주
커피, 음식,
수제 맥주 즐기기

산도롱맨도롱
고기국수 맛집

자동차 10분

제주공항

자동차 24분   자동차 43분   자동차 28분

오라동메밀밭
메밀꽃 피는 언덕

공백
오션 뷰 카페에서
커피 한 잔

종달리수국길
수국길 따라
환상 드라이브

월별·권역별 베스트 추천 코스 5 | 7~8월 바다와 숲길·해바라기 여행

1 Day

자동차 28분   자동차 25분   자동차 24분

 삼대국수회관
제주시
3대 고기국수

 함덕해수욕장
몰디브 부럽지 않은
바다 즐기기

절물휴양림
절물휴양림

자동차 23분   여객선 20분   여객선 20분
자동차 11분

 색달식당
중문본점
어마어마한
통갈치 즐기기

 용머리해안
제주도의
그랜드캐년

마라도
가슴 뛰게 하는
대한민국 최남단

3 Day

자동차 22분   자동차 22분   자동차 3분

가람돌솥밥
전복돌솥밥과
성게미역국

천지연폭포
서귀포 최고 절경

서귀포
매일올레시장
최남단 재래시장
구경하기

자동차 30분   자동차 29분

제주공항

김경숙해바라기농장
고흐의 그림 같은
해바라기

제주의 해수욕장

함덕해수욕장 제주시 조천읍 조함해안로 525
협재해수욕장 제주시 한림읍 한림로 329-10
금능해수욕장 제주시 한림읍 금능길 119-10
곽지해수욕장 제주시 애월읍 곽지리 1565

중문색달해수욕장 서귀포시 색달동 3039
월정리해수욕장 제주시 구좌읍 월정리 33-3
김녕해수욕장 제주시 구좌읍 해맞이해안로 7-6

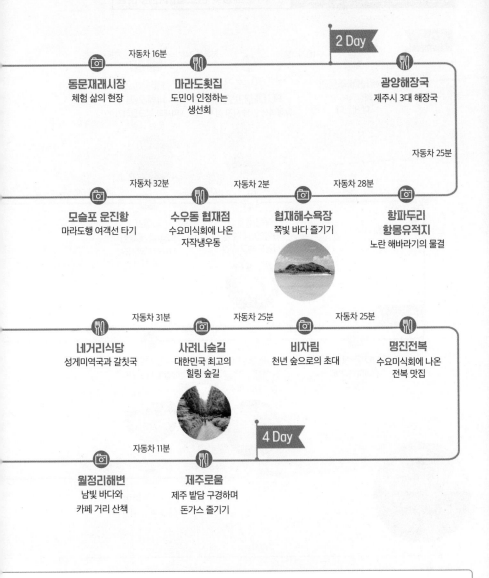

2 Day

동문재래시장
체험 삶의 현장

자동차 16분

마라도횟집
도민이 인정하는
생선회

광양해장국
제주시 3대 해장국

자동차 25분

모슬포 운진항
마라도행 여객선 타기

자동차 32분

수우동 협재점
수요미식회에 나온
자작냉우동

자동차 2분

협재해수욕장
쪽빛 바다 즐기기

자동차 28분

항파두리
항몽유적지
노란 해바라기의 물결

네거리식당
성게미역국과 갈칫국

자동차 31분

사려니숲길
대한민국 최고의
힐링 숲길

자동차 25분

비자림
천년 숲으로의 초대

자동차 25분

명진전복
수요미식회에 나온
전복 맛집

4 Day

자동차 11분

월정리해변
남빛 바다와
카페 거리 산책

제주로움
제주 밭담 구경하며
돈가스 즐기기

제주의 숲길

사려니숲길 서귀포시 표선면 가시리 산 158-4

비자림 제주시 구좌읍 비자숲길 55

절물자연휴양림 제주시 명림로 584

서귀포자연휴양림 서귀포시 1100로 882

해바라기 명소

김경숙해바라기농장 제주시 번영로 854-1

항파두리항몽유적지 제주시 애월읍 항파두리로 50

렛츠런팜제주 제주시 조천읍 교래리 산 25-2

가파도 서귀포시 대정읍 하모리 646-21(운진항)

월별·권역별 베스트 추천 코스 6 | 9~10월 메밀꽃·핑크뮬리·단풍 여행

1 Day

 김희선제주몸국
해장국보다
더 맛있다

자동차 5분

 **도두동
무지개해안도로**
형형색색 인생 사진 성지

자동차 24분

 **새별오름과
새빌 카페**
억새와 핑크뮬리가
있는 풍경

자동차 18분

자동차 4분

쌍둥이횟집
끊임없이 나오는
서귀포 최고 횟집

자동차 6분

**서귀포
매일올레시장**
최남단 재래시장
구경하기

3 Day

 네거리식당
성게미역국과
갈칫국

자동차 16분

**휴애리
자연생활공원**
핑크뮬리 명소

자동차 40분

보롬왓
메밀꽃 피는 언덕

자동차 10분

 제주공항

자동차 27분

오라동메밀밭
메밀꽃 피는 억덕

자동차 39분

메밀꽃 명소

오라동메밀밭 제주시 연동 132
항파두리 항몽유적지 제주시 애월읍 항파두리로 50
렛츠런팜 제주시 조천읍 남조로 1660

와흘메밀체험마을 제주시 조천읍 남조로 2455
보롬왓 서귀포시 표선면 번영로 2350-104
한라산아래첫마을영농조합 서귀포시 안덕면 산록남로 675

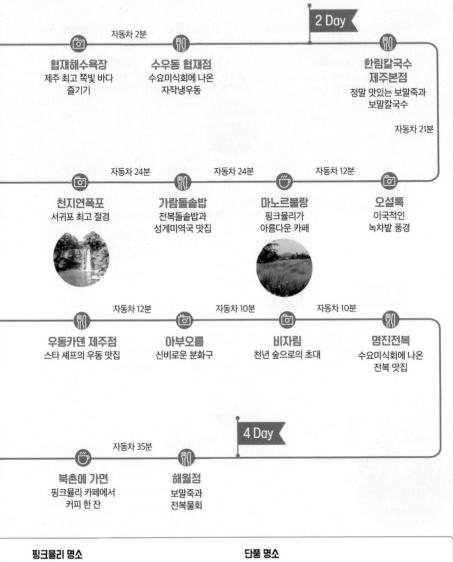

2 Day

자동차 2분

협재해수욕장
제주 최고 쪽빛 바다
즐기기

수우동 협재점
수요미식회에 나온
자작냉우동

**한림칼국수
제주본점**
정말 맛있는 보말죽과
보말칼국수

자동차 21분

자동차 24분

자동차 24분

자동차 12분

천지연폭포
서귀포 최고 절경

가람돌솥밥
전복돌솥밥과
성게미역국 맛집

마노르블랑
핑크뮬리가
아름다운 카페

오설록
이국적인
녹차밭 풍경

자동차 12분

자동차 10분

자동차 10분

우동카덴 제주점
스타 셰프의 우동 맛집

아부오름
신비로운 분화구

비자림
천년 숲으로의 초대

명진전복
수요미식회에 나온
전복 맛집

4 Day

자동차 35분

북촌에 가면
핑크뮬리 카페에서
커피 한 잔

해월정
보말죽과
전복물회

핑크뮬리 명소
새빌카페 제주시 애월읍 평화로 1529
마노르블랑 서귀포시 안덕면 일주서로2100번길 46
휴애리자연생활공원 서귀포시 남원읍 신례동로 256
카페글렌코 제주시 구좌읍 비자림로 1202
북촌에가면 제주시 조천읍 북촌5길 6

단풍 명소
한라산둘레길 제주시 해안동 산217-5(천아숲길)
제주대학교 제주시 제주대학로 64-29 아라인빌 아파트
(은행나무)

월별·권역별 베스트 추천 코스 7 | 11~2월 억새와 동백꽃 여행

1 Day

신의 한모
애월의
퓨전 두부 전문점

자동차 27분

새별오름
춤추는
억새의 물결

자동차 16분

오설록
인생 샷 찍고
녹차 디저트 즐기기

자동차 16분

자동차 20분

혁이네수산
고소하고 도톰한
방어회 즐기기

자동차 23분

동백포레스트
환상적인 동백숲

---

3 Day

삼보식당
서귀포 최고
전복뚝배기

자동차 3분

**이중섭거리와
이중섭미술관**
천재 화가의 예술 엿보기

자동차 36분

제주동백수목원
몽환적인 동백꽃 아래에서
인생 사진을!

자동차 28분

제주공항

자동차 9분

앙뚜아네트
오션 뷰 베이커리 카페

자동차 8분

동백꽃 명소

제주동백수목원 서귀포시 남원읍 위미리 927 ☎ 064-764-4473
동백포레스트 서귀포시 남원읍 생기악로 53-38 ☎ 0507-1331-2102

동박낭카페 서귀포시 남원읍 태위로 275-2
경흥농원 서귀포시 남원읍 중산간동로 5892 ☎ 064-764-3788

수망리 51 서귀포시 남원읍 수망리 51
카멜리아힐 서귀포시 안덕면 병악로 166 ☎ 064-792-0088

자동차 11분

2 Day

카멜리아힐
동백수목원에서
인생 샷 찍기

칠돈가 중문점
풍미가 남다른
근고기

가람돌솥밥
고소하고 담백한
전복돌솥밥

자동차 4분

자동차 24분 자동차 4분 자동차 28분

서귀포
매일올레시장
최남단 시장
구경하기

네거리식당
성게미역국과
갈칫국

천지연폭포
서귀포의
으뜸 절경

대포주상절리
화산이 만든 신비한
육각형 돌기둥

 자동차 31분 자동차 31분 자동차 31분

우동카덴 제주점
스타 셰프의 우동 맛집

산굼부리
억새의 천국

동문재래시장
제주도 최고
재래시장 구경하기

사방팔방
살살 녹는
삼치회 즐기기

4 Day

 자동차 15분

도두동
무지개해안도로
형형색색 인생 사진 성지

우진해장국
줄 서서 먹는
고사리육개장

억새 명소

새별오름 제주시 애월읍 봉성리 4554-12
산굼부리 제주시 조천읍 비자림로 768
닭머르해안길 제주시 조천읍 신촌북3길 62-1
유채꽃프라자 서귀포시 표선면 녹산로 464-65
따라비오름 서귀포시 표선면 가시리 산63

설경 명소

1,100고지 서귀포시 색달동 산1-1
한라생태숲 제주시 516로 2596

PART 2

맞춤 테마 여행

제주를 특별하게 즐기는 23가지 방법

하루쯤 테마 여행 어떠세요? 인생 사진 여행, 미식 여행, 카페 투어, 환상 드라이브, 건축과 미술관 감성 여행, 그리고 하루쯤 서점 여행과 아이가 좋아하는 여행지까지 제주도 여행의 깊이를 더해줄 맞춤 테마 여행 23가지를 엄선해 준비했습니다.

THEME TRAVEL 01 THEME TRAVEL

인생 사진 여행
인생 사진 성지 베스트 6

아름다운 풍경으로 들어가면, 찰칵! 평생 간직하고 싶은
인생 사진 한 장이 탄생한다. 제주 여행의 추억을 남겨 줄
인생 사진 명소를 소개한다.

©이다혜

[1] **도두동 무지개해안도로** 106p

무지개해안도로는 요즘 가장 핫한 인생 샷 성지이다. 무지개색으로 꾸민 방호벽이 푸른 바다와 어울려 멋진 색채미를 보여준다. 도두봉의 '키세스 존'과 이호테우 해변의 조랑말 쌍 등대도 손꼽히는 인생 샷 성지이다.

[2] **비밀의 숲** 264p

안돌오름 옆 비밀의 숲이 인생 사진과 웨딩 촬영의 성지로 떠올랐다. 하늘로 쭉쭉 뻗은 수직의 숲은 어느 동화에 나오는 한 장면처럼 신비롭고 이국적이다. 비현실적으로 아름다운 숲의 자장에 저절로 이끌린다.

[3] **산양큰엉곶** 206p

요즘, 제주 서부에서 관심이 가장 뜨거운 곳이다. 비밀스럽게 막혔던 '산양곶자왈'의 일부 구간을 매력적으로 꾸며 개방했다. 요정의 집, 소달구지, 레일이 깔린 기찻길… 동화에 나올 법한 매혹적인 숲으로 들어가 보자.

[4] **섭지코지 그랜드스윙**

조형미가 돋보이는 원형 그네이다. 섭지코지 동쪽 끝 글라스하우스 앞에 있다. 성산일출봉을 바라보고 있는 원형 그네에 앉으면 그대로 인생 풍경이 된다. 유민미술관과 글라스하우스의 민트 카페도 같이 둘러보자.

[5] **제주동백수목원** 420p

겨울부터 초봄까지 붉은 동백의 나날이다. 꽃이 붉지만, 동백꽃 떨어진 땅도 선홍빛이다. 동백나무 숲속에 있으면 동화의 나라에 와 있는 것처럼 신비롭고 몽환적이다. 동백포레스트와 경흥농원도 기억하자.

[6] **남원큰엉 한반도 숲**

봄부터 가을 사이에 제주를 여행한다면 남원큰엉의 한반도 숲으로 가자. 그야말로 핫한 인생 샷 명소이다. 그리고 세화 해변도 기억하자. 카페공작소 앞 예쁜 화분과 나무 의자는 세화 해변의 시그니처 풍경이다.

드라이브 여행
제주 6대 드라이브 코스

바다를 품고 달리는 해안도로, 수직의 미학을 보여주는
삼나무숲길, 벚꽃과 유채꽃이 매혹적인 꽃길······.
제주의 6대 드라이브 코스를 소개한다.

©제주투

1 애월해안도로 182p

애월읍 하귀초등학교 부근에서 애월항까지 이어지는 9km 남짓한 구간이다. 에메랄드빛 바다가 매혹적이다. 여행 엽서에서 막 튀어나온 듯한 환상 풍경에 감탄사가 절로 나온다.

2 비자림로 1112도로 131p

제주시 봉개동에서 구좌읍 평대리에 이르는 길이다. 쭉쭉 뻗은 삼나무 숲길이다. 안개라도 내리면 신비의 길로 변한다. 사려니숲길과 절물휴양림, 산굼부리, 비자림이 이 길 주변에 있다.

3 녹산로 422p

조천읍 교래리 비자림로의 제동목장 입구 교차로에서 표선면 가시리 사거리까지 이어진다. 유채과 벚꽃이 함께 피는 풍경이 장관이다. 4월 초 조랑말체험공원에서 유채꽃 축제가 열린다.

4 해맞이해안로 월정리-종달리 구간 254p

구좌읍 월정리에서 종달리 해변까지 이어진다. 에메랄드빛 바다와 남빛 하늘을 보는 순간, 당신은 창밖으로 손을 내밀며 환성을 지를 것이다. 풍력발전소와 6월의 수국이 아름다운 풍경에 화룡점정을 찍는다.

5 신창풍차해안도로 203p

제주에는 돌도 많지만, 풍차도 많다. 단연 돋보이는 곳은 한경면 신창리에 있는 풍력발전소이다. 이국적인 풍경이 여행자의 시선을 사로잡는다. 신창풍차해안도로를 따라 차를 몰아보라. 연신 환호성을 지를 것이다.

6 형제해안도로 379p

서귀포시 대정읍 상모리와 안덕면 사계리를 연결하는 4.4km 도로이다. 송악산과 산방산, 그리고 서남부의 푸른 바다와 형제섬을 눈에 담으며 환상 드라이브를 즐길 수 있다.

시장 투어
오일장부터 야시장까지

제주의 삶속으로 한 걸음 더 들어가자.
전통 시장부터 핫 스폿으로 떠오른 야시장과 벼룩시장까지,
제주의 삶 속으로 체험 여행을 떠나자.

1 동문시장 104p

여행자가 가장 많이 찾는 핫 스폿이다. 청과시장과 수산시장이 같이 있다. 이름난 맛집도 많다. 오후 6시부터는 8번 출구에서 야시장이 열린다.

2 수목원길야시장 109p

한라수목원 옆 수목원 테마파크에서 우천 시를 제외하고 1년 내내 열린다. 푸드 트럭과 액세서리, 기념품…… 숲속 야시장엔 밤이 늦도록 낭만이 흐른다.

3 제주시 민속오일장 111p

〈효리네민박〉에 나와 더 유명해졌다. 사는 재미뿐 아니라 구경하는 재미도 쏠쏠하다. 제주의 산과 들과 바다를 다 옮겨놓은 것 같다.

4 서귀포 매일올레시장 294p

서귀포에서 인기가 가장 많은 핫 스폿이다. 유명 맛집으로는 마농치킨, 제일떡집, 통나무횟집, 황금어장, 바다수산 등이 있다.

5 동문시장 야시장 105p

코로나 19로 중단되었다 동문시장 8번 출구에서 다시 문을 열었다. 재개장하자마자 핫 스폿이 되었다. 음식 종류가 다양해 이것저것 골라 먹는 재미가 쏠쏠하다.

6 대정오일장 376p

서부 지역에서 제일 크다. 가파도, 마라도에서도 장보러 온다. 떡볶이, 순대, 도넛, 호떡…… 간식거리 이것저것을 먹는 즐거움도 꽤 크다.

THEME TRAVEL

04

해변 베스트 6
오늘은 바다에 취하자

단언컨대, 제주 여행의 반은 바다. 곱고 하얀 모래와
하늘보다 푸른 에메랄드빛 바다. 두 팔을 가득 벌려
바다를 품자. 이제, 당신이 풍경이 될 차례다.

1 곽지해수욕장 190p

〈효리네 민박〉에서 이효리가 멋지게 패들보드를 탄 곳이 바로 여기다. 곽지해변은 수심이 낮고 물이 맑아 해양 액티비티를 하기에 그만이다. 주변에 카라반 캠핑장이 있어 더욱 좋다.

2 협재해수욕장 195p

제주도 최고 해수욕장이다. 반짝이는 모래와 에메랄드 빛 바다, 그리고 바다 건너 아름다운 섬 비양도까지, 이 아름다움을 어떻게 다 표현할 수 있을까? 여름철에는 야간에도 개장한다.

3 금능해수욕장 195p

협재해수욕장 바로 옆에 있다. 모래와 물빛, 주변 풍경이 협재에 버금간다. 해양스포츠, 그중에서도 패러글라이딩의 성지다. 물고기를 잡기 위해 쌓은 낮은 돌담인 원담도 유명하다.

4 황우지선녀탕 311p

서귀포 도심 남서쪽 해안가에 있는 스노클링 명소다. 바위와 바위 사이를 돌로 만든 천연 수영장이다. 물놀이를 하다 잠시 눈을 들면 새섬과 문섬, 범섬이 손에 잡힐 듯 다가온다. 낙석으로 지금은 출입금지 중이다.

5 함덕해수욕장 247p

협재해수욕장과 으뜸을 다투는 동부 최고 해수욕장이다. 해수욕장 중간에 바닷가로 길게 돌출한 현무암 올린여가 있다. 올린여의 구름다리를 오가며 바다 위를 걷는 기분을 느낄 수 있다.

6 월정리해수욕장 255p

제주도에서 가장 핫한 해변이다. 바닷가에 카페 거리가 있다. 소담스러운 해변과 쪽빛 바다, 멋진 해안도로, 이국적인 풍력발전기. 환상 풍경이 다가와 당신에게 와락 안긴다.

월별 꽃 여행 명소

형형색색! 꽃 여행을 떠나자

제주도는 사시사철 화양연화 같은 꽃의 향연이 펼쳐진다. 시각적인 즐거움을
넘어 마음까지 설레게 하는 계절별 최고 꽃 여행지를 엄선했다.

1 벚꽃 3월~4월

벚꽃하면 일본을 떠올리지만 왕벚꽃의 원산지는 제주
도이다. 3월 말이면 제주도 전역이 벚꽃으로 물든다.
전농로와 제주대 진입로, 제주종합경기장 일대, 녹산
로가 벚꽃 명소이다.

2 유채꽃 3월~4월

3월 말 서귀포시부터 핀다. 4월 초 유채꽃 축제가 열리
는 표선면 조랑말 체험공원, 녹산로제주유채꽃도로, 성산
읍 광치기해안, 산방산 부근, 중문관광단지, 우도 등이
유채꽃 명소이다.

3 청보리 4월~5월

4월이면 가파도 청보리가 바람 따라 춤을 춘다. 4월 중순부터 5월 중순까지 청보리 축제가 열린다. 가파도에 가면 청보리 막걸리도 마셔보자. 4월 말부터 청보리 축제가 열리는 오라동 메밀밭도 기억하자.

4 수국 6월

6월이 되면 제주는 수국의 섬이 된다. 제주시 남국사, 에코랜드, 종달리해안도로, 혼인지, 안덕면사무소, 안덕면 동광리, 안덕면 산방로, 카멜리아힐, 보롬왓, 휴애리자연생활공원 등이 몽환적인 풍경을 연출한다.

5 해바라기 6월~10월

김경숙 해바라기 농장과 가파도로 가자. 시기를 나누어 파종하여 6월부터 11월까지 해바라기를 감상할 수 있다. 고흐의 해바라기 그림 한폭처럼 운치있고 아름답다. 가을이면 가파도 해바라기도 장관이니 놓치지 말자.

6 메밀꽃 9월~10월

오라동 메밀밭과 보롬왓이 메밀꽃 명소이다. 오라동 메밀밭에선 9월 중순부터 10월 중순까지, 보롬왓에선 5월과 9월에 메밀꽃 축제가 열린다. 조천의 와흘메밀마을과 안덕의 한라산아래첫마을도 기억하자.

7 핑크뮬리 9월~10월

핑크뮬리는 벼과 여러해살이풀이다. 붉은빛이 아름다워 2010년대 후반부터 관광지와 카페에서 조경용으로 많이 심기 시작했다. 새별오름, 카페 마노르블랑, 카페 북촌에 가면, 카페 글렌코가 유명하다.

8 동백꽃 11월~3월

제주의 겨울은 동백의 나날이다. 남원읍의 제주동백수목원과 경흥농원, 위미동백군락지, 동백포레스트, 조천읍의 선흘동백동산이 동백 명소이다. 휴애리, 카멜리아힐, 상효원도 기억하자.

특별하게 제주 61

THEME TRAVEL

06

아이와 함께

아이가 좋아하는 여행지

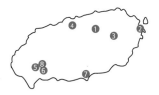

여행은 그 자체가 놀이이면서 공부이다. 테마파크,
컴퓨터박물관, 아쿠아플라넷…… 아이가 더 좋아하는 여행
지, 아이와 함께 하면 더 좋을 여행지를 엄선했다.

1 에코랜드 240p

CF와 예능 프로그램의 단골 촬영지이다. 유럽풍 증기
기관차 승차 체험을 할 수 있다. 가족이나 연인이 남다
른 추억을 남기기에 좋다.

2 아쿠아플라넷 제주 414p

상어, 돌고래, 바다코끼리, 다양한 열대어를 구경할 수
있다. 물개 체험, 돌고래 쇼 앞에서는 함성이 끊이질 않
는다. 해녀들의 물질 시연도 구경할 수 있다.

③ 스누피가든 262p

만화 <스누피>를 테마로 한 자연 체험 테마파크이다. 11개 에피소드로 디자인한 야외 가든, 실내 테마 공간, 루프톱, 피너츠 스토어, 카페 스누피로 구성돼 있다. 아이들뿐만 아니라 어른들도 무척 즐거워한다.

④ 넥슨컴퓨터박물관 113p

디지털 놀이터다. 컴퓨터와 게임의 역사를 살펴보고 디지털 체험과 놀이를 할 수 있다. 입체 3D 프린터와 3D 게임 체험을 할 수 있으며, 3D 게임 제작과 마우스 만들기 프로그램에 참여할 할 수 있다.

⑤ 제주항공우주박물관 363p

하늘과 우주에 관심이 많은 아이에게 멋진 선물이 될 것이다. 26대의 실제 항공기를 전시하고 있으며, 비행기의 구조와 비행 원리를 체험할 수 있다. 또 태양계와 은하계, 우주 생성의 신비를 공부하기 좋다.

⑥ 뽀로로 앤 타요 테마파크 368p

아이들에겐 천국 같은 곳이다. 관람차, 바이킹, 타요와 뽀로로의 집, 회전목마, 바이킹, 기차, 후름라이드, 미니 트램펄린, 물놀이 시설 등이 있다. 또 뽀로로의 싱어롱 공연과 뽀로로 퍼레이드도 구경할 수 있다.

⑦ 감귤 따기 체험 322p

감귤박물관에선 감귤 따기는 물론 감귤 쿠키 머핀 만들기와 족욕 체험도 할 수 있다. 홈페이지에 예약해야 한다. 제주시의 아날로그 감귤밭, 한림읍의 과수원피스에서도 감귤 따기 체험을 할 수 있다.

⑧ 신화테마파크 365p

제주신화월드 안에 있다. 제주에서 가장 큰 놀이동산이다. 야외 시설이라 무더운 여름과 추운 겨울에는 아이들이 힘들어할 수 있다. 여름에는 신화테마파크보다 신화워터파크의 인기가 더 높다.

THEME TRAVEL

07

THEME TRAVEL

힐링 숲길 산책

토닥토닥, 숲길을 걸어요

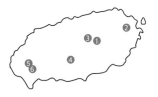

바닷가엔 올레길, 산속엔 힐링 숲길.
고맙게도 제주엔 아름다운 산책길이 참 많다.
토닥토닥, 당신의 지친 마음을 위로해줄 숲길을 엄선했다.

1 사려니숲길 130p

단언컨대, 우리나라의 최고 힐링 숲길이다. 산소의 질이 가장 좋다는 해발 500m에 있다. 완벽하게 자연의 품에 안길 수 있다.

2 비자림 258p

천년 숲길이다. 수령 500~800년의 비자나무 2,800그루가 자생한다. 1000년을 헤아리는 비자나무가 영혼을 위로해준다. 흐린 날이나 비가 오는 날엔 더욱 운치가 있다.

3 절물자연휴양림 132p

삼나무가 우거진 치유의 숲이다. 약 100만 평에 수령 40년이 넘은 삼나무가 울창한 숲을 이루고 있다. 등산로와 산책로, 숲속의 집을 갖추고 있다.

4 서귀포자연휴양림 317p

토닥토닥, 숲의 위로를 받고 싶다면 서귀포자연휴양림으로 가자. 하늘을 밀어 올릴 듯 수직으로 자란 편백나무가 숲을 이루고 있다. 마음의 평화를 얻기에 좋다.

5 산양큰엉곶 206p

동화 속 숲길에 들어온 것 같다. '산양곶자왈'의 일부 구간을 매력적으로 꾸며 여행자에게 개방했다. 동화에 나올 법한 '숲속 작은 마을'을 재현해 놓아 흥미진진하다. 요정의 집, 소달구지, 기찻길 등 포토 존이 정말 많다.

6 제주곶자왈도립공원 364p

곶자왈은 겨울에도 푸른 원시림 같은 생태 숲이다. 세계에서 유일하게 한대식물과 난대식물이 같이 자란다. 예약하면 숲 해설을 들을 수 있다.

올레길 여행

바람 부는 그곳으로 걸어요

제주 올레는 모두 26개이다. 올레 대부분이
본섬, 우도, 가파도, 추자도의 해안을 따라 이어진다.
너무 아름다워 감격스럽기까지 한 올레만 엄선했다.

[1] **올레 6코스** 쇠소깍-서귀포 올레 324p
서귀포의 멋진 풍경과 문화를 품었다. 10코스와 더불어 인기도 2~3위를 다투고 있다. 왈종미술관, 정방폭포, 이중섭거리, 서귀포매일올레시장을 지나는 멋진 길이다.

[2] **올레 7코스** 서귀포-월평 올레 326p
26개 올레 중에서 가장 아름다운 길이다. 아름다운 해안을 지나는 매혹적인 산책로이다. 천지연폭포, 외돌개, 돔베낭길, 법환포구, 강정천을 지나 월평에 닿는다.

[3] **올레 10코스** 화순-모슬포 올레 384p
서부 절경을 모두 감상할 수 있다. 올레로 지정되기 전부터 아름다운 길로 유명했다. 해안도로를 따라 산방산, 마라도, 가파도, 송악산을 모두 눈에 넣을 수 있다.

[4] **올레 20코스** 김녕-하도 올레
물빛이 좋은 동부 해안을 마음껏 감상할 수 있다. 김녕 성세기해안과 월정리, 평대리 그리고 세화리 해안을 걷다 보면 어느덧 에메랄드 블루에 젖어 들게 될 것이다.

[5] **올레 21코스** 하도-종달 올레
우도와 성산일출봉을 감상하며 걸을 수 있다. 21코스의 하이라이트는 지미오름이다. 정상에 서면 성산일출봉과 우도 마을과 포구 풍경이 한동안 말을 잊게 한다.

[6] **올레 1코스** 시흥-광치기 올레 432p
성산 일출봉과 오름 군락, 유채꽃, 그리고 푸른 바다를 모두 볼 수 있는 환상적인 코스이다. 알오름에 오르면 푸른 들과 우도, 일출봉이 파노라마처럼 펼쳐진다.

THEME TRAVEL
09
THEME TRAVEL

오름 여행
오름, 환상 풍경으로의 초대

제주도가 다 보여주지 않은 매력이 있다면, 단언컨대 그것은
오름이다. 곡선은 아름답고 분화구는 신비롭다.
그리고 정상에서 보는 풍경은 황홀하다.

©제주도

1 새별오름 193p

서부를 대표하는 오름이다. 약 20분이면 정상에 오를 수 있다. 한라산과 서부 풍경, 비양도를 모두 볼 수 있다. 매년 초봄 제주도 대표 축제인 들불문화제가 열린다.

2 금오름 194p

〈효리네민박〉에서 이효리가 소개한 후 여행자들에게 큰 인기를 끌고 있다. 분화구 호수와 분화구를 돌며 감상하는 제주 서부의 목가적인 풍경이 매혹이다.

3 다랑쉬오름 261p

제주도 오름 가운데 단연 으뜸이다. 거대한 분화구가 보는 이를 압도하기도 한다. 바다, 성산일출봉, 한라산, 오름 군락…… 게다가 정상의 전망이 백만 불짜리다.

4 아부오름 263p

와우! 정상에 오르면 저절로 탄성이 튀어나온다. 거대한 원형 분화구가 푸른 하늘을 다 담겠다는 듯 제 몸을 비우고 있다. 분화구가 아늑하고 신비롭다.

5 따라비오름 429p

가을이 오면 제 아름다움의 절정을 보여준다. 오름을 억새가 뒤덮는다. 세 개 분화구에 억새가 가득 차 파도처럼 일렁인다. 당신 마음에도 덩달아 물결이 인다.

6 백약이오름 430p

동부 내륙의 최고 드라이브코스 금백조로를 따라가면 백약이오름에 이른다. 분화구를 한 바퀴 돌면 한라산, 동부 오름군, 성산일출봉과 우도까지 다 눈에 넣을 수 있다.

10

미술관 산책
오늘은 예술에 취하자

제주도는 멋진 미술관을 많이 품고 있다. 이중섭미술관,
김영갑갤러리, 아라리오미술관……. 예술의 향기까지
품는다면 당신의 여행 감수성이 한층 풍부해질 것이다.

1 이중섭미술관 297p

이중섭은 한국전쟁 때 서귀포에서 1년 남짓 살았다. 〈과수원의 가족과 아이들〉, 〈서귀포의 환상〉 등을 그때 그렸다. 미술관에서 원화 60여 점과 예술가의 삶을 찬찬히 엿볼 수 있다.

2 왈종미술관 314p

왈종미술관은 정방폭포 뒤편에 있다. 제주도에 정착해 그린 감성 짙은 그림을 감상할 수 있다. 이왈종의 작품에는 동백나무, 섶섬, 푸른 바다가 곧잘 등장한다. 작품을 보고 있으면 어느새 평온이 찾아든다.

3 김영갑 갤러리 두모악 431p

성산읍 삼달리에 있는 고즈넉한 갤러리이다. 김영갑이 영혼으로 찍은 사진엔 바람과 아름답게 슬픈 제주의 풍경이 담겨있다. 그의 제주 풍경은 서정시처럼 아름답다.

4 제주도립 김창열미술관 202p

한림읍 저지문화예술인마을에 있다. 검은 큐브 8동이 이어지며 하나의 미술관을 완성한다. '물방울 화가' 김창열이 기증한 작품 220여 점을 감상할 수 있다.

5 아라리오뮤지엄 121p

데미안 허스트, 앤디 워홀, 키스 해링, 백남준……. 입이 떡 벌어지는 대가의 작품을 감상할 수 있다. 현대 미술의 흐름을 이해하기에 좋다.

6 본태박물관 369p

백남준, 안소니 카로, 쿠사마 야요이, 살바도르 달리 등 세계적인 예술가의 작품을 만나 볼 수 있다. 박물관은 세계적인 건축가 안도 다다오가 설계했다.

특별하게 제주 71

건축 투어
당신이 건축을 만났을 때

제주가 건축을 품었다. 이렇게 멋진 건축이 많다는 게
놀랍고 고맙다. 제주의 풍경을 빛내주는, 제주의 자연을
오마주한 아름다운 건축을 소개한다.

① 수풍석뮤지엄 370p

예술품이 아니라 제주의 자연을 전시하는 독특한 미술관이다. 재일동포 출신 건축가 유동룡이 설계했다. 예약제로 운영한다. 하루 2회 선착순 25명이다.

② 방주교회 372p

물 위에 떠있는 형상을 한 건축물이다. 유동룡이 구약성경에 나오는 노아의 방주에서 영감을 받아 설계했다. 연못에 물결이 일면 파도를 가르는 배처럼 보인다.

③ 본태박물관 369p

건축가 안도 다다오가 본연의 아름다움을 탐색한 건축물이다. 노출콘크리트 본연의 미를 추구해온 그의 건축 철학이 잘 드러나 있다. 빛과 물과 바람을 만끽하기 좋다.

④ 추사기념관 375p

〈세한도〉에 나오는 집을 닮은 건축물이다. 비움과 절제의 미가 돋보인다. 추사의 고독한 삶을 건축으로 풀어놓은 듯하여 마음 한구석에 작은 파문이 인다.

⑤ 휘닉스 제주의 유민미술관 415p

안도 다다오 건축 미학이 잘 드러나 있다. 건축이 마치 액자 같다. 액자엔 일출봉과 제주의 하늘과 섭지의 바람이 담겨 있다. 볼수록 신비로워 경외심마저 든다.

⑥ 훈데르트바서 파크 456p

오스트리아의 유명 화가이자 건축가인 훈데르트바서의 색채미가 돋보인다. 독특한 건축 양식이 이국적이다. (제주시 우도면 우도해안길 32-12, 064-766-6077)

12

제주 내면 여행

제주 속으로 한 걸음 더!

제주의 풍경과 자연만 보았다면 당신은 제주의 반만 즐긴
것이다. 제주는 제 몸에 아름다운 스토리를 가득 품고 있
다. 이제, 제주의 내면까지 여행하자.

1 김만덕 객주 160p

김만덕은 제주 출신 거상이다. 객주를 운영하여 큰 부를 쌓았다. 1790년대 초 큰 흉년이 들어 기아에 허덕이자 곡식을 나누어주어 도민들을 살렸다. 조선의 객주를 체험하자. 근처에 김만덕 기념관이 있다.

2 삼성혈 118p

먼 옛날 고을나, 부을나, 양을나라는 신 세 명이 나이 천 명을 받고 이곳에서 솟아났다. 이들은 탐라국을 세우고 제주를 세 영역으로 나눠 다스렸다. 삼성혈의 구멍엔 눈이 많이 와도 쌓이지 않고 녹는다.

3 제주 4·3평화공원 124p

1948년 4월 3일부터 이듬해 6월까지 이승만 정부와 미군정에 의해 희생당한 시민 3만여 명이 잠들어 있다. 이들 대부분은 당시의 정치적 사건과 아무 관련이 없는 무고한 시민이었다. 그래서 더 슬프면서도 화가 난다.

4 해녀박물관 257p

제주 해녀들의 고귀한 인생 여정을 품은 박물관이다. 제주를 지켜온 할망들의 숭고한 삶을 가슴에 담을 수 있다. 해녀 옷을 입고 물질을 따라 하는 어린이 체험관이 인기가 좋다.

5 월령선인장마을 199p

사막에 있어야 할 선인장이 왜 제주도에 있을까? 오래전, 열대의 선인장 씨앗이 해류를 타고 여행하다 월령 마을에 정착한 까닭이다. 또 하나의 제주 스토리가 붉게 푸르게 피어난다.

6 김대건 신부 표착기념성당 205p

1845년 9월 28일 청년 김대건이 한국 최초 신부가 되어 귀국하다 풍랑을 만나 한경면 용수리에 표착했다. 그곳에 김대건 신부의 제주도 표착을 기념하는 성당과 기념관이 있다.

액티비티

제주를 짜릿하게 즐기는 방법

액티비티! 움직이는 것은 모두 아름답다. 이효리가 타서 유명해진 패들보드부터
럭셔리한 요트 체험까지 제주에서 즐길 수 있는 액티비티를 소개한다.

©제주특별자치

1 패들보드

<효리네민박>에서 이효리가 탔던 바로 그 보드이다. 20~30분이면 배울 수 있다. 파도가 잔잔한 함덕과 곽지에서 주로 즐긴다. 주요 해변에 대여와 강습을 하는 업체가 있다.

2 승마

오래된 레포츠지만 승마의 인기는 여전하다. 조랑말을 타고 중산간을 산책하는 코스부터 한라산 중턱을 달리는 코스까지 다양하게 즐길 수 있다. 자유 승마도 가능하다.

3 요트 투어

푸른 바다를 가르는 하얀 요트. 선상 위의 다이닝과 샴페인 한 잔. 그리고 낚시. 이제 이 낭만적인 요트 체험을 제주에서도 할 수 있다.

4 카트 체험

카트 체험은 여전히 인기가 좋다. 조천읍의 제주 레포츠랜드는 국내 최대 규모 카트장이다. 애월읍 981파크, 한림의 더마파크에서도 카트 레이싱을 즐길 수 있다.

5 선상 낚시

제주는 바다낚시의 최고 성지이다. 사면이 바다로 둘러싸인 섬이며, 계절별로 다양한 어종을 낚을 수 있다. 요즘엔 가족 단위 여행객도 많이 찾는다. 장비를 갖춘 낚싯배에서 다 일러주므로, 생초보도 괜찮다.

6 ATV

ATV는 오토바이를 사륜형으로 변형시킨 레저 자동차이다. 제주의 들판과 오름처럼 오프로드를 즐기기에 안성맞춤이다. 남녀노소 누구나 즐겁게 탈 수 있다.

제주 음식 베스트 10

꼭 먹어야 할 제주도 대표 음식 10가지

제주도청이 선정한 최고 토속음식에 빅데이터 분석을 기반으로
검색 순위 상위에 오른 음식을 더해 제주에서 꼭 먹어야 할 음식 10개를 엄선했다.
당신의 미각을 즐겁게 해줄 제주 음식 베스트 10가지를 가나다순으로 소개한다!

갈치 음식 구이·조림·회

요즘 제주도에선 갈치를 통째로 구워 내오는 통갈치
구이와 문어, 전복, 새우, 갈치를 넣은 통갈치조림이 인
기를 끌고 있다.

네거리식당 332p
색달식당 중문본점 339p
춘심이네 본점 389p, 맛나식당 435p

고기국수

돼지고기 육수에 면을 넣고 끓인 제주식 잔치국수이
다. 고명으로 돼지고기 수육을 올리기 때문에 고기국
수라는 이름을 얻었다.

자매국수 134p, 삼대국수회관 본점 135p
하갈비국수 213p, 국수바다 본점 341p
산도롱맨도롱 275p, 가시아방국수 434p

고사리육개장

돼지고기 육수에 고기와 고사리나물, 메밀가루를 풀
어 오랜 시간 푹 끓여낸다. 숙취에 시달린 속을 풀기
에 아주 좋다.

김희선제주몸국 147p
우진해장국 156p

근고기와 흑돼지구이

근고기는 '근' 단위로 주문하는 제주식 돼지 구이다. 제
주흑돼지는 체질이 강건하고 질병 저항성이 높다. 근
고기와 흑돼지구이 둘 다 멜젓에 찍어 먹는다.

근고기 칠돈가 중문점 338p, 문치비 335p
흑돼지구이 숙성도 중문점 338p, 복자씨연탄구이 435p

돔베고기

돔베는 제주어로 도마를 뜻한다. 돼지 수육을 돔베 위
에 내온다고 해서 돔베고기이다. 고기를 멜젓에 살짝
찍어 먹는 맛이 일품이다.

삼대국수회관 본점 135p, 신설오름 146p
가시아방국수 434p

몸국

몸국의 '몸'은 모자반의 제주어이다. 돼지고기 육수에
모자반, 김치, 미역귀, 메밀가루를 넣고 끓인 국이다.
맛이 시원하고 얼큰하다.

신설오름 146p
김희선제주몸국 147p

물회

늦봄부터 초가을까지 주로 즐기는 제주식 냉국이다.
자리물회는 5~7월, 한치물회는 7~9월이 제철이다. 전
복물회 인기도 좋다.

순옥이네명가 143p, 곰막식당 271p, 해왓 437p

방어회

방어는 겨울철 대표 횟감이다. 초가을 캄차카반도에
서 마라도까지 내려와 자리돔을 먹이 삼아 겨울을 보
낸다. 방어 사촌 부시리는 초가을부터 먹을 수 있다.

마라도횟집 141p, 올랭이와 물꾸럭 387p

보말 음식 보말죽과 보말칼국수

보말은 고둥의 제주어이다. 고둥살과 내장을 으깬 다
음 체에 물을 부어 걸러낸 국물로 죽과 칼국수를 만든
다. 맛이 고소하고 시원하다.

중문수두리보말칼국수 343p, 옥돔식당 386p, 해월정 275p

전복 음식 구이·솥밥·뚝배기

전복돌솥밥, 전복뚝배기, 전복버터구이. 요즘 제주에
선 전복 음식이 갈치 음식만큼이나 인기가 높다. 고소
하고 배가 든든하다.

순옥이네명가 143p, 명진전복 274p, 가람돌솥밥 340p

제주 로컬 음식 베스트 10

제주도민이 추천하는
찐 로컬 음식

제주는 육지와 멀리 떨어져 있고, 자연환경도 다른 까닭에 우리나라 어떤 지역보다 로컬 음식이 많은 편이다. 몸국, 갈칫국, 말고기, 고사리육개장 등 꼭 먹어야 할 제주 토속음식 10가지를 소개한다.

각재기국

각재기는 전갱이의 제주어이다. 토막 낸 전갱이, 배추, 고추, 대파, 다진 마늘을 넣고 끓인다. 국물이 시원해 속 풀기 좋다.

갈칫국

갈치호박국이라고도 부른다. 토막 낸 갈치, 호박, 얼 갈이배추, 풋고추, 대파, 소금, 다진 마늘 등을 넣고 끓인다.

고사리육개장

돼지고기 육수에 고기와 고사리나물, 메밀가루를 풀 어 오랜 시간 푹 끓여낸다. 속을 풀기에 아주 좋다.

말고기

말고기는 다른 육류보다 달콤하고 지방이 적은 편이 다. 육질도 소고기보다 부드럽다. 국, 구이, 육회로 주 로 먹는다.

몸국

몸국은 돼지고기를 삶은 육수에 몸모자반, 김치, 미역 귀, 메밀가루를 넣고 끓인 국이다. 맛이 시원하고 얼 큰하다.

멜조림

제주도에선 멸치를 멜이라 부른다. 멜조림은 큰 멸치와 파, 양파, 마늘, 양념장을 넣고 조리는 제주 토속음식이다.

빙떡과 쉰다리

빙떡은 메밀 반죽에 다진 무를 넣고 기름에 부치는 토속음식이다. 쉰다리는 쉰 밥에 누룩을 넣고 발효시킨 제주식 요구르트이다.

성게미역국

서귀포 지역 향토 음식이다. 참기름, 미역, 성게 알, 마늘을 넣고 살짝 끓인다. 해장국만큼이나 속을 풀기 좋다.

오메기떡

오메기는 좁쌀의 하나인 차조를 뜻하는 제주어이다. 차조 가루와 팥으로 만든 떡으로, 간식과 선물용으로 좋다.

접짝뼈국

접짝은 돼지 목 부위를 뜻한다. 큼지막한 목뼈와 찹쌀가루 또는 메밀가루를 살짝 넣고 곰탕처럼 푹 끓인 향토 음식이다. 제주시의 화성식당과 넉둥베기에서 먹을 수 있다.

오션 뷰 카페

16 바다 전망 카페에서 꿈 같은 휴식을

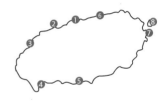

하늘보다 푸른 에메랄드빛 바다를 품은 카페를 소개한다.
카페에서 감상하는 제주 바다는 퍽 낭만적이다.
당신의 감성 지수를 높여줄 바다 전망 카페 8곳을 가려 뽑았다.

1 앙뚜아네트 161p

한창 인기를 끌고 있는 베이커리 카페이다. 유리창 너머
로 제주시의 푸른 바다가 시원하게 펼쳐진다. 맑은 날에
는 테라스의 빈백에 누워 바다를 즐겨보자.

2 카페 나모나모 베이커리 162p

도두동무지개해안도로 옆에 있는 베이커리 카페다. 2층
부터 모든 층에서 바다를 전망할 수 있다. 3층 야외 테라스
에선 바다를, 반대편 테라스에서는 한라산을 볼 수 있다.

3 애월빵공장앤카페 224p

애월읍 곽지해수욕장 옆에 있는 베이커리 카페이다. 애월의 바다가 축복처럼 펼쳐진다. 날이 좋은 날이면 야외로 가자. 외국의 휴양지에 온 듯 풀풀 감성이 돋는다.

4 휴일로 397p

서귀포시 안덕면의 대평마을에 있다. 눈앞은 망망한 대해, 태평양이다. 오른쪽엔 기묘한 박수기정 절벽이 서있고, 왼쪽으로는 범섬이 시선 속으로 들어온다.

5 하라케케 349p

제주도 최강의 휴양지 감성 카페이다. 이국적인 야자수, 멋진 벤치와 수영장, 아름다운 비치 파라솔. 서귀포시에 있지만 마치 하와이나 남국의 휴양지에 온 것 같다.

6 카페 델문도 276p

함덕 바다가 한눈에 보이는 전망 카페이다. 야외 테라스로 나가면 바로 아래에 바다가 있다. 에메랄드빛 바다가 발아래부터 수평선까지 감동적으로 펼쳐진다.

7 카페 오른 441p

우도와 성산일출봉을 동시에 볼 수 있는 매혹적인 카페이다. 섬, 바람, 돌담, 유채꽃, 에메랄드빛 바다를 섬세하게 감상할 수 있다. 성산읍 오조리 해맞이해안로에 있다.

8 블랑로쉐 461p

우도 하고수동해수욕장 옆에 있다. 은빛 백사장과 에메랄드빛 바다를 더불어 품을 수 있다. 하얀 차양을 친 테라스에 앉으면 남빛 바다가 와락 달려든다.

굴밭 카페

카페가 굴밭 안으로 들어왔다

5월에 피는 하얀 귤꽃도 예쁘지만, 귤밭 카페의 절정은 가을이다. 귤밭 풍경과 달콤한 귤 향기에 취하는 특별한 카페 투어, 여기에 귤 따기 체험까지 할 수 있으니 금상첨화다.

안녕, 제주

① 커피템플 173p

제주시 월평동의 감귤 농장 중선농원 안에 있다. 50년 된 감귤 창고를 리모델링하여 멋진 카페로 만들었다. 시그니처 메뉴는 탠저린 카푸치노이다. 달콤한 카푸치노 거품과 감귤 향이 조화롭게 입안을 감싼다.

② 아날로그 감귤밭 323p

제주시와 애월읍 사이 중산간에 있는 카페 겸 감귤 농장이다. 카페 이름처럼 아날로그 감성이 소곤소곤 피어오른다. 가을이면 감귤 따기 체험도 할 수 있다. 귤밭 안에 포토존이 많아 좋다. 감귤 수제 잼도 판매한다.

③ 과수원피스 323p

카페와 게스트하우스, 감귤 따기 체험 농장을 같이 운영한다. 카페에 모형 인형인 피겨를 많이 전시해놓았다. 가을에는 감귤 따기 체험 후 카페에서 커피를 마시며 여유를 즐기기 좋다. 협재해수욕장에서 가깝다.

④ 어린왕자 감귤밭 323p

대정읍에 있는 카페 겸 감귤 따기 체험 농장이다. 아기자기한 포토존을 꾸며 놓았다. 작은 말 포니, 양과 놀며 동화 같은 시간을 보낼 수 있다. 봄이면 카페가 유채꽃으로 노랗게 변한다. 게스트하우스도 운영한다.

⑤ 테라로사 서귀포점 352p

감귤로 유명한 서귀포시 하효동에 있다. 돌담을 사이에 두고 야외 테이블에서 커피를 마실 수 있다. 노란 감귤을 보며 커피를 마시고 있으면 낭만과 설렘을 동반한 만족감이 영혼까지 스며드는 기분이 든다.

⑥ 제주에인감귤밭 348p

서귀포시 호근동에 있는 귤밭 카페이다. 카페를 이용하는 손님은 감귤밭을 무료로 입장할 수 있고, 포토존 이용도 할 수 있다. 제주 감귤청 만들기 체험 프로그램도 운영한다. 매주 일요일은 휴무이다.

THEME TRAVEL 18

디저트 투어

달콤함에 빠지고 싶다

마카롱, 케이크, 아이스크림, 티라미수……. 당신이 달다구리 마니아라면 이 단어들을 접하는 순간, 입에서 침이 고일 것이다. 당신의 미각을 매혹시킬 디저트 카페를 소개한다.

[1] 제주 하멜 174p

제주시 노형동에 있는 수제 치즈케이크 전문점으로, 최
소 2~3일 전 직접 방문 예약해야 할 만큼 인기가 많다.
크림치즈, 우유, 달걀 모두 제주산만 고집한다.

[2] 아라파파 169p

인기 품목은 마들렌, 마카롱, 샌드위치, 잼이다. 오후 3
시쯤엔 거의 모든 빵이 동이 난다. 베이커리 옆에 빵과
커피 즐길 수 있는 카페가 따로 있다.

[3] 마마롱 218p

제주 서부에서 가장 유명한 디저트 카페이다. 대표 메
뉴는 에끌레어, 당근 케이크, 밀푀유이다. 날씨가 좋은
날에는 정원에서 디저트를 즐길 수 있다.

[4] 오드랑베이커리 277p

제주도의 대표적인 빵지 순례 명소이다. 모든 빵을 직
접 배양한 효소로 발효한 후 저온 숙성을 거쳐 구워낸
다. 진열되자마자 팔려나가 대부분 웨이팅이 필요하다.

[5] 런던 베이글 뮤지엄 제주점 278p

23년 7월 개장 이후 단숨에 빵지 순례 필수 코스가 되
었다. 맛이 탁월해 긴 대기 시간이 아깝지 않다. 플레
인 베이글만 씹어도 고소한 풍미가 입안 가득 퍼진다.

[6] 미쁜제과 400p

대정읍 신도리 해안가에 있는 인기 절정의 한옥 베이커
리 카페이다. 3~7일 자연 숙성한 천연발효종과 프랑스
유기농 밀가루만 사용해 빵을 만든다.

제주의 간식거리

입을 즐겁게 해주는 간식거리 베스트 6

제주의 간식은 음식만큼이나 제주 고유성을 잘 담고 있다.

차조로 만든 오메기떡, 우도 땅콩으로 만든 아이스크림,

우뭇가사리 푸딩…… 당신의 입이 즐거워진다.

©강경필

① 땅콩 아이스크림

땅콩은 우도가 자랑하는 특산품이다. 우도 땅콩으로 만든 아이스크림은 가장 힙한 디저트이다. 쫀득한 아이스크림 위에 땅콩가루를 뿌려준다. 달달함은 기본, 여기에 고소함까지 느낄 수 있다.

② 전복 김밥

전복 김밥은 몇 해 전부터 제주를 대표하는 간식으로 인기를 끌고 있다. 제주김만복을 유명하게 해준 대표 메뉴로 제주시, 동문시장, 서귀포시, 애월읍, 성산, 함덕의 지점에 즐길 수 있다.

③ 오메기떡

그야말로 유명한 제주도의 향토 음식이다. 차조와 콩가루나 팥고물로 만든다. 쫄깃하고 달콤해 간식과 선물용으로 좋다. 택배 주문도 가능하다. 냉동실에 얼렸다가 두고두고 먹을 수 있다.

④ 우뭇가사리 푸딩

우뭇가사리로 만든 푸딩이다. 초콜릿, 말차, 얼그레이, 커스터드, 이렇게 네 가지 푸딩이 있다. 맛은 달콤하고 부드럽다. 애월읍의 디저트 우무에서 판매한다. 10분 이내에 먹기를 권한다.

⑤ 당근 케이크

제주시 구좌읍은 우리나라에서 손꼽히는 당근 생산지이다. 몇 해 전부터 제주의 베이커리와 디저트 카페에 등장하더니 지금은 구좌 당근으로 만든 케이크는 제주에서 꼭 먹어야 할 디저트로 손꼽히고 있다.

⑥ 마늘치킨

서귀포 올레시장은 치킨에 마늘을 듬뿍 넣은 마늘치킨으로 유명하다. 원래 유명했지만 <수요미식회>에 나온 뒤로 더 유명해졌다. 마농치킨과 한라통닭이 올레시장 마늘 치킨의 쌍두마차이다.

낭만 술집

제주의 푸른 밤을 마시자

낮에 풍경과 바다에 취했다면 이제 제주도의 분위기 좋은 술집에서 푸른 밤에 취할 차례다. 당신에게 어울리는 멋진 술집을 소개한다.

1 맥파이 탑동점 158p

제주시 탑동 바닷가에 있는 수제 맥주 펍이다. 근처에
아라리오미술관 탑동시네마가 있어서 예술 체험과 수
제 맥주 즐기기를 동시에 할 수 있다.

2 무지개 160p

아라동 주택가에 있는 분위기 좋은 이자카야이다. 노포
느낌보다는 소박하면서도 깔끔하다. 닭 꼬치구이, 야키
소바, 바지락술찜이 인기 메뉴이다.

3 갓포제호 137p

최근 오픈했지만 벌써 소문이 나 빈자리가 없다. 제주
시 이도2동 주택가에 있는 갓포 음식점고급 이자카야이
다. 갓포제호에선 제주의 밤이 푸르게 깊어간다.

4 미친부엌 139p

제주시 탑동사거리 아라리오뮤지엄 맞은편에 있는 퓨
전 일식집이다. 제주시에서 가장 인기가 많은 술집 가
운데 하나이다. 크림짬뽕이 시그니처 메뉴이다.

5 더클리프 345p

중문해수욕장 옆에 있다. 낮엔 카페지만 밤엔 라운
지 바로 바뀐다. 파도, 바람, 야자수, 음악, 칵테일. 석
양……. 석양을 감상하기 좋은 테라스가 압권이다.

6 제주 드림타워 포차 159p

제주에서 가장 전망 좋은 술집이다. 드림타워 38층 꼭대
기에 있는 모던한 포장마차이다. 오전에는 조식당으로
운영하고, 저녁에는 포장마차로 운영한다.

기념품 가게

제주를 데리고 가자

스마트폰에 담아온 제주. 여행을 추억하기에 사진이 첫째라면,
둘째는 사물이 아닐까? 제주를 닮은, 또는 제주를 담은 기념품
이 당신의 여행 스토리를 더 풍부하게 해줄 것이다.

1 더 아일랜더 175p

감각적이고 색다른 제주 기념품 바람을 일으킨 소품 가
게이다. 작가와 디자이너들이 제주를 주제로 제작한 기
념품을 판매한다. 기성품이 아니라 작가의 감성이 녹아
든 흔히 볼 수 없는 소품이다. 제주를 상징하는 아이콘
을 소재로 만든 에코백, 한라봉 모양 향초, 해녀 모빌 인
형, 돌하르방 비누, 제주 엽서, 의류 등이 있다. 1천 원짜
리부터 몇만 원짜리까지 상품 종류가 다양하다.

2 바이제주 175p

용담해안도로에 있는 제주도에서 가장 큰 기념품 전문
점이다. 제주도 작가들이 만든 아트 기념품, 캔들, 손뜨
개, 방향제, 엽서, 오메기떡, 감귤주스, 수제비누, 감귤초
콜릿 등 없는 게 없을 정도로 상품이 다양하다. 그리고,
손님이 찍은 사진을 우드에 프린트 해주는데, 특별한 기
념품으로 손색이 없다. 가게는 1층과 2층에 있는데, 2층
에 오르면 푸른 바다가 와락 다가온다.

3 소길별하 232p

<효리네 민박>을 촬영했던 이효리와 이상순 부부의 집
이 로컬 브랜드 소품 가게로 탈바꿈했다. 친환경 생활
용품, 그릇, 디퓨저, 다양한 액세서리 등 오직 제주에서
만 만날 수 있는 소품을 판매한다. 소품 가게에서 상품
을 구매하면, 이상순 씨의 작업실로 쓰였던 곳에서 음
료와 다과를 준다. 예약한 뒤 대문 앞에 도착하면 시간
에 맞춰 직원이 데리러 나오니, 늦지 말도록 하자.

4 사계생활 401p

매거진 <iiin>을 만드는 '재주상회'가 운영한다. 1층은 카
페와 기념품 가게이고, 2층은 전시공간이다. 기념품 가
게에서는 제주 관련 책과 디자인 제품, 제주 작가들이 만
든 일러스트와 다양한 기념품을 판매하고 있다. 안덕면
사계리의 농협 건물을 수리하여 사용하고 있다. 카페 라
운지의 바는 은행 창구 테이블을 그대로 사용하고 있고,
2층 전시실은 옛 금고를 그대로 쓰고 있다.

서점 투어
작은 책방, 독립 서점 순례

제주도엔 의외로 독립 서점이 많다. 제주시는 물론이고 외딴섬 우도에도 서점이 있다. 한 번쯤 책방 주인을 꿈꿔본 적이 있을 것이다. 그때 그 마음으로 돌아가 책방 순례를 떠나자.

©강경필

1 필기 286p

상호부터 아날로그 감성이 묻어나 호감이 간다. 필기는 글쓰기 공간이자 연필, 노트, 지우개 등 쓰고 그리는 것과 관련된 도구를 판매하는 문방구이다. 연필을 이용해 조금 느린 글쓰기를 해도 좋고, 타자기 앞에 앉아 아날로그적인 글쓰기를 해도 좋다. 일기든 편지든, 글감은 무엇이든 여행자가 정하면 된다. 네이버와 인스타그램 DM으로 예약하면 된다.

2 선한종이 286p

조천읍 중산간 마을 대흘리에 새로 생긴 책방이다. '종이에 선한 메시지를 담는 곳'이 되길 바라는 마음을 책방 이름에 담았다. 책방은 잡지사 에디터였던 아내가, 책방 건너편 사진관 겸 카페는 사진기자였던 남편이 자리를 지킨다. 일상, 인문, 육아, 에세이 분야 도서를 큐레이션 한다. 큐레이션 도서는 삶을 향한 다정한 시선을 담고 있다. 잡화점 에프북언더의 소품들 만날 수 있다.

3 만춘서점 287p

조천읍 함덕해수욕장 근처 소노벨 리조트 옆에 있다. 하얗고 작은 건물과 키 큰 야자수가 어우러진 풍경이 이국적이다. 책장 중간중간에 책 내용을 소개하는 짧은 문장이나 책 한 줄을 적어 놓았다. 글귀에 공감해 잠시 생각에 잠기게 된다. 서점 한쪽에 LP와 음반 코너도 있다. 유리컵, 손수건, 엽서, 방향제, 캔들 같은 굿즈와 문구류도 판매한다.

4 책방 소리소문 233p

제주시 한경면 저지리에 있는 책방이다. 소리소문의 한자는 小里小文이다. 의미를 풀면 '작은 마을의 작은 글'이라는 뜻이다. 책 덕후인 부부가 운영한다. 가장 인기가 많은 책은 블라인드 북이다. 블라인드 북이란 제목 그대로 책이 보이지 않게 포장해놓고 판매하는 책이다. 〈특별하게 제주〉의 문신기 작가가 작업한 리커버 세계문학책도 인기가 많다.

섬 속의 섬

THEME TRAVEL 23
섬에서 떠나는 섬 여행

제주도가 거느린 섬이 무려 62개다. 대부분 무인도이다.
추자도를 빼면 유인도는 4개이다. 우도, 마라도, 가파도,
비양도. 사람이 사는 섬 속의 섬으로 초대한다.

©제주특별

① 우도 452p

소가 누운 것처럼 생긴 섬. 우도는 제주도에 딸린 섬 중
에서 가장 크다. 둘레는 약 17km이고, 넓이는 서울의 여
의도보다 조금 작다. 성산포와 구좌읍의 종달항에서 배
로 10~15분이면 닿는다. 소금처럼 모래가 하얀 산호해
수욕장, 모래가 검은 검멀레해변, 등대가 있는 봉우리
우도봉, 백패킹의 성지 비양도, 해변 따라 걷는 우도 올
레. 우도의 매력은 끝이 없다.

② 마라도 462p

국토의 끝! 동서 길이 500m, 남북 길이 1,250m, 섬 둘
레 4.5㎞. 천천히 걸어도 한 시간이면 섬을 다 둘러볼
수 있다. 마라도를 걷다 보면 흥분과 설렘, 내 땅에 대한
애틋한 감정이 동시에 밀려온다. 달팽이를 닮은 마라도
성당, 대한민국 최남단 등대인 마라도 등대, 국토의 끝
임을 알려주는 대한민국 최남단 기념비 등이 있다. 주
민 50여 명이 섬을 지키고 있다.

③ 가파도 466p

가파도는 제주도와 마라도 사이에 있다. 해발 20.5m로
우리나라에서 가장 낮은 섬이다. 가파도 최고 명소는
18만 평의 보리밭이다. 햇빛 좋은 봄날, 섬 안쪽으로 발
걸음을 옮기면 탄성이 저절로 터져 나온다. 3월 중순부
터 5월 중순까지 청보리 축제가 열린다. 2~3시간 남짓
이면 섬을 다 돌아볼 수 있다. 자전거를 빌려 바람을 가
르며 섬을 탐닉해도 좋을 것이다.

④ 비양도 472p

제주 서쪽 협재해수욕장 앞바다에 떠 있다. 손에 잡힐
듯 가까워 보이지만 한림항에서 배를 타고 가야 한다.
비양도는 제주도의 막내이다. 1천 년 전 화산 폭발로
생긴 섬이다. 섬 둘레는 약 3.5km이다. 섬 정상엔 쌍
분화구가 있다. 큰 것은 둘레가 800m이고 작은 것은
500m이다. 정상에 오르면 바다 건너 제주도와 한라산
이 가득 들어온다.

PART 3

제주시
중심권

제주시 중심권 지도

김희선제주몸국

바이제주

도두동
무지개해안도로

도두봉

제주국제공항

도두해녀의 집

카페 나모나모
베이커리

빽다방베이커리
제주사수점

제주이호랜드와
말등대

순옥이네명가

진정성 종점

바이러닉
에스프레소 바

자매국수

제주시
민속오일장

제주김만

이호테우
해수욕장

1132

미송식탁

외도339(400m)

미국식 제주점

올래국수

두루두루

제주도청

자매국수
노형점

순창갈비

봉플라봉빵

마라도
횟집

송쿠수

레아스
마카롱

제주 드림타워 포차

메종
글래드호텔

만부정

앞뱅디스
추자본섬

북스페이스 곰곰

제주 하멜

유리네식당

아라파파

한라대학교

참돼지

콜로세움

넥슨컴퓨터
박물관

수목원테마파크

커피 99.9

수목원길
야시장

한라수목원

그러므로
Part2

송

노형수퍼마켙

브릭캠퍼스

제주도립미술관

오라동메밀밭(5km)
천왕사(6km)

신비의도로

미스틱3도

미친부엌
맥파이(탑동점)
I파트먼트 제주
우무 제주시점
오 탑동
순아
커피
더 아일랜더
고집돌우럭 제주공항점
제주목
관아
김만덕객주
사라봉
아베베 베이커리
김만덕기념관
국립제주박물관
아라리오 동문호텔
북
국
두맹이골목
리듬
김주학짬뽕
동문시장
(동문시장
야시장)
삼대국수회관
본점
은희네해장국
미풍해장국
신설오름
장국
제주도민속
자연사박물관
전농로
벚꽃 길
삼성혈
시
터미널
호근동
제주시청
돌카롱
제주공항점
광양해장국
라스또르따스
김경숙해바라기농장(6.3km)
4·3평화공원(7.8km)
절물휴양림(9.2km)
경기장
스시앤
소담한봉봉
잇마이피자
엘코테
더스푼
오오치
형돈
김재훈고사리육개장
갓포제호
대춘식당
해도횟집
무지개
쿠쿠아림
커피템플
상춘재
1136
1131
1139
신비의도로
Mysterious Road
제2신비의도로(1.4km)
관음사(2.5km)
제주대학교
벚꽃 길
방선문
마방목지(5.2km)
비자림로(7km)
사려니숲길(7.8km)
아침미소목장

신짜우베트남쌀국수(2km)
삼양해수욕장(2.3km)
태공호(삼화포구, 선상낚시, 3km)

1132

97

제주시 중심권
버킷리스트 10

MUST GO

01
동문시장 구경하기

동문시장은 제주도 전역에서 가장 인기 많은 핫 스폿이다. 감귤, 오메기떡, 포장 생선회 등을 살 수 있다. 동문시장 8번 출구에선 저녁 6시에 야시장이 열린다. 딱새우회, 멘보샤, 땅콩 아이스크림……. 골라 먹는 재미가 쏠쏠하다.

02
수목원길 야시장 투어

한라수목원 옆 수목원 테마파크에 들어서는 야시장이다. 우천 시를 제외하고 1년 내내 열린다. 다양한 푸드 트럭과 액세서리 상점, 기념품……. 숲속 야시장엔 밤이 늦도록 낭만이 흐른다.

03
사려니숲길 산책하기

제주도 최고 숲길이자 인생 사진 명소이다. 완벽하게 자연에 안길 수 있는 곳으로, 산소의 질이 가장 좋다는 해발 500m에 있다. 길이는 약 10km 남짓으로 천천히 걸으면 왕복 6시간 걸린다. 시간이 없다면 일부만 걸어도 좋다.

04
무지개해안도로와 말 등대에서 인생 사진을

도두동 무지개해안도로는 요즘 핫한 인생 사진 성지이다. 제주 공항 북쪽의 해변 길인데, 무지개색으로 꾸민 방호벽이 푸른 바다와 어울려 멋진 색채미를 보여준다. 도두봉의 '키세스 존'과 이호테우해변의 조랑말 쌍 등대도 손꼽히는 인생 샷 성지이다.

05
삼나무 숲길에서 드라이브 즐기기

제주시 봉개동에서 시작하는 명품 드라이브 코스이다. 5.16 도로(1131도로)에서 갈라지는 비자림(1112도로)로 입구부터 삼나무 숲길이 시작된다. 길 좌우로 20m가 넘는 삼나무가 빽빽하게 늘어서 있다. 가도 가도 삼나무 숲이다.

01
제주 3대 고기국수 즐기기
고기국수는 돼지 뼈와 고기 육수로 만든 제주식 잔치국수이다. 자매국수, 올래국수, 삼대국수회관을 제주시 3대 고기국수 맛집으로 꼽는다. 삼대국수회관 대신 국수마당을 꼽는 사람도 제법 많다. 제주 토속 음식을 제대로 즐겨보자.

02
살살 녹는 삼치회 즐기기
다른 생선회와 다르게 삼치회는 입에 넣는 순간 아이스크림처럼 살살 녹는다. 특히 삼치와 묵은지의 음식 궁합이 끝내준다. 연동의 추자본섬, 일도2동의 일도촌, 외도1동의 사방팔방이 제주시 3대 삼치 횟집으로 통한다.

03
제주 3대 해장국 즐기기
고사리, 선지, 내장. 해장국 재료는 다르지만, 제주시엔 맛이 좋기로 유명한 해장국집 세 곳이 있다. 고사리육개장으로 유명한 우진해장국, 시원한 선지해장국으로 이름난 은희네해장국, 내장탕이 끝내주는 광양해장국이 그곳이다.

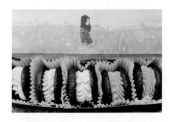

04
인생 마카롱과 치즈케이크 즐기기
제주 하멜은 방문 예약 '인생 치즈케이크'로 유명하다. 최소 2~3일 전에 방문 예약해야 원하는 날에 받아올 수 있다. 제주돌카롱은 마카롱 전문 카페이다. 수국카롱, 유채꽃카롱 등 형형색색 마카롱 5개가 한 세트이다. 제주공항점, 중문점, 사려니숲길점이 있다.

01
제주를 담은 기념품 사기
제주 여행을 오래 기억하고 싶다면 '바이제주'와 '더 아일랜더'로 가자. 한라봉 향초, 해녀 모빌 인형, 돌하르방 비누, 제주 엽서……. 제주를 주제로 제작한 특별한 기념품이 가득하다.

🅾 동문시장

◎ 제주시 중앙로13길 16-12(이도1동 1329-6)
📞 064-752-3001
ⓘ **주차** 동문시장 공영주차장(동문로4길 9)

제주시 여행 1번지, 오메기떡부터 유명 맛집까지

정식 이름은 동문재래시장이다. 제주 읍성이 있던 시절 동성문 자리에 있다고 해서 붙여진 이름이다. 시장 입구에 들어서면 좌우로 늘어선 청과상점이 먼저 손님을 맞는다. 한라향, 천혜향, 황금향, 레드향, 한라봉 등 제주만의 금빛 과일이 시장을 화려하게 장식하고 있다. 수산시장은 해산물 천지다. 제주 바다를 통째 옮겨놓은 것 같다. 물건 흥정하는 소리, 생선 다듬는 소리, 파닥거리는 물고기 소리가 활기를 더해준다. 그야말로 체험, 삶의 현장이다. 오메기떡의 명가 진아떡집, 수요미식회에 나와 더 유명해진 갈치조림집 고객식당……. 동문시장엔 이름난 맛집도 많다. 횟집이나 일식집의 반값 비용으로 해산물을 마음껏 즐길 수 있다. 해산물을 구입해 아무 음식점이나 들고가 1인당 자릿세를 1만원 안팎 내면 즉석에서 회도 떠주고 노릇노릇하게 구워도 준다. 범양식당이 가장 유명하다.

📷 동문시장 야시장

📍 제주시 중앙로13길 16-12(이도1동 1329-6)

📞 064-752-3001 ⓘ 주차 동문시장 공영주차장(동문로4길 9)

낭만이 흐르는 야시장으로 오세요

청년들에게 일자리를 만들어주고 아울러 야간 명소로 키우기 위해 제주시 주관으로 문을 열었다. 코로나 19로 중단되었다가 2021년 4월 1차 서류심사, 2차 음식 품평회를 통과한 32명의 매대 운영자를 선정해 재개장했다. 다시 문을 열자마자 동문시장을 대표하는 핫 스폿이 되었다. 동문시장 야시장은 수목원길 야시장이나 코로나19 이전에 인기를 끌었던 세화 벨롱장과 달리 32개 매대 전체가 음식 부스이다. 음식 종류는 무척 다양하다. 딱새우김밥과 꼬치구이는 기본이고 전복김밥, 우도땅콩호떡, 립스터버터구이, 애플수박통주스, 단호박식혜, 스카치에그, 흑돼지바비큐, 전복구이 등 종류가 다채로워 골라 먹는 재미가 쏠쏠하다. 손님이 몰리는 초저녁에는 매대 앞에 긴 줄이 서기도 한다. 시장 특유의 생동감과 여행지에서만 느낄 수 있는 낭만적인 분위기가 묘하게 어우러져 언제나 매력이 넘친다. 재개장하면서 계절적인 요인을 고려해 개방 시간에 변화를 주었다. 5월부터 10월까지는 오후 7시에, 11월부터 4월까지는 오후 6시에 개장한다. 폐장시간은 예전과 마찬가지로 24시이다. 포장도 가능하다.

도두동 무지개해안도로

⊙ 제주시 도두일동 1734

바다를 품은 알록달록 해안도로

용담해안도로의 제주 공항 북쪽 일부 구간을 이르는 말이다. 용두암에서 서쪽으로 가다가 어영소공원을 지나 도두봉에 가까이 이르면 무지개해안도로가 나온다. 제주 올레 17코스의 일부 구간이기도 한데, 자동차가 바다로 추락하는 것을 막기 위해 설치한 시멘트 방호 구조물에 무지개빛으로 알록달록 색을 칠했다. 그리고 길가엔 '낚시하는 소년' 등 조형물도 설치했다. 빨주노초파남보, 알록달록 무지개해안도로와 에메랄드빛 바다가 어우러져 매혹적인 풍경을 연출한다. 인스타그램에 사진이 올라오면서 알려지기 시작하더니 지금은 제주시에서 손꼽히는 핫플이 되었다. 사진을 찍고 잠시 바닷가를 산책하고 싶다면 어영소공원으로 가자. 어영소공원은 바닷가에 있는 작은 공원으로, 카페 바움하우스 건너편에 있다. 소라와 물고기 등으로 장식한 도로 방호벽과 나무 데크로 만든 바다 전망대, 어린이 놀이시설을 갖추고 있다. 제주에서 바다를 제일 먼저 볼 수 있는 낭만 가득한 곳이다. 머리 위로 아찔하게 지나가는 비행기도 구경할 수 있다.

도두봉

◎ 제주시 도두일동 산1 ⓘ 순수 오름 높이 55m 등반 시간 편도 10분 주차 가능(남쪽 입구 주차장)

'키세스 초콜릿 존'에서 인생 사진을

도두봉은 능선이 바다로 곧장 떨어지는 오름이다. 요즘 핫플로 떠오른 무지개해안도로 바로 옆에 있다. 입구는 동쪽, 서쪽, 남쪽에 있는데 어느 쪽으로 올라도 10분이면 정상에 닿는다. 정상에 오르면 엄청난 풍경이 펼쳐진다. 동쪽으로 시선을 돌리면 사라봉 쪽부터 해안도로가 아름다운 곡선을 그리며 다가온다. 남쪽으로는 한라산의 북쪽 몸매와 오름들이 시야 가득 잡히고 제주시와 제주공항의 활주로가 뒤이어 시야에 닿는다. 서쪽으로는 이호해수욕장이 가까이 다가와 있고, 북쪽으로는 망망대해가 펼쳐진다. 도두봉에 오르면 '키세스 초콜릿 존'을 찾아보자. 정상으로 오르는 숲의 실루엣이 키세스 초콜릿 모양을 하고 있어서 이런 이름을 얻었다. 도두봉에서 가장 핫한 포토존이다. 도두봉 서쪽은 도두항이다. 포구는 존재 자체만으로 낭만적이다. 가지런히 줄지어 선 고깃배와 요트가 평화롭게 떠 있다. 햇살이 파도에 반사되어 반짝이기라도 하면 이국적인 아름다움까지 더해져 통영항이 부럽지 않다. 올레 17코스가 도두항과 도두봉을 지난다.

손인희

제주이호랜드와 말등대

◎ 제주시 이호일동 374-1 ⓘ 주차 전용 주차장

아름다운 사진 한 컷, 인생 샷 명소

비행기가 제주공항에 착륙할 때쯤이면, 유난히 강렬한 빨간색과 하얀색 한 쌍의 말 등대가 우리를 맞이한다. 제주이호랜드이다. 꽃밭 정원이 있고, 벤치가 있어서 잠시 쉬어 가기 좋다. 바로 앞 방파제 위의 말 등대는 인생 샷 명소로도 유명하다. 노을이 질 무렵엔 붉게 물들어 가는 하늘과 바다, 그리고 말 등대가 어우러져 한 폭의 아름다운 풍경화 같다. 방파제를 거닐며 눈 멀미가 나도록 붉은 바다를 감상할 수 있다. 여름날 저녁에는 텐트나 돗자리를 펴고 앉아 음식을 먹거나 맥주를 마시는 사람도 많다. 한 번쯤 들러 인생 사진도 찍고, 바닷가에서 여유도 즐겨보자.

 # 이호테우해수욕장

◎ 제주시 이호일동 1665-13 ⓘ 주차 가능

초승달처럼 생긴 아름다운 해변

제주 시내에서 가장 가까운 해변이다. 부드럽게 곡선을 그리는 해안 풍경이 무척 아름답다. 하늘에서 초승달을 따다 놓은 것 같다고 해서 초승달 해변으로 통한다. 이곳에선 매년 8월에 이호테우축제가 열린다. 테우 노젓기 대회, 원담 고기잡이, 윈드서핑 및 요트 시연, 테우 모형 만들기 대회 등이 열린다. 테우는 뗏목을 가리키는 제주도 사투리로, 옛날엔 주로 고깃배로 사용했다. 요즘엔 모래사장 포장마차에서 제주도 계절 음식을 즐기는 게 유행이다. 제주공항과 가까워 비행기가 뜨고 내리는 풍경을 보는 재미도 쏠쏠하다.

📷 수목원길야시장

📍 제주시 은수길 69(수목원 테마파크 일대) 📞 064-742-3700
🕐 18:00~23:00(10월~5월 18:00~22:00) ⓘ 주차 가능

단언컨대, 요즘 가장 핫한

제주시 연동 한라수목원 옆 수목원 테마파크 일대에 들어서는 야시장이다. 정식 명칭은 수목원길 야시장이다. 우천 시를 제외하고 일년 내내 야시장이 열린다. 푸드 트럭과 소나무 사이로 이어진 조명, 그리고 곳곳에 놓인 좌판과 테이블이 제주의 활기찬 밤을 창작해 낸다. 푸드 트럭에서는 큐브 스테이크, 양꼬치, 코코넛 새우튀김, 분짜, 통생과일 주스, 맥주 등 다양한 먹을거리를 판매한다. 수목원길야시장은 여름철에 가장 붐빈다. 연인, 가족, 주민, 여행객이 소나무를 배경 삼아 행복을 카메라에 담고, 이 안주 저 안주 골고루 탁자에 올려놓고 한여름 밤의 맥주 파티를 즐긴다. 액세서리와 장식용 소품, 기념품 등을 파는 가게도 들어선다. 숲속 야시장엔 밤이 늦도록 낭만이 흐른다. 단언컨대, 수목원길야시장은 제주시에서 가장 핫한 곳이다.

📷 한라수목원

📍 제주시 수목원길 72(연동 1000) 📞 064-710-7575
🕐 야외 전시원 및 산책로 연중무휴 상시개방(일몰 후~23:00 가로등 점등) ₩ 무료 ⓘ 주차 가능

도심 속 수목원 산책

관목원, 수생식물원, 야생화원, 이끼원, 죽림원 등 테마 별로 10여 개 정원을 갖춘 수목원이다. 주제별 정원에서 1,100여 종의 꽃과 나무를 구경할 수 있다. 힐링 산책을 원하는 여행자들이 많이 찾는다. 5만 평에 달하는 삼림욕장을 따로 마련해 놓아 더 좋다. 산림욕장엔 1.7㎞에 이르는 산책 코스를 만들어 놓았는데, 산책로는 광이오름 정상까지 이어진다. 정원과 숲길 산책, 여기에 오름 탐방까지 한꺼번에 할 수 있으니 그야말로 일석이조이다. 특히 대나무 숲 계단은 영화 속 한 장면을 걷는 것처럼 환상적이다.

📷 수목원테마파크

📍 제주시 은수길 69(연동 1320) 📞 064-742-3700 🕐 09:00~19:00(연중무휴) ⓘ 주차 가능

아이들이 더 좋아하는 실내 테마파크

한라수목원 옆에 있는 다목적 실내 테마파크로, 아이와 가면 더 좋은 곳이다. 아이스뮤지엄·5D 영상관·VR관·초콜릿 체험관·아이스크림 체험관·티셔츠 그리기 체험관으로 구성돼 있다. 가장 인기가 많은 곳은 아이스뮤지엄이다. 동화 속에서나 볼 법한 아이스 미끄럼틀과 장인들이 한 땀 한 땀 정성껏 이뤄낸 얼음공예, 얼음 자동차, 얼음 눈사람 등을 즐겁게 체험할 수 있다. 아이스뮤지엄 안에 있는 3D 아트 착시관은 AR 증강현실을 체험할 수 있는 곳이다. 3D 착시 아트 앱을 다운받으면 더욱 색다른 증강현실을 체험할 수 있다.

📷 제주시 민속오일장

◎ 제주시 오일장서길 26(도두1동 1204-1) 📞 064-743-5985
☰ jeju5.market.jeju.kr/

전국 최대 오일장

제주시민속오일장은 제주의 대표적인 전통 오일장이다. 효리네민박에 자주 나와 더 유명해졌다. 2일과 7일에 장이 서는데 제주공항 입구에서 외도동 방면으로 조금만 가면 된다. 1905년에 개장하였으니까 역사가 100년을 훌쩍 넘겼다. 3만여 평의 땅에 1000여 개 점포가 들어서 있다. 제주의 산과 들과 바다에서 난 신선한 야채, 과일, 산나물, 해산물을 저렴한 가격에 살 수 있다. 오일장에서 판매하는 상품은 홈페이지에서 온라인 주문도 가능하다.

📷 용두암

◎ 제주시 용두암길 15

해녀가 갓 잡은 해산물로 소주 한잔!

용두암은 한때 신혼여행, 수학여행, 졸업여행의 필수 코스였다. 디지털카메라가 등장하기 전 제주를 찾았던 여행자라면 사진첩 어딘가에 용두암 앞에서 찍은 빛바랜 기념사진 하나쯤 갖고 있을 것이다. 용두암은 화산 폭발로 흘러나온 용암이 바다와 만나면서 그대로 식어 만들어졌다. 높이 10m 남짓한 바위로, 하늘로 솟아오르는 모습이 용을 닮았다. 용두암 여행의 백미는 해녀들이 갓 잡은 해산물에 소주 한잔하는 게 아닐까? 용두암에서 시작해 서쪽으로 이어진 서해안로는 아름답기로 유명한 드라이브 코스이다.

📷 노형수퍼마켙

📍 제주시 노형로 89 📞 010-3694-9738 🕐 매일 09:00~18:00(입장 마감 18:00)
₩ **성인** 15,000원 **청소년** 13,000원 **어린이**(8~13세) 10,000원 ⓘ **주차** 전용 주차장

일상과 비일상이 공존하는 미디어아트

노형수퍼마켙은 국내 최대 규모의 몰입형 미디어아트 전시 공연장이다. 약 1,200평의 면적에 건물 최대 높이
20m(6층 높이)의 압도적인 규모를 자랑한다. 전시관에는 '노형수퍼마켙 프리쇼', '베롱베롱', '뭉테구름', '와랑와
랑', '곱을락' 등 영상 미디어아트 공간을 중심으로 하는 5개의 테마 전시 공간이 있다. 각각의 전시 공간에서는
다채로운 미디어아트가 웅장하게 연출돼 관객의 몰입감을 최대로 끌어올린다. 전시관에 프로젝터 46대와 7.1채
널 EAW 스피커를 투입해 화려한 시각적 효과와 웅장한 사운드를 구현하고 있다. 스피커에서는 드라마틱한 사
운드가 뿜어져 나와 관람객의 오감을 자극한다. 노형수퍼마켙의 미디어아트 영상은 '일상과 비일상이 공존하는
공간 속에서 자신만의 아이덴티티를 발견하는 여정'을 주제로 구성되어 있다. 흑백의 건물과 대비되는 다채롭고
화려한 색채의 빛을 사용하여, 지루하고 반복적인 일상에서 벗어나 새로운 세계를 체험하는 내용을 선보인다.
관람 후엔 내부에 있는 노형다방과 노형잡화점에 들러 '흑백'을 콘셉트로 만든 음료와 디저트, 굿즈를 만나보자.

📷 넥슨컴퓨터박물관

📍 제주시 1100로 3198-8(노형동 86) 📞 064-745-1994 🕐 10:00~18:00(방문 전 예약 필수, 월요일과 설·추석 당일 휴관)
₩ 메가티켓(1인) 성인 8,000원, 청소년 7,000원, 어린이 6,000원 테라티켓(성인2, 어린이2) 25,000원(10% 할인 가격)

아이가 더 좋아하는 디지털 놀이터

넥슨컴퓨터박물관은 컴퓨터와 게임의 역사를 살펴보고 직접 다양한 디지털 체험과 놀이를 할 수 있는 공간이다.
애플의 공동 창업자인 스티브 잡스와 스티브 워즈니악이 수작업으로 만든 1976년산 애플 1, 최초의 마우스인 엥
겔바트, 최초로 PC라는 이름을 사용한 IBM PC 5150 등이 관람객을 흥분시킨다. 특히 애플 1은 전 세계에 50여
대만 남아 있는데, 그중에서 정상적으로 가동되는 건 단 6대뿐이다. 그 6대 중 하나를 이곳에서 구경할 수 있다.
영화 <접속>에 등장하는 PC 통신을 체험해보는 코너도 있다. 입체 3D 프린터 등도 구경할 수 있다. 2층은 게임
체험 공간이다. 초창기 게임부터 3D 게임까지 두루 체험할 수 있다.
박물관에서는 다양한 교육 프로그램도 운영한다. '이지 코딩'에선 블록코딩을 통해 간단한 3D 게임을 직접 제작
해보며 프로그래밍의 원리와 기초를 이해할 수 있다. '만지작'은 디지털 장난감을 만드는 과정이다. 광마우스의
원리를 이해하고 나만의 마우스 만들기 등을 체험할 수 있다.

📷 브릭캠퍼스

📍 제주시 1100로 3047((노형동 244-1) 📞 064-712-1258
🕐 10:00~18:00 ₩ 16,000원 ⓘ **주차** 전용 주차장

아이들이 좋아하는 브릭 아트 테마파크
제주시 노형동 신비의 도로 부근에 있다. 세계 최초, 세계 유일의 브릭 아트 테마파크이다. 아티스트 40명이 작업한 300여 점의 작품을 전시하고 있다. 대형 투시화, 국내외 유명한 건축물, 영화 캐릭터와 로봇, 실제로 구동되는 자동차, 명화를 그대로 옮긴 모자이크 등을 감상할 수 있다. 또 관람객이 직접 브릭을 이용해 작품을 만들 수 있다. 대형 모자이크 월에 이름도 새기고, 개성 넘치는 나만의 자동차를 만들어 신나는 경주도 즐겨볼 수 있다. 브릭을 콘셉트로 한 케이크와 브릭 버거도 먹을 수 있다. 브릭 모양의 버거는 보는 재미도 준다.

📷 사라봉과 별도봉

사라봉 📍 제주시 사라봉동길 74 별도봉 📍 제주시 화북동 4472번지

석양과 해안 절벽이 아름다운
사라봉은 제주시민이 가장 많이 찾는 오름이다. 바다를 품은 제주항이 한눈에 들어오고, 서쪽 하늘 위로는 비행기들이 쉴새 없이 뜨고 내린다. 남으로는 한라산과 제주 시내 전경을 온전히 품을 수 있다. 특히 사라봉에서 감상하는 저녁노을과 붉게 물든 바다는 너무 아름다워 절로 감탄사가 나온다. 별도봉베리 오름은 사라봉 바로 동쪽에 있다. 별도란 제주어로 배가 들어오는 입구라는 뜻이다. 조선 시대까지 별도포구는 유일하게 육지로 가는 배가 뜨는 곳이었다. 정상도 아름답지만 바다를 낀 산책로가 더 절경이다.

📷 아침미소목장

📍 제주시 첨단동길 160-20(월평동 157) 📞 064-727-2545 🕐 10:00~17:00(화요일 휴무)
₩ 송아지 우유주기 3,000원, 동물 먹이 주기 2,000원 ① **주차** 가능

한라산 자락 동화 같은 목장

제주시 월평동 한라산 자락에 있는 체험형 목장이다. 젖소를 길러내는 친환경 목장으로 10년 넘게 낙농 체험 목
장을 운영하고 있다. 넓게 펼쳐진 풀밭과 여유롭게 풀을 뜯는 젖소, 풀밭 사이의 낮은 잣성경계를 나누기 위해 세운 낮
은 돌담 풍경이 무척 이국적이다. 알프스 자락의 스위스 산골 마을에 와 있는 것 같다. 포토존이 따로 있지만 사실
목장 풍경이 워낙 아름다워 시선이 닿는 곳마다 포토존이다. 어른들은 풍경에 취해 휴식하기 좋고, 아이들은 낙
농 체험을 할 수 있어서 좋다. 아침미소목장은 제법 많은 체험 프로그램을 운영한다. 송아지에게 우유주기, 젖소
에게 먹이 주기 등을 할 수 있다. 체험료는 주제마다 조금씩 다르다. 채소 먹이 주기 체험은 2,000원, 송아지 우
유 주기 체험은 3,000원이다. 목장 안에 카페를 운영하는데, 목장에서 생산한 우유, 치즈, 아이스크림을 먹을 수
있다. 10인 이상 단체 손님은 예약해야 목장을 구경할 수 있다.

📷 제주목 관아

📍 제주시 관덕로 25(삼도2동 1045-1) 📞 064-710-6714
🕐 10:00~18:00(17:30까지 입장 가능, 연중무휴)

제주도의 경복궁

제주목 관아는 조선시대 벼슬아치들이 일을 보던 관청으로, 고대 탐라국 때 성주청이 들어선 이래 제주의 정치, 행정, 문화의 중심지였다. 일제강점기에 집중적으로 훼손되어 관덕정보물 322호만 남았으나 2003년 여러 건물을 다시 복원하였다.

관덕정은 세종 30년1448 병사들의 훈련장으로 사용하기 위해 만들었다. 관덕정은 제주를 관통하는 역사의 현장이었다. 대표적인 예가 '이재수의 난'과 '4·3항쟁'이다. 1901년 여름, 관군은 난을 진압한 후 관덕정 광장에서 이재수를 참수하고 목을 내걸었다. 4·3항쟁 때는 무장봉기세력의 마지막 유격 대장 이득구가 이곳에서 처형당하고 목이 내걸렸다. 관덕정이 품고 있는 역사적, 정치적 DNA는 참으로 깊고 진하다.

📷 제주대와 전농로 벚꽃 길

제주왕벚꽃축제 ◎ 제주대와 전농로 일대 ⓘ 시기 3월 말~4월 초

제주대학교 ◎ 제주시 제주대학로 102(아라1동 1) 전농로 ◎ 용담1동 2814 ↔ 이도1동 1690-4

봄마다 펼쳐지는 환상 꽃 터널

아라동의 제주대 진입로에서 교문에 이르는 약 2km 구간은 4월에 벚꽃이 절정을 이룬다. 봄바람 불어 꽃잎이 흩날리면 마음이 절로 고조되어 사랑 고백이라도 하고 싶어진다.

제주대학교 입구는 10월이 되면 다시 한번 장관을 이룬다. 진입 도로 중간에 교수 아파트로 들어가는 길이 또 하나 있다. 이 도로는 은행나무 길로 유명하다. 개천절 전후로 은행잎이 노랗다 못해 노을빛을 띤다. 이 길을 걷는다면 당신도 시인이나 철학자가 될 수 있다. 제주에서 '벚꽃' 하면 제주대학교 입구와 전농로 두 곳을 최고로 친다. 매년 3월 말과 4월 초에 제주대와 전농로 일대에서 제주왕벚꽃축제가 열린다.

📷 삼성혈

📍 제주시 삼성로 22(이도1동 1313) 📞 064-722-3315 🕐 09:00~18:00(휴일 없음, 설, 추석은 10시 개장)

제주도가 이곳에서 시작되었다

우리나라에서 제주를 본관으로 하는 성씨는 고高, 양梁, 부夫 씨뿐이다. 삼성혈三姓穴은 이 세 성씨가 탄생한 곳이다. 아주 먼 옛날 고을나, 부을나, 양을나라는 신 세 명삼을나이 천명을 받고 이곳에서 솟아났다. 훗날 이들은 탐라국을 세우고 제주를 세 영역으로 나눠 다스렸다.

삼성혈은 제주시 남문 밖, 칼호텔 옆에 있다. 경내로 들어서면 수많은 나무가 하늘을 찌를 듯이 서 있다. 다시 돌길을 따라 걸어 들어가면 깊은 숲이 진한 운치를 전해준다. 봄에는 환상적인 '벚꽃 엔딩'을 구경할 수 있다. '삼을나'의 위패를 모셔놓은 삼성전을 지나면 삼성혈이다. 삼성혈의 구멍이 실제로 보이지는 않는다. 전해지는 말에 따르면 이 구멍이 마치 '品'품 자를 형상화한 것 같다고 한다. 또 아무리 눈이 많이 와도 혈 자리에 눈이 쌓이지 않는다고 하니 더욱 신비스럽다. 혈 자리 주변은 우거진 숲이 둘러싸고 있다. 신령한 기운이 느껴진다.

 두맹이골목

◎ 제주시 일도2동 1050-1

영화 세트장 같은 벽화마을

두맹이골목은 제주항 남쪽 일도이동에 있다. '두맹이'는 돌멩이가 많은 곳이라는 뜻이다. 100여 년 전 제주성 밖에 있던 이곳에 드문드문 집이 들어서기 시작해 1960년대에 이르러 지금과 같은 마을이 되었다. 세상은 하루가 다르게 변하지만 두맹이는 아직도 60~70년대 풍경을 간직하고 있다. 골목이 미로처럼 뻗어 있고, 골목을 돌 때마다 슬레이트 지붕과 콘크리트 벽이 오래된 얼굴을 하고 여행객을 반긴다.

두맹이마을은 여행자들을 추억의 골목으로 안내한다. 골목에 들어서면 예쁜 나비 한 마리가 날고 있다. 말타기를 하는 천진난만한 아이도 보이고, 캔디와 테리우스, 태권브이는 벽에서 뛰쳐나올 듯 생생하다. 벽화를 볼 때마다 옛 기억이 떠올라 자꾸 걸음을 멈추게 된다. 골목을 누비며 비석치기, 땅따먹기, 딱지치기하던 추억이 자꾸 가슴에서 돋아난다. 담벼락 밑에 핀 꽃은 내년에도 다시 피어 당신을 맞이할 것이다.

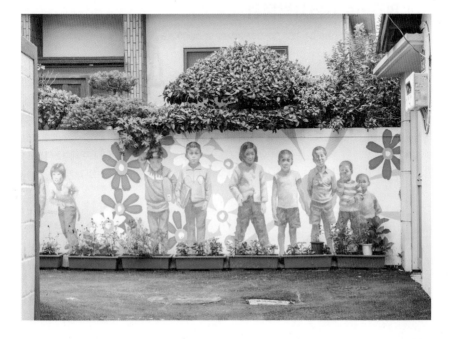

국립제주박물관

📍 제주시 일주동로 17(건입동 261) 📞 064-720-8000 🕐 09:00~18:00(매주 월요일, 1월 1일·설날과 추석 당일 휴관)

제주의 역사와 유배 문화를 담다

제주의 역사와 속살을 알고 싶다면 국립제주박물관으로 가면 된다. 제주의 역사와 문화를 담고 있어서 아이와 함께 여행한다면 꼭 들러야 할 곳이다. 제주 사람들은 바다의 모든 것을 품고 살아왔다 해도 과언이 아니다. 국립제주박물관은 이 지점에서 여느 국립박물관과 뚜렷이 구분된다. 섬과 바다가 인간의 삶에 어떤 영향을 미쳤는지 보여주는 해양문화 전문 박물관이나 다름없다. 박물관 건물은 초가집 형태를 형상화하여 건축하였는데, 선사고고실, 탐라 1·2·3전시실, 조선시대실, 기증유물실, 야외전시장으로 구성되어 있다. 특히 조선시대실에는 조선 후기 유배 자료가 전시되어 있다. 제주로 유배 온 우암 송시열, 추사 김정희, 면암 최익현의 글과 초상이 눈길을 끈다.

제주민속자연사박물관

📍 제주시 삼성로 40(일도2동 996-1) 📞 064-710-7707~8 🕐 09:00~18:00(월요일, 1월 1일, 설날·추석 당일과 다음날 휴관)

제주의 자연과 삶을 품었다

국립제주박물관이 제주의 역사와 문화를 담고 있다면, 제주민속자연사박물관은 제주의 자연과 삶을 품고 있다. 국립제주박물관과 마찬가지로 아이와 함께 가면 더 좋은 체험 공간이다. 화산섬 제주의 지질 및 생태학적 특성, 제주 사람들이 살아온 흔적을 의식주 중심으로 살펴볼 수 있다. 제주의 자연사적 자료와 자연의 영향을 받은 제주의 정신과 생활을 담고 있는 민속 유물이 함께 전시되어 있다. 전시실은 크게 민속, 자연사, 해양으로 나누어져 있으며, 제주의 자연과 인문 환경을 한눈에 이해할 수 있도록 꾸며져 있다. 제주도 전통 가옥과 제주 해녀들의 삶, 옛날의 물고기 잡이 배 '테우'를 구경하는 재미가 특별하다. 아이와 여행한다면 꼭 가보길 추천한다.

📷 아라리오뮤지엄

아라리오 탑동시네마 📍 제주시 탑동로 14(삼도2동 1261-8) 📞 064-720-8201 🕐 10:00~19:00(월요일 휴관)
💴 입장료 6천원~1만5천원 아라리오 동문모텔 Ⅰ·Ⅱ 📍 제주시 산지로 37-5(일도1동 1159) 📞 064-720-8202
🕐 10:00~19:00(월요일 휴관) 💴 입장료 8천원~2만원(탑동+동문모텔 Ⅰ·Ⅱ 통합권 9천원~2만4천원)

거장의 작품이 이곳에 있다

데미안 허스트, 앤디 워홀, 키스 해링, 백남준, 이응노…….. 이름만 들어도 입이 떡 벌어지는 대가의 작품을 감상할
수 있는 곳이다. 제주 아라리오뮤지엄은 두 군데에 있다. 구시가지 탑동에 있는 아라리오 탑동시네마와 동문시
장 일대에 있는 아라리오 동문모텔이다. 옛 극장과 모텔을 고쳐 어디서도 볼 수 없는 아라리오만의 색깔을 입혔
다. 건물은 외관부터가 남다르다. 수많은 작은 구멍이 뚫린 빨간 철판이 건물 벽을 둘러싸고 있어 어디서도 눈에
띈다. 외관은 몰라보게 바뀌었지만, 내부는 예전 건물의 콘크리트를 그대로 드러내 사용하고 있다. 전시장을 채
운 작품은 모두 현대미술의 거장이라 불리는 이들의 것이다. 직접 보고서도 눈을 의심할 정도이다. 동문시장에
서 가까운 아라리오 동문모텔도 구경하자. 오래된 모텔을 개조해 만들었다. 5층짜리 구조를 그대로 살려 두었는
데 오래된 모텔 욕실과 그때 사용하던 가구가 아직도 있어 이색적이다.

📷 디앤디파트먼트 제주 D&DEPARTMENT JEJU

📍 제주시 탑동로2길 3 📞 d-Room 064-753-9901, Store 064-753-9902
🕐 10:00~18:00(5번째 수요일 휴무) ⓘ 주차 공영주차장 인스타그램 d_d_jeju

롱라이프디자인, 가치와 신념의 소비

아라리오 탑동 뮤지엄 옆에 있다. 오래도록 지속 가능한 기능과 디자인을 담은 제품을 엄선해 판매하는 편집 숍
이자 숙소이고, 음식점이다. 디앤디파트먼트 제주는 여행객들에게 인증 샷 명소로 알려져 있다. 'd' 로고를 단 벽
면이 포토존으로 유명하다. 하지만 디앤디파트먼트의 역사와 가치를 안다면 조금 더 뜻깊은 여행이 될 것이다.
디앤디파트먼트는 '롱 라이프 디자인'을 추구한다. '롱 라이프 디자인'이란, 오래 지속되는 보편적인 가치를 품은
디자인 상품을 말한다. 여기에 지역다움을 더하여, 가게와 식당, 숙소를 운영하고 있다. 의류, 가구, 잡화, 제주 전
통주 컬렉션과 간식까지 판매한다. 식당에서는 제주에서 나고 자란 식재료를 활용하기에, 음식을 먹으며 제주
라는 자연 환경과 식재료의 본질을 체험하게 해준다. d-Room은 일반적인 숙박시설이 아니다. 머무는 곳마다,
롱 라이프 디자인과 지역다움을 담은 인테리어로 꾸며져 있다. 예약 손님의 옷과 신발 사이즈를 맞춰 룸 웨어를
내어주니 더욱 편안하게 머물러 갈 수 있다.

©송인희

📷 제주도립미술관

📍 제주시 1100로 2894-78(연동 680-7) 📞 064-719-4300
🕐 10:00~16:00(7~9월은 20:00까지 운영, 월요일·1월 1일·설·추석 휴관)
₩ 입장료 500원~2,000원

연못 위에 떠 있는 명품 건축

제주도립미술관은 2009년 한국건축문화대상에서 우수상을 받았을 만큼 건축이 아름답다. 제주시에서 1100 도로를 타고 한라산 방향으로 15분 정도 달리다 보면 신비의 도로가 나온다. 그 앞에 제주도립미술관이 있다. 잘 정리된 잔디정원엔 배, 물고기, 현무암, 해녀 같은 제주의 정서를 담은 조형물이 놓여 있다. 직선으로 이루어진 사각형 미술관 뒤로는 한라산이 보인다. 미술관과 주변 풍경이 한 폭의 그림처럼 연못에 비친다. 미술관 내부 벽은 대부분 제주 현무암을 사용하여 만들었다. 제주의 자연을 담으면서 동시에 제주의 자연에 녹아든 미술관은 더없이 아름답고 고즈넉하다. 미술관 1층은 실내 전시 공간이고, 2층은 옥외전시장이다. 옥외전시장은 조형물을 감상하며 휴식과 산책을 즐길 수 있는 공간이다. 종종 야외 공연이 열리기도 한다.

📷 제주4·3평화공원

📍제주시 명림로 430(봉개동 51-3) 📞064-723-4301~2
🕐09:00~17:30(입장 마감 16:30, 매월 첫째·셋째 월요일 휴관)

제주도민 3만 명이 잠들다

1947년 3월 1일, 진보세력이 주최한 3·1절 기념행사가 섬 전역에서 열렸다. 경찰이 행진하는 시민에게 총을 쐈다. 양민 6명이 죽고, 6명이 중상을 입었다. 일제에 부역한 경찰을 대부분 재임용한 까닭에 가뜩이나 불만이 쌓여있던 제주 민심이 폭발했다. 경찰과 미 군정은 탄압으로 맞섰다. 1948년 4월 3일 급기야 남로당을 중심으로 한 일군의 무장봉기세력이 탄압에 맞서 경찰서와 관공서를 습격했다. '4·3항쟁'의 시작이었다. 미 군정과 이승만 정부는 닥치는 대로 양민을 학살했다. 이듬해 6월까지 시민 약 3만 명이 학살당했다. 평화공원 기념관에서 당시의 참상을 직접 확인할 수 있다. 해마다 4월 3일이 되면 희생자들의 넋을 기리는 추모제가 열린다. 아름다운 봄날 아지랑이가 피어오르거든, 힘없이 스러져간 3만 명의 넋을 기억해 주길 바란다.

 # 신비의 도로

제1신비도로 ⊙ 제주시 1100로 2894-63(노형동 289-15)
제2신비도로 ⊙ 제주시 산록북로 817(아라1동 385-11)

도깨비가 요술을 부린다

이게 어찌된 일인가? 분명 내리막길인데 신기하게도 자동차는 위로 올라간다. 물을 흘려도, 생수병을 굴려도 마찬가지다. 믿어지지 않는다. 오죽 신기했으면 도깨비 도로라고 불렀을까?

제주에는 신비의 도로가 두 곳이다. 1100도로 입구와 5·16도로에서 관음사로 가는 길에 있다. 왜 이런 현상이 일어나는 것일까? 사실은 내리막길이 착시 현상으로 올라가는 것처럼 보이는 것이다. 알고 있으면서도 신기해서, 도깨비가 요술을 부리는 것처럼 느낀다. 신비의 도로는 포장한 지 오래되어 보수 공사를 해야 하지만, 그렇게 하면 혹시 도깨비 현상이 없어질지 모른다는 여론 때문에 허름한 모습으로 여행객을 맞고 있다.

📷 삼양해수욕장

📍 제주시 삼양이동 1960-4 📞 064-728-3991

ⓘ **개장 7월 1일~8월 31일**

검은 모래와 100개의 달

삼양해수욕장은 제주 시내와 조천 사이에 있다. 시내와 가까워 접근성이 좋다. 이곳은 해변도 해변이지만 무엇보다 검고 부드러운 모래로 유명하다. 검은 모래는 신경통, 관절염에 효과가 있다고 하여 여름이면 모래구덩이를 파고 들어가 찜질을 하는 사람을 자주 볼 수 있다. 이를 모살뜸모래뜸이라고 하는데, 여름엔 검은 모래를 테마로 하여 해변 축제가 열린다. 요즘 들어서는 서핑을 즐기는 사람들이 즐겨 찾는다. 주변에 서핑 숍도 생겨났다. 여름밤이 되면 집어등을 켜고 조업하는 어선의 모습이 장관이다. 제주를 배경으로 만든 드라마 <우리들의 블루스>에 나온 '백 개의 달'을 연상시킨다. 해수욕장의 서쪽 끝에 다다르면 용천수가 나오는 샛도리물이 있다. 얼음장처럼 차가운 물이 나오는 곳으로, 마을 주민과 아이들의 쉼터이자 물놀이장으로 활용되고 있다. 해수욕을 마친 뒤 이곳에서 헹구면 몸이 개운하다.

📷 김경숙 해바라기농장

📍 제주시 번영로 854-1 📞 064-721-1482 🕐 09:00~19:00

₩ 꽃 만개시 5,000원, 그외는 3,000원

ⓘ 개화 시기 6월~11월 주차 가능

유월부터 시월까지 노란 꽃이 핀다

제주시에서 서귀포로 넘어가는 번영로97번 도로 옆에 있다. 1만여 평에 달하는 대지에 75만 송이의 해바라기가 자라고 있다. 해바라기는 친환경농법으로 재배되고 있다. 시기를 나누어 파종하여, 6월부터 11월까지 긴 시간 동안 해바라기를 감상할 수 있다. 노란 해바라기의 물결은 인생 샷을 찍기에 그만이다. 해바라기유, 초콜릿 볼, 육포, 훈제포크 등을 살 수 있다. 중국과 베트남으로 수출도 시작하였다.

마방목지

⊙ 제주시 516로 2480

제주 십경 중 하나로 꼽혔다

옛날 제주에는 7만여 마리의 말이 있었다. 그 많은 말이 푸른 초원을 달리거나 여유롭게 풀을 뜯는 모습을 상상해보라. 그야말로 장관이었을 것이다. 이런 멋진 풍경을 볼 수 있는 곳이 1131도로5.16도로 옆에 있는 마방목지이다. 갓길과 주차장에는 차가 가득하고 여행객들은 삼삼오오 짝을 지어 제주 조랑말을 배경으로 사진을 찍는다. 제주 조랑말은 천연기념물 347호이다. 덩치는 아담하지만 바람과 척박한 토양, 강한 햇살을 견디며 자라온 터라 내면 가득 강인함을 품고 있는 소중한 우리의 말이다.

마방목지는 봄부터 관람할 수 있다. 풀이 자라고 아지랑이가 피어오르면 조랑말이 방목된다. 맑은 날에는 풍경하나하나가 맑고 명쾌하고, 안개가 자욱한 날에는 신비롭고 서정적인 운치로 가득하다. 잊지 말고 버킷 리스트에 넣으시라. 한겨울 눈이 내리면 마방목지는 눈의 나라로 변한다. 설국이 따로 없다.

📷 오라동 메밀밭

📍 제주시 오라2동 산76 🕐 18:00~20:00(입장 마감 19:00) ₩ 2,000원

ℹ️ **청보리** 4월 말~5월 말 **메밀꽃** 9월 중순~10월 중순 **주차** 가능

봄엔 유채꽃과 청보리, 가을엔 메밀꽃

메밀꽃, 하면 무엇이 떠오르는가? 어떤 이는 이효석의 소설 〈메밀꽃 필 무렵〉을 떠올리고, 누군가는 드라마 〈도깨비〉에 나온 공유와 김고은의 로맨틱한 사랑 장면을 떠올릴 것이다. 그리고 누군가는 제주시 오라동의 메밀밭을 떠올리기도 할 것이다. 오라동 메밀밭은 중산간에 있다. 메밀밭도 아름답지만, 이곳에서 내려다보는 풍경도 무척 매력적이다. 메밀밭을 품고 있는 산록북로1117번 국도는 원래 야경 명소로 유명했다. 메밀밭에 오르면 눈앞은 하얀 메밀꽃 천지이고, 시선을 멀리 던지면 푸른 바다와 제주 시내가 한눈에 들어온다.

오라동 메밀꽃밭은 떠오르는 인생 샷 명소이다. 꽃밭 사이로 길을 내놓아 백색 화원에서 인생 샷을 찍기에 더없이 좋다. 이곳은 봄에 가도 매혹적이다. 매년 봄에는 메밀꽃 대신 유채와 청보리가 반겨주는데, 노랑과 초록이 어울려 핀 모습은 그야말로 색의 향연이다. 봄에는 청보리 축제가, 가을에는 메밀꽃 축제가 열린다.

📷 사려니숲길

사려니숲길 주차장 **비자림로 입구 주차장** 제주시 봉개동 산64-5 **붉은오름 입구 주차장** 서귀포시 표선면 가시리 산158-4

환상적인, 너무나 환상적인 힐링 숲길

사려니숲길은 산소의 질이 가장 좋다는 해발 500m에 있다. 이 길의 매력은 도시와 인간세계를 떠나 자연으로 완전히 들어갈 수 있다는 것이다. 사려니숲길 입구는 두 군데이다. 비자림로 입구가 하나이고, 남조로1118도로 옆에 있는 붉은오름 입구가 다른 하나이다. 비자림로 입구를 이용할 경우, 승용차 이용자는 절물휴양림 근처 주차장에 차를 세우고 사려니숲길 입구까지 도보로 이동해야 한다. 이동 거리는 약 2.5km이다. 붉은오름 입구엔 바로 옆에 주차장이 있어서 승용차 이용자에게 편리하다. 제주도 말로 '사려니'는 '살안이', '솔안이'에서 나온 말로, '살'이나 '솔'은 '신성한' 또는 '신령스러운'이라는 뜻이다. 먼 옛날엔, 산과 함께 살아온 사람과 우마가 주로 다녔고, 또 표고버섯을 키우는 주민들이 이용하는 길이었다. 비자림로 입구부터 붉은오름 입구까지는 편도 90분, 왕복 3시간쯤 걸린다. 숲길 주변에는 오름도 여럿이다. 물찻오름, 붉은오름 등이 있는데, 그중 으뜸은 물찻오름이다. 물찻오름 정상엔 일부러 숨겨놓은 듯 고요하고 잔잔한 산정호수가 있다. 옥 같고 유리 같은 호수가 조용히 사색에 젖어 있다.

📷 비자림로 삼나무숲길

삼나무숲길(1112도로, 비자림로) ⊙ 제주시 봉개동 516도로 삼거리 교차로

대한민국 최고 드라이브 코스

제주시에서 한라생태숲과 마방목지를 지나 조금 더 달리면 5.16도로 삼거리 교차로가 나온다. 교래리 입구이다. 이곳에서 왼쪽으로 접어들면 비자림로1112도로이다. 비자림로 입구부터 삼나무 숲길이 시작된다. 길 좌우로 20m가 넘는 삼나무가 빽빽하게 늘어서 있다. 가도 가도 삼나무 숲이다. 자연이 마술이라도 부리듯 숲길에 안개를 뿌렸다가 비를 내리고 다시 햇살을 내려보내는 모습은 상상을 초월할 만큼 신비롭다. 광고나 영화 배경으로 곧잘 등장하여 대한민국에서 가장 아름다운 국도로 꼽힌다. 영화 <연풍연가>에서 장동건이 고소영에게 나무가 제주말로 뭐냐고 묻는다. 고소영은 '낭'이라고 대답한다. 그러자 장동건이 비자림로의 삼나무 숲을 보면서 말한다. "낭? 그럼, 여기는 '낭'만 있는 곳이네."

길은 직선주로가 대부분이라 드라이브하기에 안성맞춤이다. 창문을 열면 피톤치드가 마구 밀려들어 온다.

📷 절물자연휴양림

📍 제주시 명림로 584(봉개동 산78-1) 📞 064-728-1510

₩ **입장료** 3백원~1천원 **주차료** 1천5백원~5천원 **숙박료** 4만원~25만원

아, 피톤치드의 향연

절물휴양림은 제주시 북동쪽 봉개동에 있다. 사려니숲, 삼나무숲길과 가깝다. 휴양림 넓이는 약 100만 평이다. 수령 40년이 넘은 삼나무가 휴양림 입구부터 울창한 숲을 이루고 있다. 삼나무가 내뿜는 피톤치드 덕에 공기는 더없이 상쾌하다. 피톤치드는 침엽수에서 많이 나오는데 절물휴양림은 삼나무를 비롯한 침엽수가 전체 수종의 90%에 이른다. 피톤치드 천연 공장인 셈이다. 휴양림에는 등산로와 산책로, 숲속의 집 15채 안팎, 세미나실, 잔디광장 같은 숙박과 편의시설이 잘 갖추어져 있다. 숙박 시설은 매월 1일에 그 다음 달 예약을 받는 데 일찍 마감되므로 서두르는 게 좋다. 절물휴양림 안에는 절물오름이 있다. 절이 있는 오름이라 하여 '사악寺岳'이라고도 불린다. 오름 정상에 오르면 제주 시내가 한눈에 들어온다.

©제주특별자치도

 # 관음사

📍 제주시 산록북로 660(아라1동 산 66-8)
📞 064-724-6830

낯설고 새롭고 신비롭다

〈이상한 변호사 우영우〉의 촬영 장소이다. 관음사는 익숙한 듯 낯설다. 절이지만 육지에서 흔히 보던 절이 아니다. 진입로와 돌담의 디자인, 아름드리 삼나무, 수많은 현무암 불상들……. 낯설고 비현실적이다. 관음사는 제주시 북쪽 아라동에 있다. 제주대를 거쳐 1100도로 방면으로 우회전하여 제2신비의 도로를 지나면 관음사 초입에 이른다. 관음사가 언제 생겼는지 알려주는 정확한 기록은 없다. 제주 방언 '괴남절'관음사이 남아있고, 고려 문종1043~1083 때 창건되었다고 전해지는 것으로 미루어 족히 천년은 되었다. 15세기에 만든 〈동국여지승람〉에도 기록되어 있었으니 전혀 신빙성 없는 이야기는 아니다. 그러나 안타깝게도 1948년 4·3항쟁 때 군경 토벌대와 민간 봉기대 사이에 치열한 교전이 벌어져 전소되고 만다. 지금 절은 1968년에 복원되었다.

제주시 중심권 맛집

제주시 3대 고기국수!

제주식 잔치국수 먹고 가세요

고기국수는 제주도청이 선정한 7개 최고 토속음식 가운데 하나이다. 제주식 잔치국수로, 고명으로 돼지고기 수육을 올려 고기국수라는 이름을 얻었다. 사람들은 올래국수, 자매국수, 삼대국수 회관을 제주시 3대 고기국수로 꼽는다. 삼대국수회관 대신 국수마당을 넣기도 한다.

🍽 Restaurant

자매국수

📍 제주시 항골남길 46(이호일동 651-3) 📞 064-746-2222 🕐 09:00~18:00(브레이크타임 14:30~16:10, 수요일 휴무, 마지막 주문 17:50) Ⓜ **추천메뉴** 고기국수, 비빔국수, 멸치국수, 돔베고기 ⓘ **주차** 전용 주차장

면발은 쫄깃 고기는 듬뿍

탑동 근처 삼도2동에서 이호일동으로 확장해 이전했다. 매장이 넓어졌고, 가게도 깔끔해졌다. 연동의 올래국수, 국수거리에 있는 삼대국수회관과 더불어 제주시 3대 고기국수 맛집으로 꼽힌다. 고기국수, 비빔국수 둘 다 인기가 좋다. 비빔국수에도 돼지고기 고명이 올라간다. 멸치국수, 무국수, 비빔국수, 돔베고기, 물만두도 판매한다. 예전엔 미니 족발을 뜻하는 아강발도 판매했으나 지금은 메뉴에서 빠졌다. 손님이 많아 점심시간엔 10~20분 기다려야 한다. 가능하면 점심시간을 피하는 게 좋다.

ᴙ Restaurant

올래국수

📍 제주시 귀아랑길 24(연동 301-19) 📞 064-742-7355 🕐 08:30~15:00(일요일, 설과 추석 휴무) ⓘ **주차** 가능

수요미식회에 나온 고기국수

제주시 연동에 있는 고기국수 전문점이다. 1998년에
개업해 18년째 성업 중이다. 고기국수는 제주 토속음
식이다. 돼지고기를 육수와 고명으로 사용하기 때문
에 처음 먹는 사람에겐 호불호가 갈리는 음식이다. 이
런 이유로 어떤 식당은 고기가 아니라 사골로 국물을
내기도 한다. 하지만 이 집은 고기로 육수를 내는 전
통 조리법을 유지하는데도 돼지고기 냄새가 나지 않
는다. 깔끔하고 담백한 게 맛이 일품이다. 두툼한 고
기와 탱탱하고 쫄깃한 중면을 입에 넣어 먹으면 제주
의 맛을 제대로 느끼게 된다. 늘 문전성시를 이룬다.

ᴙ Restaurant

삼대국수회관 본점

📍 제주시 삼성로 41 📞 064-759-6645 🕐 매일 08:30~02:00 ⓘ **주차** 전용 주차장

맛 좋고 양도 많은 고기국수

제주시 일도이동 신산공원 건너편 국수문화거리에 있다. 자매국수, 올래국수와 더불어 3대 고기국수로 꼽히지
만, 삼대국수회관 대신 국수마당을 꼽는 사람도 제법 많은 편이다. 식당이 넓은 까닭에 줄 서서 기다리기 싫어
하는 사람들이 많이 찾는다. 대표 메뉴는 고기국수, 비빔국수, 멸치국수, 돔베고기이다. 여름철에는 열무국수
도 판매한다. 돼지 사골로 육수를 내는데, 오랫동안 끓여 맛이 진하다. 면은 굵기가 파스타 면에 가까운 중면이
다. 면발이 탱탱해 좋다. 게다가 양도 많고, 고기도 다른 집보다 많이 올려준다. 연동과 노형동에 지점이 있다.

🍽 상춘재

📍 제주시 중앙로 598 📞 064-725-1557 🕐 10:00~16:00(라스트오더 15:55, 월요일 휴무)
Ⓜ **추천메뉴** 돌문어비빔밥, 멍게비빔밥, 부추비빔밥, 꼬막비빔밥, 성게비빔밥, 전복돌솥밥, 고등어구이
₩ 1만5천원 내외 ⓘ **주차** 가능

멍게비빔밥과 돌문어비빔밥

성게비빔밥을 먹어 보았는가? 그럼 돌문어비빔밥은? 제주시 중앙로에 있는 상춘재는 산나물과 해산물이 어우러진 비빔밥으로 유명한 맛집이다. 청와대에서 한식조리사로 재직했던 분이 운영한다. 그래서 식당 이름을 청와대 건물 이름에서 따왔다. 성게비빔밥은 5월부터 9월까지만 판매한다. 해산물이 입에 맞지 않는다면 부추비빔밥을 선택하면 된다. 인기가 많은 메뉴는 멍게비빔밥이다. 통영 멍게에 고추장이 아니라 참기름을 넣어 비비니 고소함이 남다르다. 고등어구이, 전복돌솥밥도즐길 수 있다. 상춘재의 음식엔 풍류가 녹아있다.

🍽️ 갓포제호

📍 제주시 구남동6길 23 📞 064-723-3678
🕐 12:00~14:30, 18:00~24:00(일요일 휴무) Ⓜ️ **추천메뉴** 삼치회, 고등어회, 광어회
₩ 1만7천원~5만5천원 ⓘ **주차** 근처 공영주차장 및 길가 주차

빈자리가 없는 고급 이자카야

제주시 이도2동, 서울의 평창동이나 한남동 같은 주택가에 있는 갓포 음식점이다. 갓포란 칼과 불을 잘 쓰는 조리 기술을 말하는 일본어인데, 쉽게 말해 가이세키 요리보다는 자유롭고 이자카야 요리보다는 고급스러운 음식을 말한다. 고급 이자카야 정도로 이해하면 좋겠다. "요리는 기술이 아니다. 정성이고 나의 마음가짐이다." 호텔 주방장 출신 사장의 철학은 이렇지만, 사실은 요리 기술도 좋고 정성도 알차다. 그래서일까? 2019년 오픈 이후 현재까지 빈자리가 없을 정도로 맛으로 소문난 곳이다. 가심비 뛰어난 오마카세, 사시미와 스시, 생선구이 등 다양한 일식 요리를 즐길 수 있다. 오마카세의 코스 요리가 굉장히 훌륭하다. 맛도 좋고 플레이팅도 만족스럽다. 특히 문어 튀김은 제주에서 가히 넘버 원이라 할 만하다. 요즘 같은 불경기에도 줄 서서 기다려야 한다.

🍴 스시앤

📍 제주시 고산동산5길 21-1 📞 064-726-9696
🕐 12:00~22:00(런치 1부 12:00, 런치 2부 14:00, 디너 19:00, 수요일 휴무)
₩ 점심 오마카세 80,000원, 저녁 오마카세 150,000원 ⓘ 주차 길가 주차 **예약** 필수

가성비 가심비 둘 다 잡았다

제주시 이도2동 주택가에 있는 예약제 오마카세 전문점이다. 점심, 저녁 1시간 30분씩 1부와 2부로 나누어 운영
한다. 셰프 한 사람이 보통 두 팀을 담당한다. 제주도에서 나는 제철 해산물과 식재료로 만들어 초밥과 사시미가
늘 신선하다. 삼치, 전복내장, 돌문어, 보리새우, 북방조개, 참돔, 금태, 옥돔, 방어, 고등어, 참치, 장어, 아귀간….
무엇보다 스시 재료가 다양해서 매력적이다. 멸치튀김과 아귀간김초밥, 성게연어알감태말이는 독특해서 좋고,
저녁 시간에는 조금이지만 자연산 다금바리회도 나와 입을 즐겁게 해준다. 음식을 내올 때마다 셰프가 간단하게
설명해준다. 애피타이저부터 후식까지 약 20여 가지 음식이 나온다. 후식은 오설록녹차아이스크림과 수제댕유
자아이스크림 중에서 선택할 수 있다. 둘 다 제주다운 디저트여서 좋다. 댕유자는 '당유자'가 표준말인데 서귀포
에서 나는 재래종 감귤이다. 저녁 시간엔 솥밥을 추가할 수 있다.

🍴 미친부엌

◎ 제주시 탑동로 15 📞 064-721-6382

🕐 17:30~24:00(연중휴무)

ⓘ 주차 가능

혼술하기 좋은 퓨전 일식

탑동사거리 아라리오뮤지엄 맞은편에 있는 이자카야이자 퓨전 일식집이다. 혼밥과 혼술을 하며 고독한 미식가가 될 수 있는 곳으로, 제주시에서 가장 인기가 많은 이자카야이다. 분위기도 좋고 맛도 좋다. 가성비 좋은 메뉴들 덕분에 식당은 언제나 붐비지만, 바 테이블이 있어 혼자여도 부담이 없다. 인기 메뉴인 '고독한 미식가 세트'에는 제주의 싱싱한 회, 맥주가 술술 넘어가는 치킨가라아게, 크림짬뽕이 포함되어 있다. 크림짬뽕은 미친부엌의 시그니처 메뉴이다. 치킨가라아게, 고등어초회도 맛이 좋다. 오픈 키친이라 셰프들 구경하는 재미도 있다. 인기가 많은 맛집이 그렇듯 기다리는 것은 각오해야 한다. 주차는 식당 맞은편의 탑동해변공연장 옆 주차장에 하면 된다. 예약은 받지 않는다.

🍽 오오치

📍 제주시 박성내동길 25 📞 0507-1491-3881 🕐 18:00~24:00(수요일·둘째와 넷째 화요일 휴무)

🍱 **주요 메뉴** 사시미, 스시, 삼마우동, 나폴리탄 스파게티 ₩ 30,000~50,000(1인 기준)

ⓘ **주차** 가게 옆 공영주차장 **기타 정보** 예약 또는 전화 후 방문 추천. 스시 단품 주문 가능 @sakaba_yyy

술 한잔하기 좋은 일식 주점

제주의 서래마을로 통하는 아라이동 이도 택지지구에 있다. 화이트 톤이 인상적인 감각적이고 모던한 퓨전 일식 주점이다. 매장은 청결하고, 인테리어도 멋지지만, 가격은 크게 부담스럽지 않다. 외부 간판에는 'yyy'라고 적혀 있다. 몽골어로 '오오치'라고 읽는다. '너그러운', '관대한'이라는 뜻이다. 오픈하자마자 현지인에게 관심을 끌더니 이제는 여행자들도 제법 많이 찾는다. 사시미 모리아와세계절 생선회 모둠를 비롯하여 초밥, 덮밥, 단품 안주, 중화 요리 등 종류가 다채롭다. 식사 겸 술 한 잔 마시는 것도 좋고, 가볍게 2차로 찾아도 괜찮은 이자카야이다. 바에 앉아서 셰프가 만들어주는 사시미와 스시를 깔끔한 화이트 와인과 즐겨보길 추천한다. 요리와 술을 다양하게 조합할 수 있으므로, 추천을 받아 선택해도 좋겠다. 술 종류에 따라 주류의 온도를 잘 맞춘 점도 인상적이다. 가격은 비싸지 않지만, 이자카야가 대개 그렇듯 음식 양은 조금 적은 편이다.

🍴 추자본섬 연동점

📍 제주시 선덕로 14-1 📞 064-747-1115 🕒 15:00~22:00(연중무휴)

Ⓜ **추천메뉴** 삼치회, 고등어회, 광어회 ₩ 7만원~10만원 ⓘ **주차** 길 건너편 제주웰컴센터 주차장 이용(제주시 선덕로 23)

그야말로 '유명한' 삼치회 식당

제주도에 여행 와서 회 한번 먹지 않고 돌아가는 일을 상상해 본 적이 있는가? 아니 그런 사람 듣거나 본 적이 있는가? 제주의 겨울은 단연 방어와 삼치가 제일이다. 삼치 중에는 추자도 삼치가 가장 유명하다. 참조기로 유명한 추자도이지만 삼치회는 또 다른 매력이 있다. 추자본섬은 그야말로 '유명한' 삼치회 식당이다. 명성으로 치면 이 집은 제주도에서 최고다. 다음이나 네이버 검색창에 '추자본섬'을 치면 맛집 후기가 끊임없이 올라온다. 너무 알려진 게 오히려 단점이다. 마치 아이스크림처럼 입안에서 삼치회가 살살 녹는다.

🍴 마라도횟집

📍 제주시 신광로8길 3(연동 262-10) 📞 064-746-2286 🕒 매일 13:00~24:00

₩ 8만원~10만원 ⓘ **주차** 공영주차장 또는 길가 주차

줄 서서 먹는 방어회

제주시 연동 메종글래드 호텔 근처에 있는 횟집이다. 방어 횟집으로 이름이 나 늦가을부터 겨울까지는 줄 서서 기다려야 한다. 바닷물이 차가워지면 방어는 캄차카반도에서 동해를 거쳐 제주도로 내려온다. 늦가을 또는 초겨울이면 마라도 해역까지 내려온다. 방어 철이 아니라면 참치, 고등어, 도미, 광어회를 즐길 수 있다. 갈치와 성게 회도 있고, 1+1 메뉴도 있다. 대방어회+고등어회, 고등어회+갈치회, 대방어회+전복회 등 다양하게 구성할 수 있다. 외관은 좀 허름하지만, 회뿐만 아니라 기본 반찬도 맛있다.

🍴 해도횟집

📍 제주시 인다9길 16, 1층 📞 064-749-4100
🕐 11:00~22:00(브레이크타임 14:30~16:30) 휴무 일요일
₩ 모둠회 60,000원, 코스요리 35,000원부터
ⓘ **주차** 인근 공영주차장(50m) 및 골목길 주차

현지인 횟집도 레벨이 있다

제주시 아라동은 역사가 짧은 신도심이다 보니 맛집들이
비교적 잘 알려지지 않은 경우가 많다. 이런 곳에서 진주
를 구별해 내야 한다. 해도횟집은 제주시 아라동 아이파크
아파트 옆 주택가에 있다. 잘 알려지지 않은 맛집인데 주
로 현지인들이 많이 찾는 곳이다. 테이블 수도 적당하고,
밑반찬도 다른 일식집 못지않게 제공된다. 겨울철 제주도
에는 1,000개의 횟집과 1개의 메뉴만 있는데, 그 메뉴가
방어회. 현지인들처럼 해도횟집에서 방어회를 즐겨보
자. 유경험자는 겨울에 다른 회 못 먹는다.

🍴 도두해녀의 집

📍 제주시 도두항길 16 📞 064-743-4989
🕐 매일 10:00~20:00(브레이크타임 15:30~17:00, 라스트오더 19:30)
₩ 1만4천원~5만원 ⓘ **주차** 갓길 주차

전복죽에 녹아든 제주 바다

제주 곳곳에 해녀의 집이 있다. 저마다 비장의 메뉴 하나씩 선보이는데, 이 집은 전복죽과 전복물회다. 특히 전
복죽은 끊임없이 사람들을 불러 모으는 대표 메뉴다. 고소하면서도 쫄깃하게 씹히는 통통한 전복살의 식감이 아
주 좋다. 후루룩 먹다 보면 여행의 피로가 절로 사라지는 것 같다. 제주 전통 방식으로, 싱싱한 전복을 내장까지
풍성하게 갈아 넣은 맛이라 먹고 난 뒤에도 자꾸 생각나게 한다. 반찬은 셀프 코너에서 여러 번 리필할 만큼 맛
깔 난다. 전복죽은 한 테이블에 2인까지 주문할 수 있다. 일행이 더 있다면 밥도둑 고등어양념구이를 추천한다.

🍴 순옥이네명가

📍 제주시 도공로 8(도두일동 2615-5)

📞 064-743-4813

🕐 09:00~21:00(휴식 시간 15:30~17:00, 둘째·넷째 화요일 휴무)

₩ 예산 1~3만원 ⓘ **주차** 길가 및 공영주차장

도두봉 옆 전복 맛집

제주공항 북쪽, 무지개해안도로와 도두봉, 도두항에서 가까
운 전복 전문 음식점이다. 전복죽, 전복뚝배기, 전복회, 전복
찜, 전복물회······. 전복으로 만든 음식은 대부분 먹을 수 있
다. 가격도 다른 가게보다 저렴한 편이다. 가격은 비교적 합
리적이지만 맛은 언제 가도 평균 이상을 한다. 제주도 유명
식당 대부분이 그렇듯 서빙하는 직원이 외국인 노동자지만
소통하는데 그리 불편하지 않다. 고등어구이, 보말성게미역
국도 먹을 수 있으며, 계절 메뉴로 성게, 소라, 돌멍게, 해삼
도 판매한다. 점심시간엔 10분 남짓 기다릴 수 있다.

🍴 고집돌우럭 제주공항점

📍 제주시 임항로 30 📞 0507-1436-1008 🕐 매일 10:00~21:30(브레이크타임 15:00~17:00, 라스트오더 런치 14:50/디너
20:20, 연중무휴) ₩ 런치 A세트 24,000원, B세트 28,000원, C세트 32,000원, 디너 세트 33,000원부터 ⓘ **주차** 주변 공영
주차장 이용(고집돌우럭 이용자는 주차 요금 1천원 할인)

우럭조림을 위한 이유 있는 기다림

본래 고집돌우럭은 중문이 본점이다. 제주공항점은 분점이지만 그래도 웨이팅을 기본으로 생각해야 한다. '웨
이팅'은 '검증 완료'로 이해하면 된다. 고집돌우럭의 대표 메뉴들은 우럭조림을 기본으로 한다. 우럭조림은 시래
기 김치와 신선한 제주 해물과 양념 그리고 제주산 우럭이 원재료다. 우럭의 두툭한 살점은 쌈 싸 먹고, 따끈한
옥돔구이와 소라 미역국을 곁들이면, 왜 요즘 제주 여행이 맛집 투어로 변하고 있는지 이유를 알 수 있다. 맛집
투어면 어떤가? 이게 즐거움인 것을. 아이가 있는 테이블엔 키즈 메뉴를 무료 제공한다.

🍴 만부정

📍 제주시 사장길 38(연동 298-9 향군회관 뒤)
📞 064-743-1119 🕐 08:00~21:30 ₩ 3만~10만원
ⓘ **주차** 지하 주차장과 바로 앞 공영주차장 이용

제주 최고의 복요리 명가

어른들이 그랬다. 입맛이 없거나 몸이 허할 때는 참복
지리를 먹어야 한다고. 만부정 참복지리 먹는 모습을
보면 제주 어른들은 이렇게 말할 것이다. "몸보신 제대
로 하는구나~!" 만부정은 제주에서 참복 요리로 가장
유명한 집이다. 미나리와 콩나물, 무와 어우러진 참복
국도 끝내주고, 후식으로 시키는 '메밀 반죽 수제비'도
맛, 비주얼 모두 동급 최강이다. 가격이 조금 비싸지만,
이 집의 복국은 시각, 후각, 미각을 모두 만족시켜준다.

🍴 유리네식당

📍 제주시 연북로 146 📞 0507-1449-0893
🕐 매일 09:00~21:00(브레이크타임 16:00~17:30, 라스트오더 20:20)
₩ 3만6천원~13만원 ⓘ **주차** 전용 주차장

현재진행형 제주 전통음식 맛집

유리네식당은 제주시 연동에 있는 갈치 맛집이다. 제주도민에게 오랜 전통을 자랑하는 맛집을 소개해달라고
할 때 이 집의 이름을 듣는 것은 익숙한 일이다. 문화관광부 선정 대한민국 100대 식당이다.
1980년대 작은 동네 식당부터 쌓여 온 입소문을 자랑하듯 입구부터 빼곡한 역대 대통
령부터 오늘날의 유명 인사 사인까지 이 집의 인기는 현재진행형이다. 갈치조림과 갈
치구이가 대표 메뉴이다. 갈치살 한 입 베어 물면 입안 가득 그리움의 맛이 찾아온다.
오죽하면 고 노무현 대통령이 제주에서 고향을 느꼈다고 적었을까.

🍽 정성듬뿍제주국

📍 제주시 무근성7길 16 📞 064-755-9388

🕐 평일 10:00~20:30, 토 10:00~15:00(브레이크타임 15:00~17:30, 일요일 휴무)

₩ 1만원~2만원 ⓘ 주차 가능

제주 음식의 향연이 펼쳐진다

멜국멸칫국, 각재기국전갱잇국, 몸국모자반국, 갈칫국, 장대국……. 다른 생선국은 제주에서 흔히 먹을 수 있지만 장대국은 좀처럼 보기 힘든 음식이다. 장대는 생선 이름으로, 표준어는 양태이다. 살이 희고 단단하며 뼈가 억세다. 국물맛은 복어 맑은탕과 아귀 맑은탕에 견줄 만큼 우수하다. 국물이 시원하고 담백한 맛이 일품이다. 이게 과연 생선으로 끓인 국인가 할 만큼 맛이 깔끔하다. 청양고추를 넣어서 먹으면 이마에 송골송골 땀이 맺힌다. 술을 마시지 않았어도 해장하는 기분이 든다. 멜튀김과 멸치회무침도 별미이다. 생선국이 부담스럽다면 된장 뚝배기를 추천한다.

🍽 앞뱅디식당

📍 제주시 선덕로 32(연동 324-1) 📞 064-744-7942 🕐 09:00~21:00(일요일 09:00~14:00)

Ⓜ 추천메뉴 멜국, 각재기국, 멜튀김, 멜조림, 각재기조림 ₩ 9천원~3만원

ⓘ 주차 가능, 바로 옆 설문대여성문화센터 주차장도 이용 가능

제주의 맛 멸칫국과 각재기국

멜국이라고 들어보셨는가? 멸치로 끓인 국으로 제주도 토속음식이다. '멜'은 멸치의 제주 사투리이다. 그렇다면 각재기국은? 이름 그대로 각재기전갱이로 끓인 국이다. 생김새는 조기와 비슷하나 몸집이 더 크다. 멜국은 싱싱한 멜과 배춧잎, 마늘과 풋고추를 넣어 맑게 끓이는데 국물이 시원하면서도 개운하다. 각재기국은 각재기와 배춧잎을 넣고 여기에 된장을 살짝 풀어서 끓인다. 각재기의 감칠맛과 배추된장의 개운함이 멋진 조화를 이룬다. 둘 다 2인분 이상만 주문을 받는다. 오후 2시부터는 멜튀김도 판매한다.

🍽 제주김만복 본점

◎ 제주 제주시 오라로 41 (오라3동 2250-1) 📞 064-759-8582 🕒 매일 08:00~22:00 ₩ 1만원 안팎 ⓘ **주차** 전용 주차장

그야말로 유명한 전복 김밥

제주시 오라로 옆에 있다. 제주김만복은 전복 내장으로 만든 김밥으로 명성을 얻었다. 지금은 본점 외에, 동문시장과 서귀포시, 애월읍, 성산, 함덕에 지점에 낼만큼 큰 인기를 얻고 있다. 대표 메뉴는 전복김밥, 주먹밥, 뚝배기전복밥, 뚝배기전복죽, 미역국밥, 해물라면, 우동 등이 있다. 맛은 대체로 담백하고 깔끔하다. 호불호가 별로 없는 맛이다. 매장에서도 식사할 수 있지만 오후 5~6시에 마감되며, 재료 소진 시 일찍 문을 닫는다. 30분 전에 모바일로 주문하면 제주공항까지 배달도 해준다. 모바일 주문 kimmanbok.com

🍽 신설오름

◎ 제주시 고마로17길 2 📞 064-758-0143 🕒 08:00~04:00(월요일 휴무) Ⓜ **추천메뉴** 몸국, 돔베고기
₩ 8,000원~20,000원(1인 기준) ⓘ **주차** 가게 앞, 인제공영주차장(고마로19길 5)

현지인들이 인정하는 몸국과 돔베고기

제주의 맛이 그대로 담긴 '몸국' 한 그릇 먹고 싶다면 신설오름이 제격이다. 구시가지 일도이동에 자리 잡은 지 30년이 훌쩍 넘었다. 몸국은 모자반으로 만든 제주식 탕국이다. 메밀가루를 풀어 넣어 육수가 더 진하고 걸쭉하다. 톡톡 씹히는 모자반 식감이 참 좋다. 술 마신 다음 날 속을 풀기에 몸국만한 게 없다. 몸국을 처음 접해 거부감이 든다면 고춧가루를 취향대로 곁들여 넣으면 맛있게 먹을 수 있다. 이 집 단골들은 몸국을 주문할 때 돔베고기를 추가한다. 돔베고기를 몸국에 푹 담가 먹으면 맛이 한층 살아난다. 지방이 많아 씹을수록 맛이 고소하고 부드럽다. 신설오름에 가면, 제주 토속음식이 주는 행복감을 깊이 누릴 수 있다.

🍴 김희선제주몸국

📍 제주시 어영길 45-61(용담삼동 1129-2)
📞 064-745-0047
🕐 07:00~16:00(토요일 15:00까지, 일요일 휴무)
₩ 1만원 안팎 ⓘ 주차 전용 주차장

해장국보다 더 해장하기 좋은 몸국

제주시에서 손꼽히는 몸국 전문 식당이다. 제주공항
북쪽, 용담해안도로서해안로 근처에 있다. 몸국은 모자
반으로 만든 국이다. '몸'은 모자반을 이르는 제주어이
다. 몸국은 돼지고기를 삶은 육수에 모자반과 메밀가
루를 넣고 끓인다. 이 가게의 몸국은 맛이 시원하고 얼
큰하다. 웬만한 해장국보다 해장하기 좋다. 과음한 날
을 위해 몸국을 기억해두자. 성게미역국, 고등어구이,
고사리육개장도 판매하는데 이들 음식도 맛이 좋다.
게다가 어느 음식이든 가격이 1만원 안팎이어서 가성
비가 남다르다.

🍴 김재훈 고사리육개장

📍 제주시 구남로2길 19, 1층 📞 064-752-2601 🕐 08:00~15:00(라스트오더 14:30) 휴무 토요일 ₩ 고사리육개장·몸국
10,000원 ⓘ 주차 주변 공영주차장(100m 거리) 및 골목길 주차 인스타그램 instagram.com/jaehoon5265

제주 대표 토종음식 몸국과 고사리육개장

몸국과 고사리육개장은 제주도를 대표하는 향토 음식이다. 둘 다 돼지고기를 푹 고아낸 사골국물을 베이스로 한
다. 거기에 고사리육개장은 제주의 또 다른 특산품인 고사리로, 몸국은 제주 청정바다에서 나는 모자반(제주어로
'몸')으로 맛을 낸다. 이도이동 주택가 골목에 있는 김재훈 고사리육개장은 몸국과 고사리육개장이라는 두 마리
토끼를 모두 잡은 맛집이다. 걸쭉하고 고소한 사골국물이 입에 착 달라붙는다. 맵지 않지만, 해장에도 딱, 이다. 물
론 대기표를 뽑고 기다려야 할 정도로 인기가 많고, 재료가 조기 소진되기도 한다.

(아이콘) 두루두루

(아이콘) 제주시 삼무로3길 14(연동 291-37) (전화) 064-744-9711 (시간) 16:00~24:00(비정기 휴무)
(메뉴) **추천메뉴** 객주리(쥐치) 조림, 객주리회, 우럭조림 ₩ 3만~7만원 (i) **주차** 골목길 주차

제주식 쥐치조림과 우럭조림

백종원의 〈3대천왕〉에도 나온 객주리 전문점이다. 제
주도청 부근 제주썬호텔 뒤편에 있다. 식감이 쫄깃한 객
주리회쥐치회와 우럭, 벵어돔회도 있으며 여름철에는 한
치회도 판매한다. 특히 조림이 맛있는데 된장, 고추장,
콩과 마늘로 간을 하는 제주식 조림이다. 양념 국물
에 곤곤은 밥을 비비고 여기에 살점 하나 올려 입에 넣으
면 절로 감탄사가 나온다. 호박잎국도 한 사발 주는데,
이 또한 명물이다. 근처의 모살물과 객주리식당도 조림
음식으로 유명하다.

(아이콘) 형돈

(아이콘) 제주시 구남로 22 (전화) 064-753-2004 (시간) 12:30~22:30(화요일 휴무)
₩ **흑돼지** 600g 66,000원 **일반돼지** 600g 51,000원

맛이 이 정도면 반칙이다

근고기란 '몇 인분'이 아닌 '근'으로 주문하여 통째로 구워 먹는 돼지고기를 말한다. 제주시에 유명한 근고기 식당
이 많지만 형돈은 그 중에서도 손꼽히는 집이다. 형돈은 이도2동 이도초등학교 근처에 있다. 근고기는 우선 양이
육지와 비교 불가다. 1인분이 300g이니, 근고기가 나오는 순간 입이 떡 벌어진다. 연탄불에 빠르게 익혀 육질이 부
드럽고 씹는 맛이 고소하고 찰지다. 게다가 육즙이 그대로 살아 있다. 맛이 이 정도면 반칙이다. 듬삭한 괘기 먹엄
지기 먹어지는 제라진 집이다. 두꺼운 고기를 맛있게 먹을 수 있는 대단한 집이다 이 집의 또 하나 하이라이트는 근고기로 만
든 김치찌개이다. 맛도 양도 끝내준다.

🍽 호근동

📍 제주시 광양10길 17(이도2동 1766-4)
📞 064-752-3280 🕐 매일 17:00~02:00
₩ 9천원~2만5천원 ⓘ 주차 근처 무료주차장 또는 대중교통

정말 맛있는 돔베고기와 순대

돔베도마 위에 가지런히 올려놓은 돼지고기 수육을 보면 가슴 밑바닥부터 식욕이 올라온다. 왕소금 조금 찍어 입으로 가져가면 한라산 맑은 물로 빚은 소주를 거부할 수 없다. 호근동은 제주시 대학로에 있는 돔베고기와 순대 전문점이다. 청년들이 삼삼오오 모이던 식당이었으나 지금은 현지인들이 알아주는 맛집으로 성장했다. 돔베고기, 찹쌀 순대, 머릿고기가 주요 메뉴이다. 참으로 제주다운 차림표이다. '참도름'이라는 메뉴도 보인다. 막창 삶은 걸 부르는 제주어이다. 씹는 맛이 찰지다. 어느 메뉴를 선택하든 만족할 것이다.

🍽 순창갈비

📍 제주시 신광로4길 11 📞 064-742-6440 🕐 11:30~21:00(브레이크타임 15:00~17:00) Ⓜ 추천메뉴 안창살, 곱창구이, 곱창전골 ₩ 3만원~6만원(1인 기준) ⓘ 주차 신제주 공영주차장 주차 후 도보 약 7분 이동(500m)

안창살과 곱창전골 맛집

제주도에서 손꼽히는 소고기 맛집이다. 맛집 유튜브 '최자로드'에 곱창전골 맛집으로 소개되면서 더욱 유명해졌다. 안창살과 양곰탕도 매우 맛있다. 단골들은 안창살부터 주문한다. 소 한 마리에서 1.2~1.8kg 밖에 나오지 않는 귀한 부위이기 때문이다. 맛이 담백하면서도 부드럽다. 달큼한 육즙이 나오는데 그 맛을 오래 잊지 못한다. 그다음 전골을 주문하는데, 소고기와 곱창을 반반 섞어서 주문한다. 전골이 조금 남았을 때, 밥을 시켜 볶아먹는다. 마지막으로, 반탕양곰탕 절반을 주문한다. 단골 따라 주문하면 멋진 미식 여행이 될 것이다.

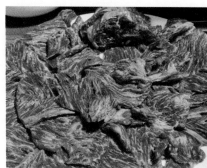 

🍴 더 스푼

📍 제주시 구남동1길 45(아라2동 3014-5)
📞 064-725-1324
🕐 12:00~22:30(브레이크타임 14:30~18:00, 월·화 휴무,
예약제 운영) ₩ 1인 4~10만원
ⓘ **주차** 자체 주차장 및 바로 옆 공영주차장

이탈리안 코스 요리

더스푼이 자리 잡은 아라 택지 지구는 제주시의 삼청
동 혹은 가로수길로 불린다. 더스푼은 단품 요리와 코
스 요리 둘 다 즐길 수 있다. 동문시장에서 직접 고른
신선한 재료로 음식을 만든다. 제주산 성게, 제주 딱새
우, 신선한 말고기, 제주 메밀, 구좌 당근, 아스파라거
스 등을 활용하여 음식에서 제주의 맛을 풍부하고 깊
게 느낄 수 있다. 코스 요리는 런치는 5코스, 디너는 7
코스로 운영하고 있다. 주인인 박기쁨 셰프가 직접 음
식을 설명해 주기도 한다. 100% 예약제이다.

🍴 송쿠쉐

📍 제주시 신대로13길 43-8 📞 064-744-0230 🕐 매일 11:30~22:00(브레이크타임 15:00~17:30), 월요일 휴무
₩ 22,000~120,000원 ⓘ **주차** 가능

한적한 동네의 가심비 레스토랑

오라동에서 연동의 제주도청 근처로 이전하였다. 쿠쉐는 독일어로 주방과 요리, 요리사를 뜻한다. 송쿠쉐의 셰프
는 주독일 한국대사관 셰프 출신이다. 제주 느낌이 물씬 나는 돌계단을 오르면 이윽고 레스토랑이다. 고급스러
운 인테리어와 벽에 건 커다란 그림, 도예 작품이 눈에 들어온다. 점심 대표 메뉴는 수비드 텐더, 파스타 런치 세
트로 가격은 2인 기준 7만 원이다. 식전 빵과 수프, 샐러드에 디저트까지 나오니, 이 정도면 가심비 최고이다. 물
론 디너 코스와 그 외 다양한 단품 메뉴들도 맛있고, 분위기 있게 와인 한 잔과 함께 즐겨도 좋을 만한 장소이다.

🍴 봉플라봉뱅

📍 제주 제주시 문송1길 6-1 📞 064-901-0411
🕐 월 17:30~23:00, 화~일 12:00~23:00(브레이크타임
15:00~17:30) ₩ 3만원~5만원 ⓘ 주차 가능

요즘 뜨는 퓨전 레스토랑

제주도청 뒤편에 있는 퓨전 레스토랑이다. 봉플라봉
뱅은 불어로 '좋은 음식, 좋은 와인'이라는 뜻인데, 가
게 이름처럼 음식이 맛있고 서비스도 좋다. 가성비·
가심비 와인을 고루 갖추고 있다. 대표 메뉴는 채끝
등심, 오리스테이크, 봉골레파스타, 뇨키, 리옹식 샐러
드 등이며, 애피타이저 빵도 맛있다. 음식 나오는 속도
가 적당하고, 친절하게 와인을 추천해준다는 디테일
한 평가도 종종 볼 수 있다. 분위기 좋은 레스토랑에
서 기분을 내고 싶을 때 가기에 좋다. 주차는 2대까지
가능하며, 근처 공영주차장에 무료로 주차할 수 있다.

🍴 엘코테

📍 제주시 신설로5길 5-10(이도이동 1946-7) 📞 010-4629-1033 🕐 매일 17:00~22:00(라스트오더 21:00)
₩ 파스타 17,000~28,000원, 드라이에이징 티본·엘본 스테이크 150,000~300,000원(예약은 캐치테이블로, 당일 예약
은 전화로) ⓘ 주차 가능

드라이에이징 스테이크 즐기기

제주시 이도이동 조용한 주택가에 있는 레스토랑이다. 셀럽들이 많이 찾는다. 인테리어가 산뜻하면서도 은은한
편이다. 분위기가 무겁지 않아 좋다. 대표 메뉴는 스테이크이다. 그중에서도 드라이에이징 스테이크이다. 티본
스테이크, 안심스테이크, 채끝등심스테이크를 즐길 수 있다. 어떤 걸 시켜도 맛이 만족스럽다. 고기가 부드럽고,
육즙이 살아있는 데다가 씹을수록 풍미가 느껴져 좋다. 파스타와 샐러드도 스테이크 못지않게 맛이 좋다. 7세
이상만 입장할 수 있는 노키즈 존이다. 레스토랑에서 도보 1분 거리에 공영주차장이 있다.

🍽 쿠쿠아림

📍 제주시 아란4길 93 📞 064-751-6645
🕐 매일 11:00~21:00(브레이크타임 15:30~17:30) ₩ 1만5천원~2만원 ⓘ 주차 가능

세상에서 가장 부드러운 돈가스

르코르동블루 출신 여성 셰프가 운영하는 레스토랑이다. 부드럽고 촉촉한 돈가스로 유명하다. 돈가스와 크림 돈가스, 파스타가 주요 메뉴이다. 인기 메뉴는 단연 돈가스이다. 처음 먹어보는 사람들은 한결같이 이렇게 부드러운 돈가스는 처음이라며 놀라워한다. 실제로 고기가 엄청 부드럽고 촉촉하다. 튀김옷이 얇아서 식감 또한 좋다. 파스타 중에서는 트러플파스타 인기가 가장 좋다. 진한 듯 은은한 트러플 향이 입안에 가득 퍼진다. 3~7일 전에 예약하면 코스 요리도 맛볼 수 있다.

🍽 잇마이피자 시청점

📍 제주시 중앙로 253(이도이동 1030-9) 📞 064-757-1324
🕐 매일 12:00~22:30(주문 마감 22:00) ₩ 2만원~3만원 ⓘ 주차 시청 및 주변 공영주차장

맛도 분위기도 힙하다

제주시청 근처에 있다. 다양한 피자와 맥주를 즐길 수 있는 힙한 피자 가게이다. 쫄깃하고 고소한 도우가 제일 큰 자랑거리다. 이탈리안 레스토랑인 더스푼을 운영하는 박기쁨 총괄 셰프와 피자전문점의 경력이 많은 한혜진 셰프가 개발했다. 대표 메뉴는 향긋한 바질페스토가 인상적인 바질토마토피자와 양파와 수제 소스의 조화가 인상적인 치즈버거피자이다. 사이드 메뉴 중에서는 바삭한 어니언링과 치즈스틱의 인기가 좋다. 다양한 맥주를 즐길 수 있는 것도 잇마이피자의 장점이다. 제대지점은 포장과 배달 전문이다.

🍽 김주학 짬뽕

📍 제주시 동문로14길 10 📞 064-751-7711
🕐 10:00~19:30(브레이크타임 15:30~17:00, 수요일 휴무) ⓘ 주차 가능

맛과 건강 둘 다 잡은 엄나무 고기짬뽕

제주시에서 이름난 고기짬뽕 가게이다. 1972년부터 중화요리를 해온 주인의 50년 내공이 짬뽕에 그대로 담겨 있다. 엄나무를 넣고 육수를 내 맛과 건강을 동시에 잡았다. 동의보감에 따르면 엄나무는 염증 제거와 진통 효과가 뛰어난 약재이다. 육수는 칼칼하고 깔끔하다. 특히 뒷맛이 좋아 해장하기 딱 좋다. 고기짬뽕이지만 홍합과 생새우 같은 해산물도 들어가고, 죽순, 목이버섯, 숙주, 호박, 청경채 등 채소도 듬뿍 들어간다. 일반 짬뽕, 엄나무 짜장면, 탕수육 맛도 고기짬뽕에 뒤지지 않는다.

🍽 도토리키친

📍 제주시 붉성로 59 📞 064-782-1021
🕐 11:00~17:00(라스트오더 16:30, 재료 소진 시 조기 마감) ⓘ 주차 가능

청귤 소바와 수제 쯔유 전문점

〈배틀트립〉에 나온 청귤 소바와 수제 쯔유, 카베츠 롤 전문점이다. 조천읍의 이름난 맛집이었으나 2020년 6월 제주시 삼도이동으로 이전하여 재개업했다. 인테리어가 깔끔하고 세련되어 맛집이 아니라 카페 분위기가 난다. 메뉴는 주인 부부가 자체 개발하였다. 청귤 소바는 상큼한 맛이 독특하다. 톳유부초밥과 세트로 나온다. 토마토 카베츠 롤도 독특한 메뉴이다. 토마토수프에 양배추 롤이 들어있다. 같이 나오는 빵은 토마토 카베츠 롤에 찍어 먹으면 더 맛있다.

🍴 신짜우 베트남쌀국수

📍 제주시 원당로3길 27 📞 064-758-0078 🕐 10:00~21:00
Ⓜ **추천메뉴** 소고기쌀국수, 반쎄오, 짜조, 해물볶음밥 ₩ 10,000원(1인)
ⓘ **주차** 식당 주변 골목 및 인근 공영주차장

베르남 현지 느낌 가득한 쌀국수 맛집

신짜우는 정통 베트남 음식을 맛볼 수 있는 곳이다. 각종 소품과 인테리어 덕분에 베트남 분위기가 물씬 느껴져 현지에서 식사하는 기분이 든다. 음식 하나하나에 베트남 맛이 그대로 담겨있다. 쌀국수는 듬뿍 들어간 고기 덕분에 고소하고 담백하다. 푸짐한 비빔국수 분짜는 새콤달콤한 피시 소스에 신선한 채소가 곁들여져 조합이 좋다. 베트남 샌드위치 반미는 고소하고 바삭한 바게트에 갖가지 채소와 숯불 돼지고기가 들어가 입맛을 살려준다. 이 밖에 짜조는 다진 고기와 채소 등을 라이스페이퍼에 말아 튀겨내 감칠맛이 난다. 반쎄오는 돼지고기와 숙주, 양파가 곁들여진 베트남식 전 요리로 베트남 현지의 투박한 맛이 느껴지지만 맛있다. 모든 메뉴가 전체적으로 한국인의 입맛에 잘 맞는다. 양도 푸짐한 편이어서 식사 시간이면 사람들로 북적인다. 더불어 베트남식 냉커피, 사이공 맥주 등 현지에서 마실 수 있는 각종 음료도 판매한다. 맛으로 정면 승부를 펼치는 곳을 찾고 있다면 주저 없이 신짜우를 추천한다.

🍽 미국식 제주점

📍 제주시 다랑곳6길 36 📞 0507-1334-5378
🕐 매일 11:30~21:00(브레이크타임 15:00~17:00, 라스터오더 14:30/
20:30) Ⓜ **추천메뉴** 버스트 버거, 타츠 ₩ 20,000원(1인)
ⓘ **주차** 인근 공영주차장 및 골목 주차(주택가 주차 시 통행 방해 등 주
의 필요) **인스타그램** @micooksik_jeju

토시살 스테이크 수제버거 맛집

수제버거 맛집이다. 토시살 스테이크 버거를 제대로 맛볼 수 있
다. 입맛 까다로운 고수들의 맛집으로 정평 난 곳이며, 메뉴 '버
스트 버거Bust Burger' 하나로 승부를 펼친다. 천연 발효종으로 만
든 '번'을 한 번 구워 바삭한 식감을 살린 점이 특징이다. 버스트
번 안에는 과할 정도로 양이 넉넉한 토시살 스테이크와 치즈, 양
파가 들어있으며, 각 재료가 지닌 본연의 풍미가 제대로 느껴진
다. 큼직하게 썬 토시살은 72시간을 숙성하여 부드러운 식감이
인상적이다. 트러플마요에 찍어 먹으면 또 다른 맛을 느낄 수
있다. 사이드 메뉴로는 동그란 감자튀김 테이터 탓츠가 있다.

🍽 라스또르따스

📍 제주시 광양11길 8-1 📞 064-799-5100 🕐 11:00~15:00(매주 월·화 휴무, 라스트오더 14:30)
Ⓜ **추천메뉴** 까르니따스, 뜨리빠, 빠스까도, 칩 앤 살사, 과카몰레 ₩ 15,000원(1인)
ⓘ **주차** 제주시청 공영주차장 **인스타그램** @lastortas_(재료 소진 시 조기마감, 방문 전 인스타그램 확인 필수)

인생 타코 맛집

멕시코에서 살다 온 셰프가 현지 타코 맛을 완벽하게 재현한 맛집이다. 애월에서 운영하다 제주 시내로 이전했는
데 인기가 더 많아져 웨이팅이 긴 편이다. 누가 봐도 멕시코 분위기 물씬 풍기는 실내는 흥겨운 남미 음악과 힙한
분위기가 더해져 이색적인 바이브를 뿜어낸다. 모든 음식은 주문과 동시에 요리한다. 대표 메뉴는 돼지고기와 양
파, 고수를 넣은 베이직 타코 '까르니따스'이다. 소스와 라임을 살짝 뿌려 즐기면 된다. 곱창으로 만드는 '뜨리빠'와
제주산 생선 달고기 튀김을 넣은 '빼스까도'도 인기가 많다. 멕시코 쌀 음료 오르차, 데킬라, 맥주 등도 판매한다.

우진해장국

⊙ 제주시 서사로 11(삼도2동 831) 📞 064-757-3393
🕐 매일 06:00~22:00 ⓘ 주차 가게 앞 공영주차장

가장 핫한 해장국집

제주도 고사리는 부드러운 식감과 향, 그리고 좋은 맛으로 전국에서 최고로 친다. 이 고사리로 만든 육개장은 제주를 대표하는 향토음식 가운데 하나이다. 돼지고기 육수에 뼈와 남은 고기들, 그리고 고사리나물을 다져 넣고, 여기에 메밀가루를 풀어 오랜 시간 푹 끓여낸 것이 고사리 육개장이다. 메밀가루를 풀어 넣어서 걸쭉하고 진한 갈색을 띠는 육개장은 다른 지역의 육개장과는 전혀 다른 음식이다. 우진해장국의 해장국이 바로 고사리 육개장이다. 걸쭉하고 깊은 맛이 정말 일품이다. 워낙 유명해 아침과 점심엔 줄을 서야 먹을 수 있다.

은희네해장국 본점

⊙ 제주시 고마로13길 8(일도2동 357-4)
📞 064-726-5622
🕐 06:00~15:00(토, 일은 14:00까지. 목요일 휴무)
₩ 1만원 ⓘ 주차 가능

줄 서서 기다리는 건 기본

많은 사람이 제주 최고 해장국으로 꼽는 집이다. 푹푹 고아낸 육수에 선지와 소고기, 파나물, 당면, 고추, 콩나물, 다대기를 넣어 내온다. 다진 마늘은 기호에 따라 넣으면 된다. 이 집의 해장국은 특정 재료에 의해 맛이 결정되지 않는다. 모든 재료가 복합적으로 어우러져 융단 폭격을 하는 맛이다. 맛의 폭격을 맞으면 땀이 난다. 맛에, 그 열기에, 그 북적거림에 땀이 난다. 매운 고추까지 먹으면 진땀이 난다. 제주 곳곳에 분점이 있다.

🍽️ 광양해장국집

📍 제주시 광양13길 25(이도2동 1177-2) 📞 064-751-1777

🕐 06:00~15:00(월요일 휴무) 🅼 추천메뉴 해장국, 내장탕 ₩ 1만원 ⓘ 주차 가능

둘째가라면 서러운 집

제주시청 뒤편에 있다. 해장국집치고는 깔끔하고
단정하다. 우진해장국, 은희네해장국과 더불어 제
주시에서 가장 유명한 해장국집이다. 소고기와 선
지, 콩나물이 들어가는 것은 다른 집과 같지만 맛
은 단연 '넘사벽'이다. 내장탕도 아주 맛있다. 고추
기름 주문하여 넣어 먹으면 해장국이든 내장탕이
든 더 화끈한 맛을 즐길 수 있다. 그리고 한 가지 기
억해 둘 것은 제주식 해장국은 맑은 해장국이 아니
라는 점이다. 맑은 해장국을 원하시면 일식집에 가
서 지리국을 드시라.

🍽️ 미풍해장국 본점

📍 제주시 중앙로14길 13(삼도2동 143-2) 📞 064-758-7522

🕐 05:30~15:00 ⓘ 주차 중앙성당과 중앙신협 주차장 이용

제주식 해장국 원조

제주시 구도심 한복판, 40년 넘게 같은 자리를 지키고 있는 해장국 맛집이다. 40년 전통이 말해주듯 제주도에
선 워낙 유명하다. 인터넷에서 미풍해장국을 검색하면 제주도에만 10곳이 있는데 모두 원조미풍해장국의 분점
이다. 40년 넘게 이어온 메뉴는 단 하나뿐이다. 국물이 진하고 시원하고 매콤한 소고기해장국. 딸려 나오는 반
찬도 단출해서 국물과 궁합이 딱 맞는 깍두기 국물, 묵은김치, 청양고추가 전부다. 참! 해장국과 딱 어울리는 막
걸리도 있다. 해장에 막걸리인지, 막걸리에 해장국인지 직접 경험하고 판단하시라.

수제 맥주, 막걸리, 이자카야......낭만을 마시자

횟집이나 고깃집, 조림집이나 국숫집 말고 여행에 취하고 푸른 밤에 취하기 딱 좋은 제주시 술집을 소개한다. 당신이 맥주파라면 수제 맥주 펍이 좋겠다. 소주와 사케를 즐기고 싶다면 이자카야로 가면 된다. 막걸리는 제주 스토리가 깃든 김만덕 객주가 제격이다.

▽ Drink

맥파이 탑동점

◎ 제주시 탑동로2길 7(삼도2동 1260-5) & 064-722-2849
⏱ 17:00~01:00(매달 첫 수요일 휴무)
ⓘ **주차** 자체 주차장과 근처 공영주차장(탑동로2길 4)

탑동 바닷가의 수제 맥주 펍

오션스위츠 제주호텔 뒤편에 있다. 근처에 아라리오미술관 탑동시네마가 있어서 예술 체험과 바닷가 산책, 수제 맥주 즐기기를 동시에 할 수 있다. 처음부터 이 셋을 묶어 패키지로 계획을 세우면 더 멋지고 감성적인 제주 여행을 할 수 있을 것이다. 블루버드는 맥파이 브루어리에서 직영하는 수제 맥주 펍이다. 1년 내내 마실 수 있는 페일에일, IPA, 퀼쉬, 포터와 계절 맥주 고스트, 쥐불놀이, 가을 가득, 불야성이 있다.

▽ Drink

소담한봉봉

◎ 제주시 신설로9길 20 & 010-4696-7003 ⏱ 17:00~24:00(일 휴무) ₩ 60,000원(2인 기준)
ⓘ **주요 메뉴** 한우산적꼬치, 모듬꼬치 **주차** 식당 인근 주택가 골목

술 좀 먹는 사람이 찾는 꼬치구이 맛집

이도2동에 있는 야키니쿠 전문점이다. 대표 메뉴는 꼬치구이와 한우구이이다. 일본의 선술집 분위기가 나 마치 도쿄나 오사카에 여행 온 기분이 든다. 한우산적꼬치와 꼬치구이세트는 가성비가 좋다. 테이블마다 화로를 준비해주기에 직접 굽는 재미가 있다. 하지만 화로의 불이 센 편이므로, 너무 타지 않게 세심하게 구어야 한다. 좌석이 많지 않다. 예약을 추천한다.

🍸 Drink

제주 드림타워 포차

📍 제주시 노연로 12 제주 드림타워 38층 📞 1533-1234
🕐 07:00~00:30(브레이크타임 13:00~17:00) ₩ 20,000원~50,000원
ⓘ **주차** 드림타워 주차장 **홈페이지** https://www.jejudreamtower.com/

제주에서 가장 전망 좋은 술집

드림타워는 높은 건물이 많지 않은 제주에서 가장 높은 38층 건물로, 제주의 랜드마크로 자리 잡았다. 이 건물 38층 꼭대기에 드림타워 포차가 있다. 오전에는 조식당으로 운영하고, 저녁에는 포장마차로 운영하여 다양한 술과 맛있는 안주를 즐길 수 있다. 잔잔한 팝 음악이 흐르는 모던한 포장마차이다. 게다가 탁 트인 멋진 뷰를 감상할 수 있다. 낮에는 제주 시내와 어우러진 바다를 멀리까지 바라볼 수 있고, 밤이 되면 술 한잔과 함께 반짝거리는 제주의 야경을 즐길 수 있다. 오전엔 해물라면, 전복죽, 성게미역국 등을 판매한다. 저녁에는 와인, 소주, 맥주, 막걸리 등 다양한 술과 치킨, 탕, 꼬치구이 같은 안주를 판매한다. 취향껏 골라 마음껏 즐기기 좋다. 술 한 잔에 멋진 야경은 최고의 안주이기도 하다. 가격은 일반 술집보다 약간 비싼 편이지만, 부담스러울 정도는 아니다. 조금 고급스러운 이 포장마차는 분위기도 좋고 추억도 남겨주는, 이름 그대로 꿈의 포차이다.

▽ Drink
무지개

◎ 제주시 인다5길 20(아라일동 6106-10) ☎ 064-753-5336
🕐 18:00~01:00(화요일 휴무)
ⓘ 추천 메뉴 야키토리, 삼겹말이, 닭전골, 스지어묵탕
주차 바로 옆 공영주차장 및 길가 주차

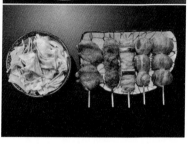

가성비 좋은 모던 이자카야

아라동 주택가에 있는 분위기 좋은 이자카야이다. 일본 느
낌을 살리면서도 실내를 모던한 분위기로 연출했다. 야키
토리닭 꼬치구이가 주요 메뉴인데, 제주의 신선한 생닭을 직
접 손질하여 주문과 동시에 구워 내온다. 야키소바, 바지
락술찜도 인기 메뉴이다. 특히 츠꾸네고기 경단 꼬치는 육즙
이 가득하면서도 잡내가 나지 않고 부드럽다. 노포 느낌
보다는 소박하지만 깔끔한 이자카야를 원하는 여행자에
게 추천한다.

▽ Drink
김만덕 객주

◎ 제주시 임항로 68(건입동 1297)
☎ 064-727-8800
🕐 11:00~22:00(월요일 휴무)
ⓘ 추천 메뉴 김만덕정식, 닭볶음탕, 김치고기전, 해물파전
주차 가능

주막에서 즐기는 제주 막걸리

옛 제주 주막을 김만덕 객주에서 체험할 수 있다. 김만덕
1739~1812은 제주 출신 거상이었다. 1790년부터 1794년까
지 제주에 큰 흉년이 들자 도민들에게 곡식을 나누어주고,
관청에 구호 곡물을 보냈다. 김만덕은 그 공을 인정받아
정조의 배려로 여자로서는 특별하게 금강산 여행을 하였
다. 건입동에 제주 전통 초가를 지어 당시 객주를 재현했
다. 막걸리를 마시며 제주의 주막 분위기에 취해보자. 근
처에 김만덕 기념관도 있다.

제주시 중심권 카페와 숍

앙뚜아네트

◎ 제주시 서해안로 671 ☎ 064-713-2220 ⏰ 매일 09:00~21:00(라스트오더 20:20)
🗺 추천메뉴 크림라테, 한라봉에이드, 와플, 마카롱 ₩ 1인 10,000원 ⓘ 주차 전용 주차장 인스타그램 @jeju_antoinette

오션 뷰 베이커리 카페

앙뚜아네트는 요즘 한창 인기를 끌고 있는 베이커리 카페이다. 드라이브 코스로 유명한 용담해안도로 용두암에서 가깝다. 베이커리 카페이지만 다양한 브런치 메뉴와 맥주까지 즐길 수 있다. 앙뚜아네트의 가장 큰 매력은 바다다. 가게를 들어서면 통유리창 너머로 푸른 바다가 시원하게 펼쳐진다. 커피 향과 구수한 빵과 케이크 냄새, 여기에 은은한 바다 향까지 더해져 여행자의 후각을 즐겁게 자극한다. 한쪽 벽에는 마리 앙뚜아네트의 초상화가 가게를 지키는 수호신처럼 걸려있다. 앙뚜아네트의 시그니처 메뉴는 용두암 클라우드와 현무암 클라우드이다. 무슨 맥주 이름 같지만, 사실은 크림라테이다. 고소하고 감칠맛이 남다르다. 베이커리도 제법 다양하다. 지하로 내려가면 야외로 연결된다. 맑은 날에는 빈백에 편안하게 누워 바다를 즐겨보자.

☕ 카페 나모나모 베이커리

◎ 제주시 도두봉6길 4 ☎ 064-713-7782 ⏱ 매일 10:00~20:00
(주문 마감 19:30) 🅼 **추천메뉴** 현무암라테, 콩가루집안, 제주당근타르
트, 한라봉파운드 ₩ 1인 10,000원~20,000원 ⓘ **주차** 전용 주차장 **기
타** 반려동물 동반 불가, 1인 1메뉴 원칙 **인스타그램** @cafe_namonamo

무지개해안도로 앞 오션 뷰 카페

도두동무지개해안도로 옆에 있는 베이커리 카페다. 무지개해
안도로 카페 중에서 규모와 전망이 단연 압도적이다. 나모나모
는 4층 건물 전체가 카페다. 루프톱까지 포함하면 5층이 모두
카페이다. 2층부터 바다를 전망할 수 있다. 3층의 북쪽 테라스
에선 바다를, 반대편 테라스에서는 한라산을 볼 수 있다. 대표
메뉴는 현무암라테와 콩간루집안이라는 독특한 이름을 가진
아인슈페너이다. 음료는 한라봉에이드 인기가 좋다. 빵 종류도
무척 다양하다. 다른 카페는 보통 오전 10시 또는 11에 오픈하
지만, 이곳은 아침 8시부터 문을 연다.

☕ 백다방베이커리 제주사수점

◎ 제주시 서해안로 291-5 ☎ 064-711-0228 ⏱ 매일 10:00~21:50(라스트오더 21:00, 아이스크림 마지막 주문 20:00)
ⓘ **주차** 전용 주차장 **빵 나오는 시간** 10:00, 10:30, 11:30, 12:00

가심비 최고인 베이커리 카페

제주에는 예쁘고 뷰가 좋으면서 맛도 좋은 베이커리가 정말 많지만, 가격이 만만치 않다. 백다방 베이커리 제주
사수점은 이런 고민을 해결해 주는 가심비 최고의 카페이다. 공항에서 용담해안도로 타고 10분 정도 가면 도착
한다. 규모도 크고 바다 바로 앞에 있어 뷰가 환상적이다. 거기에 가격까지 저렴하니 손님이 끊임없이 줄지어 찾
아온다. 가능하다면 오전에 방문하는 것을 추천한다. 갓 구운 빵도 맛볼 수 있고, 비교적 한산해서 창가 자리에
서 멋진 전망을 감상하기 좋다. 선물용으로 탐라으뜸샌드를 하나쯤 구매하는 것도 좋겠다.

☕ 아베베 베이커리

📍 제주시 동문로6길 4 동문시장 12번 게이트 옆
📞 010-8857-0750 🕐 매일 10:00~21:00
₩ 1개당 2,900원부터, 8개~12개 선물 박스 포장 가능
ⓘ **주차** 동문시장 공영주차장 이용

제주 1등 도넛

단연 제주에서 가장 핫한 베이커리이다. 매일 전국 각지의 빵
지 순례자들이 오픈 런을 하고, 종일 대기 줄이 이어지는 곳이
다. 오픈한 지 얼마 안 됐지만, 지금은 건물을 지어 운영하고 있
다. 당일 생산, 당일 폐기가 원칙이다. 마감 시간이 가까워지면
남는 빵이 하나도 없다. 우도 땅콩, 대정 마농마늘 등의 제주 식
재료로 도넛을 만들어 지역 이름을 활용해 이름 붙였다. 수십
가지 도넛 안에는 필링이 가득하다. 오직 테이크아웃밖에 되지
않는데, 줄 서서 메뉴를 고르는 것도 고민이니, 미리 무엇을 살
지 정하고 갈 것을 추천한다.

☕ 카페 진정성 종점

📍 제주시 서해안로 124 📞 064-747-7674 🕐 매일 09:00~21:00
Ⓜ **추천메뉴** 블렌딩 커피, 오리지널 골드 밀크티 ₩ 1인 10,000원
ⓘ **주차** 전용 주차장. 주차 후 바닷가로 2분 이동(제주시 도리로 111) **기타** 예스키즈존 **인스타그램** @cafe_jinjungsung

인기 절정의 밀크티

이호테우해수욕장 근처에 있는 오션 뷰 카페이다. 깔끔한 밀크티로 입소문이 나면서, 김포의 조그마한 카페에서
시작해 서울을 거쳐 제주에까지 상륙했다. 카페 이름만큼이나 건물이 문학적이다. 건물이 수평선처럼 좌우로 뻗
어 있고, 노출 콘크리트 외관은 이질감이 없이 주위 풍경에 자연스럽게 녹아있다. 건물에서 가장 먼저 눈에 띄는
건 입구 좌측에 있는 팽나무다. 천장을 원형으로 뚫어 팽나무가 하늘로 뻗게 했다. 천장으로 들어온 햇빛이 팽나
무를 비추고 있는데, 그 모습이 한 폭의 그림 같다. 카페에서 바라보는 바다 모습 또한 아름답다.

외도339

◎ 제주시 일주서로 7345 📞 064-748-0339 ⏰ 매일 09:00~22:00
Ⓜ 추천메뉴 커피, 말차라테, 청귤차, 빵 ₩ 10,000원~20,000원
ⓘ 주차 전용 주차장 인스타그램 @oedo339_jeju

가슴이 뻥 뚫리는 뷰 카페

카페 이름에서 알 수 있듯이 제주 외도2동에 있는
베이커리 카페이다. 모든 빵을 천연효모 발효로 반죽
하여 만든다. 외도339의 가장 큰 매력은 에메랄드빛
바다다. 자리에 앉으면 푸른 바다가 시원하게 펼쳐진
다. 반려동물을 동반할 수 있는 카페로 알려지면서 여
행자들도 많이 찾는다. 외도 339의 또 다른 매력은 아
이와 가기 좋다는 점이다. 마당 한편에 모래놀이터가
있는데, 아이들이 시간 가는 줄 모르고 논다. 반려동물
은 실내에서는 전용 케이지에 넣어야 입장할 수 있다.
밖에서는 리드 줄을 달면 자유롭게 이용할 수 있다. 마
당에서 가끔 프리마켓과 버스킹이 열린다.

🍵 레아스 마카롱

◎ 제주시 수덕로 78 노형이편한세상 입구 상가 1층 📞 064-748-3335
⏰ 11:00~19:00(토 17:00까지, 일 휴무) ⓘ 주차 가능

제주 감성을 담은 핸드메이드 마카롱

신제주 노형동의 아파트 단지 상가에 숨어있지만, 마카롱 마니아들은 순례길처럼 꼭 찾아가는 곳이다. 민트, 분
홍, 옐로우 등 형형색색 마카롱이 아주 앙증맞게 누워있다. 제주 유기농 말차, 제주 우유, 우도 땅콩, 제주 쑥, 한
라봉…. 마카롱 종류는 무척 다양한데, 대부분 제주에서 나는 재료로 만들어 더 특별하다. 계절에 따라 조금씩
메뉴가 바뀌지만, 제주 감성이 언제나 중심이다. 공항과 가까워 여행을 마무리할 때 잠깐 들러 선물용으로 사가
면 좋겠다. 레터링 케이크도 맛이 좋은데, 예약하면 원하는 시간에 만들어준다.

🍵 바이러닉 에스프레소바 제주점

📍 제주시 테우해안로 96 📞 0507-1377-5975 🕐 09:00~21:00(라스트오더 20:00)

Ⓜ️ **추천메뉴** 아메리카노, 꺼멍라테, 마카다미아 라테, 허니 오트 라테, 푸딩

₩ 15,000원(1인) ⓘ **주차** 전용 주차장 **인스타그램** @byronic_jeju

감성 뿜뿜 이국적 오션 뷰

바이러닉 에스프레소바는 내도동 해안가에 있는 오션 뷰 카페이다. 서울의 합정동과 여의도에 이어 제주도에 세 번째 매장을 오픈했다. 스페인 유명 건축가의 작품처럼 느껴지는 이국적인 외관부터 시선을 사로잡는다. 내도동 알작지와 이호테우해변의 환상적인 석양을 바라볼 수 있는 압도적인 오션 뷰가 끝내준다. 카페는 4개의 층으로 나뉘어 있다. 1층은 주문과 픽업 전용이고 2, 3층은 바다를 바라보며 커피를 마실 수 있는 공간이다. 어디에 앉아도 오션 뷰를 즐길 수 있으며, 계절마다 바뀌는 아름다운 풍경을 감상하기 좋다. 4층 루프톱은 전망이 탁 트여 있어 시원하다. 날이 좋을 때는 건물 주변 외부 테이블도 명당이다. 시그니처 메뉴는 에스프레소, 마카다미아 라테, 꺼멍라테와 달콤하고 부드러운 바이러닉 푸딩이다. 입안에 들어오는 순간 사르르 녹는 쫀득한 푸딩과 에스프레소 한 모금의 조화가 완벽하다. 3층 한쪽 공간에 마련된 전문 스튜디오에선 상주하는 전문 포토그래퍼가 사진을 찍어 준다.

☕ 순아커피

📍 제주시 관덕로 32-1(삼도2동 72-3)
📞 010-3692-5342 ⏰ 09:00~17:00(일·월요일 휴무)
Ⓜ **추천메뉴** 커피, 차, 보리개역(여름 한정)
ⓘ **주차** 인근 관덕정 공영주차장 이용

백 년 고택 다다미방에서 몽상에 빠지다

문 앞엔 너무 정겨워 피식 웃음이 도는 '순아커피'라는 나무 세움 간판이 놓여 있다. 일식 격자문을 여는 순간, 당신은 순아커피의 매력에 발을 들여놓게 된다. 일제강점기에 지은 일본식 목조 가옥을 2017년, 커피와 차를 내는 공간으로 바꾸었다. 노출 벽체, 들보와 기둥으로 목조 고택의 원형을 잘 살린 단아한 1층도 매력적이지만, 삐걱거리는 계단을 타고 올라가 2층 다다미방에 앉는 순간 당신은 시간 여행의 즐거움에 빠져들게 된다.

커피든 차든, 무엇을 주문하든, 먼저 눈이 매혹되고 그윽한 향과 함께 아늑함이 따라온다. 소품들까지 잘 자리 잡고 있어서 무심코 찍은 사진 한 컷이 동양화로 변신하는 특별한 체험을 할 수 있다. 여름엔 특별 메뉴인 보리개역을 꼭 드셔보시라. 제주 보리로 만든 미숫가루 냉차로, 여간 만나기 쉽지 않은 음료이다.

©강경필

☕ 우무 제주시점

◎ 제주시 관덕로8길 40-1

📞 010-4471-0064 🕐 매일 09:00~20:00

ⓘ **주차** 중앙로상점가 공영주차장, 또는 주변 공영주차장 및 골목

착한 푸딩 맛보기

우무는 한림읍의 작은 가게에서 시작하였다. 제주에서 나는 우뭇가사리로 만든 건강하면서도 부드러운 푸딩과 귀여운 캐릭터로 유명해졌고, 이곳 제주시에 2호점을 열었다. 특히 제주시점은 건물이 빨간 리본을 묶어 놓은 예쁘고 하얀 선물 박스 모양을 하고 있어서 눈길을 끈다. 대표 메뉴는 본점과 마찬가지로 커스터드푸딩, 말차푸딩, 초코푸딩 등이며, 우도땅콩푸딩, 구좌당근푸딩 같은 시즌 메뉴와 우무땅콩쿠키도 있다. 가격이 조금 비싸게 느껴질 수 있지만, 인위적인 재료나 방부제가 들어있지 않고, 해녀가 손수 채취한 우뭇가사리를 손질하여 만든다는 것을 생각하면 이해할 만하다. 그뿐만 아니라 푸딩 용기 역시 자연 분해되는 친환경 플라스틱이다. 푸딩을 먹고 있으면 착한 일을 하는 것 같아 뿌듯하다. 구매 후 바로 먹을 것을 권한다. 우뭇가사리로 만든 화장품과 비누, 다양한 굿즈도 판매한다. 이곳은 인증샷 명소로도 유명하다. 멋진 사진을 찍는 것도 잊지 말자.

리듬

◎ 제주시 무근성7길 11 (삼도이동 1073)
📞 070-7785-9160
🕐 08:00~22:00 (목요일 휴무)
ⓘ **주차** 주변 공영주차장

원도심의 빈티지 카페

제주도 원도심은 오래되고 낡은 느낌이 들지만, 그래서 세월의 향기가 짙게 배어 있다. 미래책방, 일본식 건물을 리모델링한 순아커피. 골목길을 걸을 때마다 오래된 건물들이 옛이야기를 들려주는 듯하여 마음이 편안해진다. 제주목관아 부근의 카페 리듬도 그런 곳이다. 리듬은 〈효리네민박〉에 나와 유명해진 '쌀다방'이 이름을 바꿔 이전한 곳이다. 오래된 태평목욕탕을 리모델링하여 카페로 만들었다. 옛 건물의 흔적을 살린 공간이 눈길을 끈다. 뉴트로 이미지와 제주도 특유의 감성이 흐르는 빈티지 카페로 현지인뿐만 아니라 여행자들에게도 인기가 많다. 햇살이 스며드는 카페 테이블에 앉으면 가만히 일기를 쓰거나 책을 읽고 싶어진다. 리듬 2층에는 향수 전문점 해브어스멜과 금속 액세서리 전문점 반띵이 있다. 같이 둘러보기 좋다.

돌카롱 제주공항점

⦿ 제주시 서광로2길 27-2(오라일동 2444-23) 📞 064-722-5303
🕐 10:00~18:00(재료소진 시 조기 마감) ₩ 16,500원 ⓘ 주차 길가 및 공영주차장

제주 감성을 담은 마카롱

귤이 '회수'를 건너오면 탱자가 된다지만, 마카롱은 아시아 대륙을 건너와 '돌카롱'이 되었다. 여기에서 '돌'은 제주의 현무암을 뜻한다. 현무암 빛깔 크러스트에 제주의 자연을 연상시키는 필링을 채워 넣었다. 억새카롱, 수국카롱, 유채꽃카롱, 이호테우카롱. 돌카롱의 메뉴는 모두 네 가지이다. 한 상자에 마카롱 5개가 들어가는데 가격은 16,500원으로 비싼 편이다. 음료로는 딸기우유, 망고주스, 아메리카노, 카페라테가 있다. 제주종합경기장 근처에 있다. 공항과 가까워 귀갓길에 선물로 사가기에 편하다. 애월과 사려니숲길에 지점이 있다.

 아라파파

⦿ 제주시 국기로3길 2(연동 1523) 📞 064-725-8204 🕐 매일 08:00~21:00(라스트오더 20:30)
Ⓜ 추천메뉴 마들렌, 마카롱, 샌드위치, 홍차밀크잼 ⓘ 주차 가게 앞 공영주차장 이용(연동 1517)

제주에서 즐기는 마들렌과 마카롱

아라파파는 프랑스말로 '여유로운'이라는 뜻인데 아쉽게도 가게 이름처럼 여유롭게 빵을 먹을 수 없다. 너무 인기가 좋아 오후 3시쯤엔 거의 모든 빵이 동나기 때문이다. 신선한 채소와 과일, 유기농 밀가루를 사용해 더욱 신뢰가 간다. 인기 품목은 겉은 쫄깃하지만, 속이 부드러운 마들렌과 형형색색 달콤한 마카롱, 18시간 동안 저온 숙성시킨 빵에 신선한 야채와 모차렐라 치즈를 더해 만든 샌드위치이다. 잼도 인기가 좋아 육지에서도 주문 전화가 밀려온다. 베이커리 옆에 빵과 커피, 음료를 마실 수 있는 카페가 따로 있다.

☕ 콜로세움

◎ 제주시 민오름길 14(오라이동 3236-1)
📞 064-744-8889
🕐 매일 09:00~21:00(라스트오더 20:20)
ⓘ 주차 가능

오름 아래 베이커리 카페

제주도 빵집 투어 리스트에 꼭 들어가는 베이커리 카페이다. 규모가 크고 빵도 맛있지만, 무엇보다 여행자들이 스케줄을 바꿀 만큼 분위기가 정말 좋다. 우선, 위치가 '갑'이다. 민오름 서북쪽 기슭에 있어서, 카페가 숲속으로 들어온 것 같다. 분위기는 더 설명할 것도 없다. 빵은 1층에서 굽는다. 통유리로 빵 굽는 모습을 볼 수 있다. 아침마다 빵을 굽는데, 당일 판매를 원칙으로 삼고 있다. 갓 구운 빵으로 브런치를 즐기는 사람도 꽤 많다. 테이블을 널찍널찍하게 배치해 여유를 즐기기 좋다. 당일 판매하고 남은 빵은 푸드뱅크에 기부한다.

☕ Coffee 99.9

◎ 제주시 1100로 3173(노형동 103-5)
📞 064-745-9909 🕐 09:00~21:30(화요일 휴무)
Ⓜ 추천메뉴 우유빙수, 폰당쇼콜라, 넘칠랑말랑, 꿀몽
₩ 5천원~1만8천원
ⓘ 주차 자체 주차장과 바로 옆 공영주차장

메뉴, 공간, 아이디어 모두 OK

한라수목원 입구에 있다. 디자인 감각이 돋보이는 카페이다. 커피와 사진, 디자인을 좋아하는 부부가 운영한다. 부부는 연애 시절 커피숍을 탐방하며 데이트를 즐겼다. 연애 시간이 답사의 시간이었고, 전업 준비 기간이었다. 다른 카페와 차별화했다는 '우유빙수'는 정말 우유가 99.9% 들어갔는지 맛이 깊다. 부모님이 재배한 검은콩이 주재료인 '넘칠랑말랑'이라는 음료는 말 그대로 그릇이 넘치도록 담겨 나온다. 자몽에이드는 꿀을 뿌린 자몽을 통째로 내오는 '꿀몽'으로 변신시켰다. 당신이 Coffee 99.9를 찾는다면 여행 만족도가 99.9%로 높아지리라.

그러므로 Part 2

◎ 제주시 수목원길 16-14
☎ 070-8844-2984
◑ 10:00~21:00(월요일 휴무)
ⓘ 주차 가능

넓은 정원이 있는 카페

잔디밭과 주차장, 유채꽃밭, 갤러리 같은 건물……. 그러므로 Part 2는 인기 좋은 카페의 조건을 두루 갖추고 있다. 그러므로 Part 2는 한라수목원 가는 길에 있다. 수목원길 초입에서 우회전하여 50m쯤 들어가면 오른쪽 넓은 터에 자리 잡은 카페가 나타난다. 진입로엔 잔디와 얇은 돌이 깔려 있고, 양옆 쌓은 낮은 돌담이 카페로 안내한다. 카페는 간결미를 한껏 드러낸 회색 벽돌 건물이다. 모던하면서도 따뜻한 느낌을 준다. 실내는 테이블 사이에 간격을 두어 여유가 넘친다. 이 집의 대표 메뉴는 '메리하하'이다. 일종의 차가운 커피인데, 한 모금 길게 마시면 부드러운 우유 맛과 고소한 커피 맛을 차례로 느낄 수 있다. 하지만 호불호가 갈리는 편이다. 타르트, 케이크, 마들렌 등 디저트도 다양하다. 블루베리 타르트 인기가 좋다.

미스틱3도

📍 제주시 1100로 2894-49 📞 064-743-2905, 0507-1312-2905
🕐 매일 08:30~19:00(여름에는 20:00까지 운영) 🗓 **추천메뉴** 차차크림라떼, 당근케이크
₩ 10,000원~20,000원 ⓘ **주차** 가능 **인스타그램** @mystic3_cafe

한라산 아래 정원 카페

미스틱3도는 '도깨비도로'로 알려진 신비의 도로 옆에 있는 대형 카페다. 정원수, 산책로, 돌하르방, 도깨비, 설문대
할망, 여기에 벚꽃나무, 동백나무, 후박나무, 능소화, 핑크뮬리, 팜파스글라스…. 카페도 유명하지만 미스틱3도는
신비로운 정원 때문에 더 유명하다. 5,000평이나 되는 조각 공원 같은 아름다운 정원을 거닐다 보면 저절로 마음
이 편안해진다. 오히려 정원이 크고 매력적이어서 카페가 밀리는 느낌이 들 정도이다. 하지만 카페도 멋지고 좋다.
1층은 분위기가 따뜻하고, 루프톱에 오르면 한라산이 손에 잡힐 듯 가까이 보인다. 정원 곳곳에 설치한 야외 테이
블에서도 커피를 마실 수 있다. 정원 앞 테이블은 커피를 마시며 대화를 나누는 사람들로 북적인다. 카페에서 보는
정원도 아름답지만, 산책로를 따라 꼭 걸어보길 권한다. 눈과 마음이 즐겁다. 정원 한편에는 미니 말 포니도 있다.
정원을 배경으로 멋진 인증 사진을 찍는 것도 잊지 말자. 반려동물도 입장이 가능하다.

☕ 커피템플

📍 제주시 영평길 269 📞 070-8806-8051
🕐 09:00~18:00(첫째 화요일 휴무, 휴무 변경 시 인스타그램 공지)
Ⓜ 추천메뉴 에스프레소, 탠저린라테, 탠저린카푸치노 ₩ 1인 10,000원
ⓘ 주차 전용 주차장 인스타그램 @coffeetemple_jeju

감귤농장으로 들어온 카페 그리고 갤러리

커피가 맛있기로 소문난 귤밭 카페이다. 제주시 남동쪽 영평동의 감귤농장 중선농원 안에 있다. 중선농원은 귤림 추색영주십경의 하나로, 귤빛에 물드는 가을 제주의 아름다움을 이르는 말의 아름다움을 품은 50년 된 감귤농장이다. 감귤 창고 등 농장 건물 4채를 카페, 도서관, 갤러리로 리모델링하였다. 아름다운 귤밭을 산책하면서 커피와 예술을 더불어 누릴 수 있는 멋진 곳이다. 커피템플은 제주 특유의 감귤 창고 느낌을 잘 살렸다. 시그니처 메뉴는 탠저린 카푸치노 이다. 부드럽고 달달한 카푸치노 거품, 감귤의 과즙과 향이 조화롭게 어울려 입안을 감싼다. 슈퍼 클린 에스프레소, 유자 아이스 아메리카노, 탠저린 라테 등도 인기가 많다. 케이크, 브라우니, 잠봉뵈르 같은 디저트도 같이 즐길 수 있다. 날이 좋은 날엔 야외 테이블에 자리를 잡자. 하귤나무, 동백나무 아래서 커피를 마시는 느낌이 퍽 낭만적이다.

☕ 제주 하멜

⊙ 제주시 노형2길 51-3(노형동 3814-1) 📞 064-743-1653 🕐 11:00~18:00(2~3일 전 방문 예약 필수) ⓘ **주차** 가능

최소 이틀 전 예약해야 하는 '인생 치즈케이크'

하멜은 네덜란드 상인으로, 1653년 배를 타고 일본으로 가다가 태풍을 만나 제주도에 불시착했다. 하지만, 요즘 하멜은 그가 아니다. 최소 이틀 전에 직접 가서 예약자 명부에 등록하고, 시간 맞춰 '인생 치즈케이크'를 받아오는 곳이다. 이해가 안 가는 독자도 있겠지만, 성수기엔 3~4일 전에 예약해야 한다. 제주공항에서 가까우니 우선 '하멜'로 가 예약하고 제주 떠나기 전에 치즈케이크를 받으면 된다. 가격은 치즈케이크 8개에 17,000원이다. 크림치즈, 우유, 달걀 모두 제주산만 고집하는 수제 케이크다.

🛍 북스페이스 곰곰

⊙ 제주시 우평로 45-1 바인빌딩 1층 📞 010-5105-7433 🕐 12:00~19:00(일요일 휴무) ⓘ **주차** 서점 앞 주차장

어린이와 어른을 위한 문화 커뮤니티 공간

'북스페이스 곰곰'은 그림책 전문 책방이다. 서가엔 보기만 해도 마음이 평화로워지는 그림책들로 가득 차 있다. 문화·예술 클래스 공간대여도 활발히 이뤄지고 있다. 동네 책방이자 문화사랑방인 셈이다. 생각할 거리를 던져주는 책들만 신중히 선정해 입고시키는데, 책방 이름에 '곰곰'이 들어간 이유도 이와 같다. 가족과 함께 조금 특별한 시간을 보내고 싶다면, 자신에게 알맞은 그림책을 선물하고 싶다면, 북스페이스 곰곰을 찾아가 보자. 잠시나마 복잡하고 힘든 일상을 잊고 더 넓은 세상을 만나는 시간을 가질 수 있을 것이다.

🛍️ 더 아일랜더

📍 제주시 중앙로7길 31(일도1동 1251)

📞 070-8811-9562 🕐 10:30~19:00(설·추석 당일 휴무)

₩ 1천원짜리부터 다양한 상품이 있다

ⓘ **주차** 동문시장 방면 SC제일은행 옆 공영 주차 타워 이용(관덕로15길 3)

색다른 제주 기념품 가게

돌하르방, 조랑말, 감귤을 소재로 한 기념품. 크게 변하지 않는 기념품을 보면 뭔가 새로운 게 없을까, 하는 아쉬움이 남는다. 더 아일랜드 아트숍은 제주시의 명동이라 불리는 칠성로에 있다. 여행사 겸 기념품 가게로, 작가와 디자이너들이 제주를 주제로 제작한 특별한 기념품을 판매한다. 기성품이 아니라 작가의 감성이 녹아든 흔히 볼 수 없는 기념품이다. 에코백, 한라봉 모양의 향초, 해녀 모빌 인형, 돌하르방 비누, 제주엽서, 의류 등이 있다. 제주 여행의 즐거움을 기념품으로 추억하고 싶다면 고민하지 말고 찾으시길.

🛍️ 바이제주

📍 제주시 서해안로 626 📞 064-745-1134 🕐 매일 09:00~21:30 ⓘ **주차** 가게 앞

제주 기념품 백화점

용담해안도로에 있는 기념품 가게이다. 제주도에서 가장 큰 기념품 전문점으로, 제주공항에서 자동차로 5분 거리에 있어서 여행을 마친 사람들이 주로 찾는다. 제주도 작가들이 만든 아트 기념품, 캔들, 손뜨개, 방향제, 엽서, 오메기떡, 감귤주스, 수제비누, 감귤초콜릿 등 없는 게 없을 정도로 상품이 다양하다. 손님이 찍은 사진을 우드에 프린트 해주는데, 특별한 기념품으로 손색이 없다. 가게는 1층과 2층에 있는데, 2층에 오르면 푸른 바다가 와락 다가온다.

PART 4

제주시
서부권

애월읍·한림읍·한경면

제주시 서부권 지도

하갈비국수
피즈 애월
몽상드애월
봄날
보나바시음
랜디스도넛 제주직영점
한담해안
애월더선셋
곽지해수욕장
애월빵공장앤카페
카페태희

뉴홀리데이호
(선상낚시)

1132

한림민속
오일시장

한림칼국수
제주본점

한림항
(비양도 여객선)

명랑스낵

앤트러사이트 제주 한림리
우무

비양도

협재 수우동

면뽑는선생
만두빚는아내

협재해수욕장

한치앞도
모를바다

명월국민학교

금능해수욕장

도나토스

한림공원

명월리

파라토도스

액티브파크 제주

1116

월령
선인장마을

한림읍

울트라마린

정월오름

신창리

제주맥주

금오

더마파크

신창풍차해안

한경면

클랭블루

김대건신부표착기념성당(5km)
고산리유적(6.5km)
수월봉(8km)

책방 소리소문
(800m)

산양큰엉곶
(7.5km)

제주도립
김창열미술관

라온CC

저지문화예술인마을

밀크홀

제주광해 애월
애월해안로

에이바우트커피뷰
하귀포구점

이춘옥원조고등어쌈밥

닻

구엄포구   고토커피바

신의한모

승료호·도건호
(선상낚시)

노라바

이가도담해장국

하귀초등학교

바다속고등어쌈밥

펌프
항

고내포구

명리동식당
애월점

구엄초등학교

제주서부경찰서

제주김만복
애월점

그리고 서점

어클락

윈드스톤

애월읍
사무소

살롱드라방

더럭초등학교

연화지

흥국사

하루하나

항파두리
항몽유적지

마마롱

인디언키친

애월읍

애월
벚꽃거리

제주관광대학교

쉬리니케이크

상가리 야자숲

소길별하

아루요

소길리

유수암리

상가리

렛츠런파크 제주

1126

1135

아르떼뮤지엄

1117

981파크

봉성리

어음리

새별오름

이달오름

새빌

새별오름 주차장

돌목장

우유부단

나인브릿지CC

제주시 서부권
버킷리스트 10

MUST GO

01
에메랄드빛 바다 즐기기
한담해변, 곽지해수욕장, 협재해수욕장. 반짝이는 모래와 에메랄드
빛 바다, 그리고 바다 건너 동화 같은 섬까지, 아무리 좋은 물감을
준들 제주 서부 바다의 아름다움을 어떻게 다 표현할 수 있을까?

02
카트 타고 스릴 즐기기
애월읍의 981파크는 속도감을 느끼며 스트레스 풀기 딱 좋은 어른
들의 놀이터이다. 무동력 카트장으로 오픈하자마자 핫플로 떠올랐
다. 중력을 이용하는 코스 설계로 고급 코스는 시속 60km까지 속
도를 낼 수 있다. 한림읍 더마파크에도 카트장이 있다.

03
새별오름에서 인생 사진을
억새가 한없이 아름다운 오름이다. 억새 핀 오름 풍경이 한 편의
에세이 같다. 20분이면 정상에 오를 수 있다. 새별오름 가는 길에
만나는 '나 홀로 나무'는 손꼽히는 인생 샷과 웨딩 촬영 스폿이다.

04
해안도로에서 드라이브 즐기기
애월해안도로는 애월읍 하귀초등학교에서 애월항까지 9km 남짓
이어진다. 에메랄드빛 바다가 매혹적이다. 여행 엽서에서 막 튀어
나온 듯한 풍경에 감탄사가 절로 나온다. 한경면의 신창풍차해안도
기억하자. 풍차와 바다 풍경이 이국적이다.

05
수제 맥주 양조장 투어
맥주 애호가라면 제주맥주 양조장 투어를 추천한다. 도우미의 안
내를 받으며 맥주의 재료와 맥주가 만들어지는 양조 과정까지 자
세히 구경할 수 있다. 펍에서 갓 생산한 신선한 수제 맥주도 시음
할 수 있다.

MUST EAT

01
전망 좋은 카페에서 바다 감상하기

봄날, 몽상드애월, 하이엔드제주, 레이지펌프. 바다가 그리우면 한담해변의 카페 거리로 가자. 카페에 앉으면 에메랄드빛 바다가 모두 당신 것이다. 파도 소리가 음악처럼 들리는 그곳에선 영화배우처럼 커피를 마시자.

02
효리처럼 우아하게 퓨전 음식 즐기기

신의 한모는 애월의 남빛 바다를 앞마당 삼은 퓨전 두부 요리 전문점이다. 이효리 부부가 애정하는 맛집으로, 제주 고메 위크 '현지인 맛집 50'에 뽑혔다. 한치게장두부덮밥, 와사비크림두부새우 등이 인기 메뉴다.

03
노라바에서 특별한 해물라면 먹기

해산물이 듬뿍 들어간 라면과 애월해안도로 앞으로 펼쳐진 멋진 바다 전망으로 유명하다. 황게와 전복을 넣은 해물라면과 황게 한 마리, 문어, 전복이 들어간 문어라면이 최고 인기다. 문어라면은 하루 15인분만 주문받는다.

04
제주 감성이 스며든 디저트 즐기기

현무암쌀빵, 화산석쇼콜라, 한라봉무스. 곽지해수욕장 옆에 있는 베이커리 애월빵공장앤카페엔 주 감성이 스며든 메뉴가 많아 좋다. 유기농 밀가루를 사용하여 천연발효종으로 빵을 만든다. 방부제와 화학보존제도 사용하지 않는다.

MUST BUY

01
제주 기념품과 세계 문학 리커버 책 사기

제주의 감성을 담은 기념품을 원한다면 고내 포구의 베리제주로 가자. 추자도 멸치젓, 성게국 간편식 같은 식품도 살 수 있다. 책방소리소문에서는 세계 문학을 현대적으로 재해석한 문신기 작가의 매력적인 리커버 표지를 책과 함께 구매할 수 있다.

📷 애월해안로

📍 제주시 애월읍 애월해안로 991(애월읍 하귀2리 1863)

바다와 당신, 그리고 환상 드라이브

삼나무가 압권인 비자림로, 유채꽃과 벚꽃이 장관인 녹산로, 보랏빛 수국이 고혹적인 종달리-세화리해안도로, 겨울 설경이 매력적인 1100도로⋯⋯. 제주도는 해안과 내륙 가리지 않고 멋진 드라이브 코스를 품고 있다.
애월해안로는 위에 열거한 도로에 뒤지지 않는 명품 드라이브 코스이다. 도로는 애월읍 하귀초등학교 부근에서 애월항까지 약 10km 남짓 이어진다. 구엄포구, 신엄포구, 고내포구를 지나며, 올레 15B코스와 16코스와 일부 겹친다. 도로 이름에서 알 수 있듯이 바다를 오른쪽에 두고 맘껏 드라이브를 즐길 수 있다. 에메랄드빛 바다는 더없이 매혹적이다. 해안 절벽과 검은 현무암, 서정적인 마을 풍경, 곡선을 그리는 길은 신이 빚은 듯 조화가 절묘하다. 여행 엽서에서 막 튀어나온 듯한 환상 풍경에 감탄사가 절로 나온다. 길가엔 멋진 카페와 펜션, 음식점이 풍경처럼 서 있다. 드라이브 코스는 애월에서 끝나지만, 아름다운 해변 풍경은 한담해안산책로와 곽지해수욕장, 그리고 협재해수욕장까지 이어진다.

📷 한담해변 한담해안산책로

◎ 제주시 애월읍 애월리 2459-1(한담공원)

이효리와 아이유가 석양을 감상하다

한담해안산책로는 애월읍 애월리 한담해변 카페 거리부터 곽지해수욕장까지 이어지는 약 1.2Km의 구불구불한 산책로이다. 해안선을 따라 최대한 바다와 가깝게 걸을 수 있도록 조성되어 있다. 2009년 '제주시 숨은 비경 31' 중 한 곳으로 선정되면서 서서히 세상에 알려지기 시작했다. 올레길이 조성되고, 게스트하우스가 하나둘 생기면서 제법 유명해졌다. 그 무렵 봄날 카페가 들어서고, 강소라와 유연석이 주인공으로 나온 드라마 〈맨도롱 또똣〉이 촬영되고, GD 카페인 몽상드애월이 생겨난 뒤로 본격적으로 유명세를 탔다.

〈효리네 민박〉은 한담해변을 대중화시키는 결정적인 기여를 했다. 이효리와 아이유가 해질 무렵 석양을 감상하던 장면을 기억하는가? 둘이 해안산책로에 앉아 이야기 나누는 장면이 나오는데, 그곳이 바로 한담해변이다. 이 무렵부터 한담해안산책로는 제주의 손꼽히는 핫플레이스가 되었다. 날 좋은 날, 파도 소리를 들으며 천천히 해안가를 산책해보자. 그러다가 카페에서 바다를 바라보며 여행 스토리를 완성하자.

📷 선상 낚시

선상 낚시 시즌 심해 어초 낚시 1년 내내 야간 갈치 낚시 8월~11월
야간 한치 낚시 5월~8월 참돔 낚시 12월~5월 대왕갑오징어 낚시 12월~4월

초보자도 느낄 수 있는 짜릿한 손맛

낚시는 우리나라 사람들이 가장 많이 즐기는 취미 중 하나이다. 제주는 바다낚시의 최
고의 성지이다. 사면이 바다로 둘러싸인 섬이며, 계절별로 다양한 어종을 낚을
수 있다. 오로지 낚시를 위해서 여행 오는 사람도 많다. 아이들도 체험
할 수 있어 가족 단위 여행객도 많이 찾는다. 제주의 대표적인 체험 낚
시 배를 몇 곳을 추천한다. 생초보도 괜찮다. 낚시에 필요한 채비는 대
여할 수 있고, 낚시 방법도 친절하게 가르쳐 준다. 여름밤에는 한치회,
한치 라면, 한치 숙회 등을 만들어주기도 한다. 제주의 바다 위에서 또
다른 여행을 즐길 수 있으니, 도시 어부에 도전해보자. 짜릿한 손맛과 함
께 고기를 넉넉히 잡을 수 있다. 체험 낚싯배에서 운영하는 카페에 가입하면 출
항, 조황 정보 등을 사전에 알 수 있다.

ONE MORE 선상 낚시 주의사항

① 술을 마신 사람은 승선할 수 없다. 승선 후 음주도 금지한다.
② 승선 30분~1시간 전 멀미약을 복용하는 게 좋다.
③ 출항 전에 승선 명부 작성하고 및 안전교육을 받아야 한다.
④ 구명조끼는 낚시를 마치고 배에서 내릴 때까지 착용해야 한다.

Travel Tip · 제주의 선상 낚싯배 안내

승룡호

애월읍 하귀항을 대표하는 가장 유명한 체험 낚싯배이다. 항상 배를 깨끗하게 관리하며, 저렴한 가격에 배낚시를 즐길 수 있다. 승룡호를 대표로 한라호, 명진호, 광령호, 팀명성까지 JJ선단의 여러 배가 무전을 주고받으며, 실시간 조황 정보를 교환하니, 실패할 확률이 거의 없다. 친절한 선장이 손맛과 조과를 책임져 줄 것이다.

승룡호(승룡 1호, 승룡 2호) ◎ 제주시 애월읍 하귀12길 21-6 항포포구(동귀포구)
☎ 010-8060-0342 ◷ 연중무휴
ⓘ 블로그 https://blog.naver.com/clevering0506 카페 https://cafe.naver.com/seungryong

도건호

승룡호와 함께 체험 배낚시로 가장 입소문이 난 배이다. 코코선단(도건호, 송광호, 부광호)의 대표주자로서 조과에 실패가 없다. 배에 맛있는 물과 음료, 친절과 깔끔한 배는 기본이고, 맛있는 간식까지 준비해 주니 낚시가 힘들어 잠시 쉴 때도 작은 재미가 있다.

도건호 ◎ 제주시 애월읍 하귀1리 1624-9 항포포구(동귀포구) ☎ 010-3545-1158 ◷ 연중무휴
ⓘ 카페 https://cafe.naver.com/dkhfs

뉴홀리데이호

애월항에서 출항하는 체험 낚싯배이다. 낚시에 대하여 끊임없이 연구하는 친절한 선장이 운영하며, 도민 낚시꾼들도 자주 애용하는 배이다. 애월항은 주차장이 넓고, 낮이라면 잡은 생선을 회 떠주는 곳도 있으니, 편하게 가볼 만하다. 배 위에서 바라보는 애월의 해안선과 석양은 또 하나의 즐거움이다.

◎ 제주시 애월읍 애월해안로 67 수협창고건물 앞
☎ 010-2889-1250 ◷ 연중무휴
ⓘ 기타 https://cafe.naver.com/holydayfishing

📷 항파두리 항몽유적지

📍 제주시 애월읍 항파두리로 50(상귀리 1012) 📞 064-710-6721
🕐 09:00~18:00(입장료 무료) ⓘ 주차 전용 주차장

사계절 꽃으로 피어나는 삼별초의 기상

13세기 말 몽골원나라의 침략에 맞서 마지막까지 항거한 고려 무인의 기상이 서린 곳이다. 1271년 진도 용장성 전투에서 배중손 장군이 전사하자 김통정 장군이 나머지 군사를 이끌고 탐라로 건너와, 항파두리에 토성을 쌓았다. 길이는 3.87km이다. 고려와 몽골 연합군 12,000여 명에 대항하였으나 성은 함락되고 삼별초 군은 장렬히 전사했다. 이후 원나라는 제주도를 직할지로 삼아 일본과 중국 남송 공략을 위한 전략기지로 이용했다. 고려 말 최영 장군이 몽골인을 완전히 토벌할 때까지 약 100여 년 동안 제주도민은 숱한 고초를 겪었다. 삼별초 군과 제주도민의 고통을 위로하기 위해서일까? 유채, 청보리, 양귀비, 수국, 해바라기, 코스모스……. 항파두리 항몽유적지엔 1년 내내 아름다운 꽃이 핀다. 주차장에서 도로를 건넌 뒤 오른쪽 토성 방향 계단으로 내려가면 비밀의 화원이 펼쳐진다. 올레 16코스 표식 리본을 따라가면 된다. 매해 꽃밭 위치가 달라지므로 안내소에 문의하자. 혹시 봄이라면, 근처인 애월읍 광성로고성1리 종합운동장 → 광령초등학교에서 벚꽃길 드라이브를 즐기자. 절로 탄성이 나올 것이다.

더럭초등학교

⊙ 제주시 애월읍 하가로 195(하가리 1580-1) ☎ 064-797-7200
⏱ 평일 18시 이후 토요일 13시 이후 공휴일 09시 이후 ⓘ 주차 길가 주차(학교 내 주차 금지)

동화 같은 무지개 학교

폐교 직전에 있던 애월읍의 한 초등학교에 마법 같은 일이 일어났다. 10여 년 전, 더럭분교는 학생이 줄어들어 폐교 위기에 처했다. 마을 사람들은 학교를 살리기 위해 자녀가 더럭분교에 입학하면 공동주택을 임차해주었다. 그 무렵 삼성전자가 프랑스 출신 색채 전문가 '장 필립 랑크로'와 협업하여 무지갯빛 학교로 변모시켰다. 색동옷을 입은 교정과 푸른 잔디밭이 동화 속 건물 같아 마음이 설렌다. 정겹고 순수하고 예쁜 학교는 여행자들의 촬영 명소가 되었다. 더럭분교는 2018년 초등학교로 다시 지정되었다. 아쉽게도 지금은 코로나로 출입을 금하고 있다.

연화지

⊙ 제주시 애월읍 하가리 1359-1번지

매혹적인 연꽃의 향연

더럭초등학교에서 북동쪽으로 5분 정도 걸어가면 하가리의 명소 '연화지'가 나타난다. 연화지는 이름에서 알 수 있듯이 연꽃이 피는 연못이다. 제주에서 가장 깊고 가장 넓은 연못으로, 연잎과 연꽃이 못을 가득 채우고 있다. 연못 가운데엔 한국의 정취가 물씬 나는 전통 정자가 조용히 앉아 있다. 연꽃은 초여름부터 8월 사이에 절정을 이루며 피어난다. 연꽃의 꽃말은 순결, 고고함, 우아함이다. 연꽃 속에서 요정이 튀어나올 것 같다. 제주를 우아하게 즐기고 싶다면, 애월읍 연화지로 가라.

📷 상가리 야자숲

📍제주시 애월읍 고하상로 326 📞 010-3694-9738
🕐 매일 09:00~18:00 ₩성인 5,000원, 청소년 5,000원, 어린이·제주도민·만 65세 이상 3,000원
ⓘ **주차** 전용 주차장 및 입구 도로 양옆 갓길

이국적인 멋이 가득한 인생 샷 명소

상가리 야자숲은 열대우림 같은 이국적인 숲에서 고요한 산책을 즐길 수 있는 곳이다. 이정표가 없어서 그냥 지나칠 수 있으므로 주소지로 정확히 찾아가야 한다. 원래는 야자수를 판매하는 개인 농장이었는데 포토 존으로 소문이 나면서 여행자들의 발길이 이어지고 있다. 처음에는 무료로 입장할 수 있었지만, 지금은 사람이 많아지면서 소정의 입장료가 책정되어 있다. 야자 숲에 도착하면 이국적 풍경에 놀란다. 하늘에서 땅까지 길게 늘어진 커다란 야자수 군락지가 열대우림을 방불케 한다. 야자과에 속한 식물만 2,600종이 있다고 한다. 하늘을 향해 치솟은 키 큰 야자수 사이를 거닐다 보면 마치 정글 탐험을 하는 듯한 기분이 든다. 사계절 내내 푸르른 야자수와 소철은 싱그럽고 시원한 제주의 파란 하늘과 무척이나 잘 어울린다. 날이 좋을 때면 제일 안쪽 낮은 언덕 너머로 푸르른 애월 바다까지 조망할 수 있다. 야자수 아래 곳곳에는 이국적인 장면을 담기에 충분할 만큼 포토 존이 많다. 낯설고도 신비로운 야자 숲을 탐방하며 색다른 인생 사진을 남겨보자.

렛츠런파크 제주

📍 제주시 애월읍 평화로 2144 📞 1566-3333
🕐 공원 내 시설 운영시간 12:00~17:00 (7·8월 야간 경마 기간 금·토 13:00~19:00, 일 12:00~17:00)
₩ 경마일 2,000원, 비경마일 무료, 동반 미성년자 무료 ⓘ 홈페이지 https://park.kra.co.kr

아이가 더 좋아하는 종합선물 세트 같은 곳

렛츠런파크 제주는 천연기념물로 지정된 제주마를 보호하고 육성하기 위해서 1990년에 개장했다. 원래 이름은 제주경마공원이었으나, 2014년부터는 렛츠런파크 제주로 이름을 바꾸었다. 렛츠런파크는 테마공원 역할도 하고 있는데, 파크골프장과 플라워가든, 대형 트램펄린매직 포니 등이 있는 해피랜드, 승마와 먹이 주기 체험을 할 수 있는 드림랜드, 그리고 어린이들이 즐겁게 놀 수 있는 어드벤처랜드로 구성되어 있다. 여행객뿐 아니라 제주도민들의 대표적인 나들이 장소로도 꼽히며, 다양한 행사 및 체육대회, 유치원부터 초·중학교의 소풍과 야유회 장소로도 활용되고 있다. 경마가 열리는 토·일요일에는 어린이 자전거, 유모차, 휠체어, 돗자리 등 편의용품을 무료로 대여해 준다. 대형 놀이터를 비롯하여 무료 승마 체험, 말 먹이 주기 체험 등 다양한 즐길 거리가 있어 아이가 있는 가족들에게는 종합선물 세트 같은 곳이다. 핑크뮬리가 바람에 하늘거리는 가을에는 제주마 축제가 열리는데, 플리마켓과 푸드트럭이 가득 들어서 사람들로 북적인다.

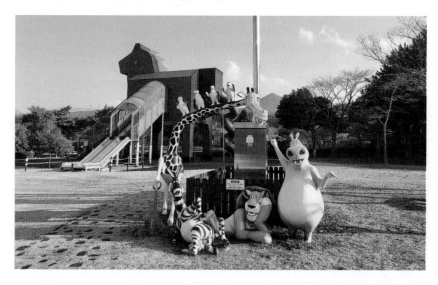

📷 곽지해수욕장

📍 제주시 애월읍 곽지리 1565

이효리가 패들보드를 탄 바로 그곳

제주도는 화산 섬이라 물이 지상이 아니라 지하로 많이 흐른다. 한라산과 오름에서 시작된 물은 땅 밑으로 흐르다가 해안가 지대가 낮은 곳에서 불쑥 솟아오르는데, 이런 물을 용천수라고 부른다. 용천수가 나오는 해안을 중심으로 자연스럽게 마을이 형성되었다. 애월읍 곽지해변에도 용천수가 나온다. 하얀 모래밭이 아름다운 해변이다. 서부 지역 땅 밑을 통과한 지하수는 곽지해변에 이르러 긴 여행을 마무리하고 바다가 된다. 이 용천수를 '과물'이라고 부른다. 이런 까닭에 해변 이름을 곽지과물해변이라 부르기도 한다. 여름철에는 해수욕을 마치고 이 용천수로 몸을 씻을 수 있다. 과물도 과물이지만 곽지해변은 수심이 낮고 물이 맑아 카약, 패들보드 등 해양 액티비티를 즐기기에 안성맞춤이다. <효리네 민박>에서 이효리가 패들보드를 멋지게 탄 곳이 바로 이곳이다. 카라반 캠핑장도 있어 액티비티를 즐기려는 사람들에게 인기가 많다.

아르떼뮤지엄

📍 제주시 애월읍 어림비로 478 📞 1899-5008
🕐 매일 10:00~20:00(입장 마감 19:00) ₩ 10,000원~20,000원 ⓘ **주차 가능**

신비롭고 황홀한 미디어아트 체험

국내 최대 규모의 미디어아트 전시관이다. 비가 오나 눈이 오나 날씨에 상관없이, 눈과 귀를 즐겁게 해주는 곳이
다. 꽃, 해변, 폭포, 파도, 종이 아트 등 10개 테마관으로 이루어져 있다. 제주의 자연경관을 비롯하여 고흐, 고갱
등 세계적인 작가의 미술 작품을 감상할 수 있다. 신비하면서도 몽환적인 영상이 시시각각 변해 마치 꿈인 듯,
영화 속인 듯 황홀한 기분이 든다. 플라워 존에선 판타지 소설 속 에덴의 한 장면인 듯, 꽃이 쉼 없이 피어나고 열
매 맺는다. 워터폴 존에선 웅장한 폭포가 쏟아지고, 웨이브 존에서는 철썩철썩 치는 파도 소리를 들으며 환상적
인 밤바다를 감상할 수 있다. 특히, 나이트 사파리 존에서는 직접 동물에 색을 칠하고 스캐너에 옮기면 영상 속
에 내가 그린 동물이 살아나 사파리를 걸어 다닌다. 아이들에게도 더할 나위 없이 좋은 체험이 될 것이다. 뮤지
엄 카페에서도 신기한 체험을 할 수 있다. 찻잔 안에서 꽃이 피어나는 신기한 체험을 하며 티타임을 즐길 수 있
다. 패키지 티켓을 구매하면 카페 미디어아트 체험을 할 수 있다.

981 파크

◎ 제주시 애월읍 천덕로 880-24(어음리 산131)
📞 1833-9810 ₩ 29,500원~49,500원 🕘 09:00~18:00(연중무휴)

제주에서 가장 핫한 카트 파크

속도감을 느끼며 스트레스 풀기 딱 좋은 어른들의 놀이터이다. 무동력 카트장으로 오픈하자마자 핫플로 떠올랐다. <나 혼자 산다>에 출연한 임수향이 방문하면서 더 유명해졌다. 코스는 모두 세 개로, 초급·중급·고급 코스로 나누어져 있다. 무동력 카트이지만 언덕을 오를 때는 최소한의 전기를 사용한다 중력을 이용하는 코스 설계로 초급 코스는 시속 40km, 고급 코스는 시속 60km까지 속도를 낼 수 있다. 속도는 속도대로 즐기고, 휘발유나 경유 같은 화석 연료를 사용하지 않으니 청정 제주도에 딱 어울리는 카트 파크이다. 방문 전 어플리케이션을 다운받고 회원으로 가입하면 레이싱 영상, 사진, 기록 정보를 제공받을 수 있다. 카트는 14세 이상부터 탑승할 수 있다. 981 파크는 실내 게임장과 VR 카트장을 갖추고 있다. 실내 게임장에선 축구, 야구, 농구, 양궁, 사격 등 15가지 스포츠 게임을 즐길 수 있다. 카페와 기념품 가게도 있다.

📷 새별오름

📍 제주시 애월읍 봉성리 산 59-8

ⓘ 등반 시간 20분 대중교통 251번, 255번, 282번 버스 승차 후 새별오름 하차.

억새가 한없이 아름다운

제주공항에서 1135번 도로를 타고 중문, 서귀포로 가다 보면 제주 서부의 아름다운 풍경이 펼쳐진다. 몽골 초원 같은 풍경에 젖어들 즈음, 홀로 우뚝 서 있는 오름 하나가 눈에 들어온다. 애월읍 봉성리에 있는 새별오름이다. 멀리서 보면 초원에 세운 피라미드 같다. 다랑쉬와 용눈이가 제주 동부를 대표하는 오름이라면 새별오름은 서부를 대표하는 오름이다. 정상에 말굽형 분화구가 있고 봉우리는 5개이다. 들판에 외롭게 밤하늘의 샛별과 같이 빛난다 하여 새별오름이라 부른다. 입구에서 약 20분이면 정상에 오를 수 있다. 정상에 서면 동쪽으로는 한라산이, 서쪽으로는 이달봉이 그림처럼 앉아 있다. 저 멀리 서쪽 바다엔 비양도가 장난감 배처럼 귀엽게 떠있다. 이곳에서는 매년 초봄 제주도 대표 축제인 들불문화제가 열린다. 억새밭에 불을 붙이면 거대한 불길을 뿜으며 제 몸을 태운다.

 금오름

📍 제주시 한림읍 금악리 1210 ⏱ 등반 시간 30분

전망이 아름다워 이효리가 강추하는

<효리네민박>에서 이효리가 소개한 이후 여행자들에게 큰 인기를 끌고 있다. 금악오름이라고 부르기도 하는데, 동네 이름 금악리도 이 오름에서 따왔다. 오름의 자태가 꽤 당당하고 품격이 느껴진다. 주차장에서 30분 정도 오르면 정상이다. 금오름의 매력은 두 가지다. 하나는 정상의 분화구 호수이다. 이를 산정 화구호라고 하는데, 한라산 백록담이 대표적이다. 가물 때는 마르지만 비가 오는 계절엔 물이 고인 산정 호수를 구경할 수 있다. 또 다른 매력은 정상에서 바라보는 멋진 전망이다. 1.2km의 분화구를 돌며 제주 서부의 멋진 풍경을 감상할 수 있다. 동쪽으로는 물결치는 오름 군락과 한라산을 감상할 수 있고, 서쪽으로는 애월의 목가적인 풍경이 다가온다. 시선을 멀리 던지면 비양도와 에메랄드빛 바다까지 눈에 넣을 수 있다. 전망 데크에서 멋진 사진을 남겨보자. 모험을 즐기는 여행자라면 패러글라이딩에 도전해도 좋겠다. 잠시 새처럼 자유롭게 하늘을 날아보는 거다.

📷 협재해수욕장과 금능해수욕장

📍 협재해수욕장 제주시 한림읍 한림로 329-10(한림읍 협재리 2447)
　 금능해수욕장 제주시 한림읍 금능길 119-10(금능리 2026)

한없이 투명에 가까운 블루

협재해수욕장은 투명에 가까운 블루이다. 하얀 모래와 에메랄드빛 바다, 그리고 바다 건너 아름다운 섬 비양도. 아무리 좋은 물감을 준들 이 아름다움을 어떻게 다 표현할 수 있을까? 쪽빛 바다와 속살처럼 뽀얀 모래, 유리처럼 맑은 물빛, 그리고 현무암과 바다 생물이 제주의 아름다움을 다채롭게 보여준다. 해수욕장은 경사가 완만하고 수심이 낮다. 파도는 잔잔하고, 은빛 백사장은 평원처럼 넓다. 물빛은 몰디브 부럽지 않다. 남녀노소 누구나 바다를 즐기기 좋은 조건이지만, 특히 아이와 함께 물놀이와 해수욕을 하기에 안성맞춤이다.

협재해수욕장 남쪽엔 작은 동산이 있다. 그 동산을 넘으면 금능해수욕장이다. 금능해수욕장은 바다의 천연 그물 원담으로 유명하다. 원담은 얕은 바다에 생긴 천연 돌담이다. 밀물을 따라 들어온 물고기는 미처 빠져나가지 못하고 돌담 안에 갇히게 된다. 간혹 인공으로 쌓은 돌담도 있다. 물고기 구경하러 가자.

특별자치도청

📷 한림공원

📍 제주시 한림읍 한림로 300 📞 064-796-0001
🕐 매일 09:00~17:30(매표 마감 16:30, 7kg 미만 반려견 동반 가능)
₩ 어린이 9,000원, 어른 15,000원 ⓘ **주차** 전용 주차장 **인스타그램** jeju_hallimpark

제주도 수목원의 원조

제주도의 이국적인 정취는 야자수 덕이 크다. 한림공원은 중문관광단지와 더불어 야자수가 가장 아름다운 곳이다. 하늘 높이 솟은 야자수가 단연 압도적이다. 워낙 키가 커 근처의 협재와 금능해수욕장에서도 잘 보인다. 1970년대 초반에 심었으니까 수령 50년을 헤아린다. 야자수와 선인장이 조화를 이룬 야자수 길에서 남국의 정취를 만끽할 수 있다. 한림공원의 두 번째 매력은 꽃이다. 1년 열두 달 언제 가도 꽃을 구경할 수 있다. 겨울엔 동백과 수선화, 매화가 반겨주고, 봄엔 매화와 튤립이 마음을 흔든다. 여름엔 수국이 매혹적이고, 가을엔 국화와 코스모스, 핑크뮬리가 공원을 아름답게 장식한다. 아열대식물원도 눈길을 끈다. 야자수, 허브, 선인장, 열대과일 나무, 열대 관엽수가 아열대식물원을 가득 채우고 있다. 악어와 앵무새도 이곳에서 볼 수 있다. 한림공원은 9개 테마공원으로 꾸며져 있다. 용암 동굴과 민속 마을, 조류공원과 분재원 등도 잊지 말고 둘러보자. 공원을 산책하다 보면 화려한 날개를 단 공작도 만날 수 있다.

📷 액티브파크 제주

📍 제주시 한림읍 금능남로 76 액티브파크 제주 📞 0507-1461-0881
🕐 매일 09:30~18:00 ₩ 클립앤클라임(60분 교육 시간 포함, 소아와 성인 동일) 30,000원,
카트 1인승 25,000원, 카트 2인승 35,000원, 키즈카페 5,000원(1시간) ⓘ **주차** 전용 주차장

다양한 재미, 색다른 경험, 가족형 레저공간

액티브파크 제주는 활동적인 재미를 만끽할 수 있는 가족형 레저공간이다. 레저 카트, 키즈카페, 클라이밍 놀이
시설의 세계적인 브랜드 클립앤클라임 등으로 구성되어 있다. 클립앤클라임은 뉴질랜드에 본사를 둔 실내 암벽
등반을 테마로 한 놀이시설로, 액티브파크가 아시아 최대 시설 인증을 받았다. 암벽등반은 전문성이 필요한 레
저활동이지만, 클립앤클라임의 다채로운 1인용 등반 챌린지를 통해 만 6세부터 성인에 이르기까지, 누구나 손쉽
게 색다른 경험을 즐길 수 있다. 액티브하고 짜릿한 도전적인 레포츠를 즐기고 싶다면 도전해 보자. 함께 운영하
는 키즈카페는 어린이 전용 놀이시설로 별도의 예약 없이 사용료를 내면 이용할 수 있다. 외부에는 야자수와 천
연 잔디로 조성된 친환경 카트 체험장이 자리 잡고 있다. 한눈에 보기에도 규모가 심상치 않다. S자 곡선과 직진
구간, 스피드 구간 등 다양하게 코스를 구성해 마치 서킷에서 레이싱을 펼치는 것 같은 기분이 든다. 일상의 스트
레스를 시원하게 날려버리고 싶다면 짜릿한 질주 체험을 즐겨보자.

한림민속오일시장

◎ 제주시 한림읍 한수풀로 4길 10 📞 064-796-8830 ① 장날 4일, 9일, 14일, 19일, 24일, 29일

체험, 삶의 현장

한림오일장엔 제주의 삶이 진열된다. 할머니, 아주머니들이 쏟아내는 제주 사투리는 간혹 외계어처럼 낯설게 들리지만, 그 또한 제주에서만 느낄 수 있는 특별한 체험이다. 한림오일장은 끝자리 5일과 9일에 장이 선다. 다른 이름은 '한림 조끄뜨레 전통시장'이다. 제주 방언 '조끄뜨레'는 '가까이', '곁에'라는 뜻으로, 우리 곁에 있는 시장이라는 의미이다. 그리고 죠크 쓰리=joke three라는 뜻도 있다. 즐거움이 세 가지라는 의미이다. 최근 환경 개선 사업을 하여 아주 깔끔해졌다. 다른 오일장보다 통로가 넓어 여유롭게 둘러볼 수 있다.

더마파크

◎ 제주시 한림읍 월림7길 155(월림리 산8) 📞 064-795-8080 ⊙ 09:00~17:00(입장 마감 16:30, 연중무휴)
₩ 공연 관람료 18,000원~22,000원, 카트·승마 25,000원~120,000원 ① 주차 전용 주차장

말도 타고 기마 공연도 보고

말을 주제로 한 테마파크이다. 한림읍 월림리에 있다. 기마 공연, 승마, 카트와 동물원 체험 등을 할 수 있다. 기마 공연물 제목은 <위대한 정복자 광개토대왕>이다. 4막으로 구성된 기마 전쟁 드라마로, 출연 배우 수십 명이 실제 말을 타고, 창과 활을 쏘며 광개토대왕의 정복 이야기를 공연한다. 마상 쇼도 볼만하다. 하루에 세 차례 공연이 열리며, 공연 시간은 약 50분이다. 승마 체험은 500m 단거리 코스와 1.4km 장거리 코스가 있다. 카트 체험은 스릴을 즐기기 좋고, 동물원에선 먹이 주기 체험도 할 수 있다.

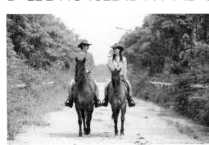

📷 월령선인장마을

📍 제주시 한림읍 월령 3길 27-4

해류 타고 2000km, 선인장 제주에 닻을 내리다

월령선인장마을엔 손바닥처럼 생긴 선인장이 곳곳에 군락을 이루고 있다. 우리나라에서 유일하게 자생하는 선인장이다. 월령리 선인장은 천연기념물로 지정된 우리의 귀중한 생물종이다. 적도나 열대지방에서 자라는 선인장이 왜 제주도에 자생하는 것일까? 그 스토리 또한 재밌고 신기하다. 해류 중에 쿠루시오 해류가 있다. 대만 해역에서 시작하여 오키나와 우리나라, 일본을 거쳐 북태평양으로 나간 뒤 필리핀으로 돌아가는 해류이다. 전문가들은 열대의 선인장 씨앗이 이 해류를 타고 여행하다 제주도 한림 땅 월령 마을에 집단 정착한 것으로 보고 있다. 바람 따라 파도 따라 무려 2000km를 여행하다 한림 바닷가 모래밭과 바위틈에서 새롭게 보금자리를 차린 것이다. 선인장의 끈질긴 생명력이 만든 이 아름다운 우연과 필연, 생각할수록 놀랍고 신비롭지 않은가?

성이시돌목장

◎ 제주시 한림읍 산록남로 53

테마 카페를 품은 초록 바다

제주시 한림읍의 서부 내륙 지역을 달리다 보면 초록 들판이 시선을 잡는다. 성이시돌목장이다. 1961년 11월 아일랜드에서 온 패트릭 제임스 맥그린치 신부가 중산간 지역 황무지를 개간하여 초지를 만들었다. 규모는 약 17만㎡에 이른다. 그는 스페인 성인 이시돌에서 따와 목장 이름을 지었다. 이시돌은 1100년대 스페인에서 태어난 농부이자 가톨릭 성인이다. 그가 밭에서 일을 할 때면 천사가 와서 도와주었다는 전설 같은 이야기가 전해져 온다. 현재 목장에선 젖소 900마리, 한우 300마리, 경주마 100마리를 키우고 있다.

목장을 찾았다면 우유 테마 카페 우유부단도 잊지 말고 들르자. 목장에서 생산하는 유기농 우유와 수제 아이스크림, 밀크티, 커피, 녹차 등을 판매한다. 전국 어디에서도 찾아보기 힘든 목장 안 카페이다. '우유부단'은 '넘칠 우, 부드러울 유, 아니 부, 끊을 단'을 합성하여 만든 조어로, '너무 부드러워 끊을 수 없다'는 의미이다.

📷 제주맥주

📍 제주시 한림읍 금능농공길 62-11(금능리 407-14)
📞 064-798-9872
🕐 펍 수~일 12:30~19:30(양조장 투어는 예약 필수, 설 전날과 설 당일·추석 전날과 추석 당일 휴무)

뉴욕의 기술과 제주의 자연으로 빚는다

제주맥주는 뉴욕의 브루클린 브루어리의 노하우와 경력 15년이 넘는 브루마스터의 기술, 그리고 국내 최고 설비로 만든 맥주 브루어리이다. 양조장 투어를 예약하면 약 30분 동안 전문 도우미 투어에 참여할 수 있다. 제주맥주의 탄생 스토리부터 양조 과정까지 자세히 구경할 수 있다. 투어를 마치면 3층 펍에서 갓 생산한 신선한 맥주를 시음할 수 있다.

투어를 하지 않더라도 펍에선 언제든지 신선한 맥주를 즐길 수 있다. 티셔츠를 비롯한 다양하고 소장 욕구를 자극하는 굿즈도 판매하고 있어, 기념품으로 구매하기 좋다.

제주도립 김창열미술관

제주시 한림읍 용금로 883-5(한림읍 월림리 115-23)

064-710-4150 화~일 09:00~18:00

₩ 2천원(도민 1천원)

물방울 화가의 신전을 닮은 미술관

한림의 한적하고 예쁜 저지문화예술인마을 안에 있다. '물방울 화가' 김창열의 작품 220여 점을 감상할 수 있다. 그는 제주 출신은 아니지만 제주도와 깊은 인연이 있다. 한국전쟁 때 경찰학교를 졸업한 그는 제주도에서 근무했다. 그 무렵 김창열은 서귀포에 머물던 이중섭과 교류했다. 이런 인연으로 작품을 제주도에 기부하게 되었다. 제주도는 그의 예술 정신을 기리고자 2016년 미술관을 건립하였다. 건축가 홍재승은 현무암 빛깔의 검은 큐브 8동을 이어 곶자왈과 화산섬의 이미지를 구현했다. 물방울을 보러 한림으로 가자. 손가락으로 건드리면 물방울이 톡 터질 것 같다.

신창풍차해안

◎ 제주시 한경면 신창리 1322-1

이국적인 풍차와 숨 막히는 일몰

제주에는 돌도 많지만, 풍차도 많다. 월정리, 가시리, 표선면, 신창리. 이 중에서도 단연 돋보이는 곳이 한경면 신창리에 있는 풍력발전소이다. 신창 해안을 따라 거대한 풍차가 바다 위로 우뚝 서 있다. 이국적인 풍경이 멀리서도 여행자의 시선을 사로잡는다. 이 풍차 해안이 더욱 특별한 건, 바다를 가로질러 조성된 산책길과 아름다운 일몰 때문이다. 바다 위 산책로를 거닐면 이런 낭만이 없다. 바로 앞에서 풍차를 마주하면 그 거대함에 압도된다. 바다를 지키는 장군인양 늠름하고 당당하다. 제주 서쪽 바다, 그중에서도 신창리는 일몰이 아름답기로 유명하다. 해질 무렵 이곳을 찾는다면 바다 가장 가까이서 저무는 해를 감상할 수 있다. 바다와 하늘을 온통 붉게 물들이는, 광념 소나타 같은 노을과 석양을 바라보고 있노라면, 그 황홀함에 한동안 넋을 잃게 된다. 신창풍차해안도로공식 이름은 한경해안로이다.를 따라 차를 몰아보라. 당신은 연신 환호성을 지를 것이다.

수월봉

◎ 제주시 한경면 노을해안로 1013-61(고산리 3760-3)

전국 3대 노을 명소, 그리고 '화산학' 교과서

성산일출봉에서 떠오른 해는 제주의 서쪽 끝 한경면 고산리 수월봉에서 바다로 떨어진다. 수월봉은 태안반도, 순천만과 더불어 3대 노을 명소로 꼽힌다. 노을이 너무 아름다워 수월봉으로 가는 도로 이름도 노을해안로이다. 제주올레 12코스가 이곳을 지난다. 수월봉은 '화산 교과서'이기도 하다. 1만 8천년 전 차귀도와 수월봉 사이에서 마그마가 분출했다. 시루떡 같은 해안 절벽이 이때 생겼다. 절벽 단면이 긴 세월 쌓인 퇴적층 같지만 사실은 짧은 시간 화산 분출물이 쌓여 생겨난 것이다. 유네스코 세계지질공원에 오르고 세계화산백과사전에도 실렸다.

ONE MORE
고산평야 신석기 유적과 자구내포구

수월봉 아래 펼쳐진 넓은 들판이 고산평야이다. 약 1만2천년 전 초기 신석기시대부터 제주의 조상들이 살았던 곳이다. 수월봉에서 노을해안로를 따라 북쪽으로 1.5km 남짓 올라가면 고산리유적 안내센터가 나온다. 전시관에 들러 원시시대 제주인의 이야기를 들어본다면 당신의 여행이 더 깊어질 것이다. 고산유적지에서 북쪽으로 500미터쯤 더 올라가면 당산봉 아래에 숨은 자구내포구가 나온다. 한치로 유명한 마을인데, 포구에 서면 와도와 차귀도가 손에 잡힐 듯 가까이 보인다. 한치물회 한 그릇이면 제주의 바다 향기를 다 느낄 수 있다.

고산리유적 안내센터 제주시 한경면 노을해안로 1100(고산리 3650-1) 자구내포구 제주시 한경면 노을해안로 1161(고산리 3616-9)

📷 김대건 신부 표착기념성당

📍 제주시 한경면 용수1길 108 📞 064-772-1252 🕐 09:00~18:00(연중무휴)

김대건 신부가 처음 한국 땅을 밟은 곳

1845년 9월 28일 밤이었다. 한 달 전 중국 상해를 떠난 목선 하나가 풍랑을 만났다. 젊은 청년이 배 위에서 연신 성호를 긋고 있었다. 그는 마카오, 상해를 거쳐 고국 땅을 막 밟기 직전이었다. 청년 김대건. 한국 최초의 신부가 되었으니 그의 감회는 사무칠 만큼 남달랐을 터였다. 목선 '라파엘 호'에는 김대건 신부와 제3대 조선교구장 페레올 주교 그리고 파리외방전교회 소속의 다블뤼 신부 등 11명이 타고 있었다. 하지만 그들이 내린 곳은 본토가 아니라 절해고도 제주도였다. 거센 풍랑이 그들을 한경면 용수리 해안으로 데리고 온 것이다.

제주도는 김대건 신부가 사제가 된 뒤 처음으로 밟은 한국 땅이다. 첫 미사를 본 곳도 제주도이다. 한경면 용수리에는 김대건 신부의 제주도 표착을 기념하는 성당과 기념관이 있다. 성당은 김대건 신부가 사제 서품을 받은 중국 상해의 김가항 성당 정면을 본떠 만들었으며, 지붕은 파도와 라파엘호를 형상화했다. 기념관도 라파엘 호를 이미지화했다. 훗날 복원한 라파엘 호도 구경할 수 있다. 차귀도가 보이는 아름다운 해안가에서, 잠시, 신과 종교에 대해 생각해보길 권한다.

©이다혜

📷 산양큰엉곶

📍 제주시 한경면 청수리 956-6 📞 064-772-4229
🕐 09:30~17:00(11~3월 09:30~16:00, 종료 1시간 전 매표 마감)
₩ 3,000~6,000원(36개월 미만 무료) ℹ️ **주차** 전용 주차장 **인스타그램** sanyang_keunkot

마음을 울리는 숲길, 동화 속에 들어온 듯

요즘, 제주 서부에서 관심이 가장 뜨거운 곳을 꼽으라면 아마도 산양큰엉곶이 앞자리를 차지할 것이다. 그만큼 많은 사람이 찾고 있다. 산양큰엉곶은 비밀스럽게 막혀있던 '산양곶자왈'의 일부 구간을 새롭게 정비하고 매력적으로 꾸며 여행자에게 개방한 숲길이다. 워낙 아름답게 가꾸어 놓아 원시림이자 제주의 허파인 곶자왈의 매력을 편안하게 경험할 수 있다. 탐방로는 달구지길과 숲길탐방로 둘로 구성돼 있다. 포토존이 많은 3.5km의 달구지길이 단연 인기가 많다. 소와 말이 달구지를 끌고 가는 모습을 직접 볼 수 있고, 무엇보다 동화에 나올 법한 '숲속 작은마을'을 산양큰엉곶에 재현해 놓아 흥미진진하다. 숲속 요정들이 손을 들고 인사를 할 것 같아 마음이 설렌다. 요정의 집, 소달구지, 레일이 깔린 기찻길…. 포토존이 정말 많다. 달구지길 중간에 나오는 숲길탐방로는 여행자를 진짜 곶자왈로 안내한다.

제주시 서부권 맛집

🍽 신의한모

📍 제주시 애월읍 하귀14길 11-1(하귀1리 1620-4)
📞 064-712-9642 🕐 11:30~21:00 (매주 월요일 휴무, 재료 소진 시 조기 마감) ₩ 2~3만원 ⓘ 주차 가능

이효리 부부가 애정하는 맛집

애월 바다를 앞마당 삼고 있는 두부 요리 전문점이다. 제주 고메 위크의 '현지인 맛집 50'에 뽑혔다. 덮밥, 튀김, 구이, 탕 등 두부로 만들 수 있는 매우 다양한 요리를 즐길 수 있다. 대표 세 명이 의기투합하여 일본 센다이로 두부 유학을 다녀와 오보로도후일본식 순두부 제조 기술과 그 맛을 재현하고 있다. 신이 만든 것처럼 맛있는 두부를 만들고자 하는 뜻을 담아 가게 이름을 '신의 한모'라고 지었다. 두부 본연의 맛을 느낄 수 있는 담백하고 건강한 맛을 추구하고 있다. 대표 메뉴는 순수한 모두부, 오보로도후, 한치게장두부덮밥, 두부를 튀겨낸 아게다시도후, 와사비크림두부새우 등이다. 면발이 쫄깃하고 고소한 콩국수도 있다.

©유희재

🍴 이춘옥원조고등어쌈밥 애월본점

📍 제주시 애월읍 일주서로 7213(하귀1리 266-1) 📞 064-799-9914

🕐 매일 09:30~20:30(브레이크타임 16:00~17:00, 수요일 휴무) ₩ 18,000원~72,000원 ⓘ **주차** 전용 주차장

애월해안도로 오션 뷰 맛집

제주공항에서 자동차로 15분 거리, 애월읍 하귀리의 애월해안도로 초입에 있다. 20년이 넘은 고등어 맛집인데, 실내가 깔끔해서 좋다. 일회용 앞치마를 주는 게 인상적인데, 위생에 세심하게 신경을 쓰는 것 같아 음식에도 믿음이 간다. 주요 메뉴로 고등어묵은지찜, 은갈치조림, 통갈치구이, 전복뚝배기, 전복죽 등이 있는데, 식당 이름에서 알 수 있듯이 대표 메뉴는 고등어묵은지찜이다. 고등어묵은지찜을 상추와 깻잎에 싸 먹는데, 묵은지는 아삭하고 양념이 잘 밴 고등어는 고소한 맛이 난다. 반찬을 무한 리필할 수 있어서 좋다.

🍴 이가도담해장국

📍 제주시 애월읍 하귀동남4길 9-6 📞 0507-1365-2207

🕐 07:00~14:30(라스트오더 14:00) 휴무 월요일 ₩ 9,000원~13,000원 ⓘ **주차** 가능

제주시 서부 해장국 강자

제주는 다양한 이름의 해장국 가게가 많은 편이다. 이가도담은 제주시 서부의 해장국 강자 중 하나로 꼽히는 곳이다. 메뉴는 소고기해장국, 내장탕, 그리고 특이하게 몸국을 팔고 있으며, 여름에는 자리물회, 한치물회도 판매한다. 소고기해장국과 내장탕은 푸짐하면서도 담백하다. 자극적이지 않아 속이 편안하다. 그리고 몸국 역시 걸쭉한 다른 곳들과 달리 국물이 말끔하고 고소하다. 깔끔한 반찬들은 기본이고, 물회도 전문점 못지않게 맛이 좋다. 특히 여름철에는 비교적 다양한 메뉴로 해장할 수 있어서 좋다.

🍴 바다속고등어쌈밥

📍 제주시 애월읍 일주서로 7089, 1층 📞 064-745-6466
🕐 매일 08:00~21:00(라스트오더 20:15) ₩ 15,000원~70,000원 ⓘ 주차 가능

묵은지+통통한 고등어=밥도둑

'바다속고등어쌈밥'은 유명한 맛집으로 언제나 손님들로 북적거린다. 이곳은 가게 이름에서 확인할 수 있듯이 고등어쌈밥이 대표 메뉴이다. 묵은지와 제주 무, 살이 통통한 고등어를 매콤 칼칼하게 끓인 것을 따끈한 흰 쌀밥과 함께 상추와 깻잎에 싸 먹으면 된다. 묵은지 고등어 쌈밥집들이 여러 곳에 있지만, 여기는 자극적이지 않고 적당히 매콤짤짤하여 마치 집밥을 먹고 있는 기분이 든다. 공항에서 약 20분 거리에 있으므로, 제주를 떠나기 전 마지막 식사로도 좋다.

🍴 노라바

📍 제주시 애월읍 구엄길 100 📞 064-772-1900 🕐 매일 10:00~17:30(브레이크타임 14:00~15:00) Ⓜ 추천메뉴 문어라면, 해물라면 ₩ 9,000~15,000원 ⓘ 주차 가능 기타 반려동물 야외만 가능, 캐치테이블 줄 서기 가능 인스타그램 @noraba_jeju

그야말로 유명한 해물라면

제주시 애월읍 구엄리 애월해안도로 옆에 있다. 바다 전망과 해산물이 듬뿍 들어간 라면과 멋진 오션 뷰로 유명해졌다. 대표 메뉴는 황게와 전복을 넣은 해물라면과 황게 한 마리, 문어, 전복이 들어간 문어라면이다. 문어라면은 하루 15인분만 한정 판매한다. 분홍 소시지, 볶음 김치를 얹은 옛날도시락 세트는 학창 시절의 추억을 떠올리게 해준다. 라면집이지만 좌석은 제법 많은 편이다. 실내, 마당, 루프톱에서 음식을 먹을 수 있다. 겨울철을 빼고는 루프톱 인기가 제일 좋다. 옥상에 오르면 애월읍의 푸른 바다가 와락 달려든다.

🍴 제주광해 애월

📍 제주시 애월읍 애월해안로 867, 2층 📞 064-713-4789
🕐 10:00~20:00(재료 소진 시 조기마감, 저녁 식사 시 문의 후 방문)
₩ 40,000원~200,000원 ⓘ **주차** 전용 주차장 **기타** 캐치 테이블 줄 서기 가능

갈치조림의 진수

제주 은갈치는 반짝반짝 빛나는 자태에 부드럽고 담백한 맛이 일품이다. 제주광해는 유명인들도 많이 방문하고, 언제나 손님으로 북적이는, 제주에서 으뜸가는 갈치요리 전문점이다. 해풍을 맞으며 튼실하게 자란 제주의 큼직하고 달큼한 무를 바닥에 깔고, 딱 알맞을 정도로 매콤하면서 짭조름한 양념을 넣고 졸여, 맛있는 갈치조림을 만든다. 밥 위에, 양념에 잘 졸여진 부드러워진 무와 갈치를 얹어 먹다 보면, 금세 밥 한 공기가 바닥을 드러낸다. 그리고 딱새우와 큼직하고 쫄깃쫄깃한 떡이 들어있어서, 다양한 맛을 즐길 수 있다. 갈치구이, 게장과 새우장, 고등어구이, 뚝배기, 강된장 등 다양한 음식으로 구성된 세트 메뉴도 있어서, 여러 음식을 골고루 맛보며 즐겁게 식사할 수 있다. 음식 맛도 좋지만, 덤으로 애월 바다 풍경까지 함께 할 수 있어서 더욱 좋다. 통창을 통해서 애월해안로와 어우러진 바다와 제주 시내까지 탁 트인 아름다운 풍경이 한눈에 들어오니, 입도 즐겁고 눈도 즐겁다.

🍽 명리동식당 애월점

📍 제주시 애월읍 애월해안로 384-7 📞 064-799-5888
🕐 12:00~21:40 (라스트오더 21:00, 목요일 휴무) Ⓜ **추천메뉴** 자투리구이, 김치전골
₩ 7천원~3만원 ⓘ **주차** 가능

밥도둑으로 통하는 김치전골

돼지고기 자투리구이와 김치전골로 유명한 맛집이다.
제주 고메 위크에서 선정한 '현지인 맛집 50'에 뽑혔다.
자투리구이는 목살과 오겹살을 손질하고 남은 고기를
연탄불에 구워 먹는 것이다. 소나 돼지를 대부분 중산
간 목장에서 키우기 때문에 자투리고기라 해도 질이
매우 좋다. 김치전골도 명리동식당의 백미이다. 이 동
네에서 김치전골은 밥도둑으로 통한다. 한경면 저지리
에 본점이, 구좌읍 평대리에 세화점이 있다.

🍽 제주김만복 애월점

📍 제주시 애월읍 애월해안로 255 📞 064-759-8280 🕐 매일 09:00~20:00
Ⓜ **추천메뉴** 만복이네김밥, 통전복주먹밥, 숯불갈비주먹밥, 전복컵밥, 왕전복죽, 해물라면골
ⓘ **주차** 전용 주차장

오션 뷰 김밥 맛집

전복김밥으로 유명한 제주김만복은 제주 이곳저곳에 6개 체인점을 두고 있다. 그중에서 애월점의 전망이 제
일 좋다. 가게는 그리 넓지 않지만, 바다 전망 맛집이라 늘 사람이 붐빈다. 특히 바로 앞에서 바다를 바라볼 수
있는 창가 자리는 언제나 인기가 많다. 전복김밥과 전복죽, 해물라면이 대표 메뉴이다. 전복김밥의 공식 이름
은 만복이네김밥이다. 전복내장을 넣고 볶은 쌀밥과 탱글탱글한 달걀의 조합이 아주 좋다. 맛은 더없이 담백하
다. 오징어무침, 해물라면과 궁합이 좋다. 여기에 멋진 풍경에 더해지니, 금상첨화이다.

🍽 인디언키친

📍 제주시 애월읍 애원로 191(상가리 2059-1)

📞 064-799-5859

🕐 매일 11:30~22:00(라스트오더 21:00)

₩ 2~3만원 ⓘ 주차 전용 주차장

제주에서 인도 음식을

인도 현지인 셰프가 탄두리 화덕에서 요리한 인도 정통 요리를 즐길 수 있다. 제주도의 인도 음식점 가운데 가장 유명하다. 서부를 여행하다가 색다른 음식을 먹고 싶을 때 가기 좋다. 시금치커리와 탄두리치킨은 난이랑 궁합이 잘 맞는다. 새우초우민은 매콤하면서도 짭짤하지만 다른 인도 음식점보다 덜 자극적이어서 좋다. 이 밖에 양갈비구이, 인도식 양고기 꼬치 요리, 양고기비리아니, 채소비리아니 등을 즐길 수 있다. 그러나 1인 1메뉴인 점은 조금 아쉽다. 식사 후에는 잠시 짬을 내 아름다운 정원을 산책하자.

🍽 아루요

📍 제주시 애월읍 유수암평화5길 15-8(유수암리 1040-5) 📞 064-799-4255

🕐 11:30~19:30(휴식시간 14:30~17:30, 라스트오더 19:00) 공휴일과 일요일 휴무

Ⓜ 추천메뉴 나가사끼짬뽕, 가츠동, 오야코동, 돈가스 ₩ 9천원~2만원 ⓘ 주차 가능

일본 가정식의 진수

아루요는 이미 많이 알려진 맛집이다. 마스터셰프 코리아 시즌 1에서 우승한 김승민 씨가 오픈하고, 현재는 제자가 이어받아 운영하고 있다. 테이블은 옹기종기 붙어 있다. 가츠동, 오야코동, 돈가스, 우동, 나가사끼짬뽕 등이 주메뉴며, 이 가운데 나가사끼짬뽕이 특히 인기가 많다. 싱싱한 해산물과 채소훈제볶음, 여기에 진한 국물이 더해져 고소하면서도 시원한 맛을 낸다. 점심시간에는 20~30분 기다리는 것은 보통이니 여유 있게 생각하고 오는 게 좋다. 어떤 손님은 차례를 기다리며 한가로이 산책을 즐기기도 한다.

🍽 하갈비국수

📍 제주시 애월읍 애월북서길 54 📞 064-799-8585, 0507-1390-2724 🕐 09:00~18:00(마지막 주문 17:00)
Ⓜ 추천메뉴 갈비고기국수, 갈비비빔국수 ₩ 10,000~40,000원(1인 기준) ⓘ 주차 가능

맛, 전망 둘 다 굿!

전통 깊은 고기국수 맛집은 대부분 제주시에 있다. 하지
만 몇 년 전부터 이들 전통 맛집을 위협하는 고기국수 가
게가 서부와 동부에 속속 등장하고 있다. 하갈비국수도 그
가운데 한집이다. 애월카페거리로 유명한 한담해변에 있
다. 하얀 건물이 이국적인 풍경을 연출한다. 1층은 고깃집
하갈비이고, 2층이 하갈비국수이다. 안으로 들어가면 눈
이 가장 먼저 놀란다. 벽 한 면이 모두 통유리다. 창 너머
로 아름다운 에메랄드빛 애월 바다가 그림처럼 펼쳐져 있
다. 갈비고기국수, 전복고기국수, 흑돼지비빔국수 등 다양
한 국수를 판매한다. 단연 백미는 갈비고기국수다. 맛있게
구운 갈비가 고명으로 올라가 있는데 그 모습이 아주 먹
음직스럽다. 고기는 부드럽고, 면발은 탱글탱글하다. 그
리고 육수는 담백하고, 고개를 들면 창밖은 푸른 바다다.

🍽 피즈 애월

📍 제주시 애월읍 애월로 29, 1층 📞 0507-1348-5148 🕐 매일 10:00~19:30(라스트오더 19:00) 휴무 연중무휴
₩ 아메리칸버거·피즈버거 9,700원, 오지 치즈 감자튀김 6,300원, 땅콩 쉐이크 6,000원 ⓘ 주차 건물 옆 주차장

제주 서부의 대표 수제버거

제주의 핫플레이스 버거집이다. 애월카페거리 인근에 있다. 점심시간에는 피즈 애월 카운터 옆 좁은 통로에 식
사를 기다리는 손님들이 길게 줄 서 있다. 피즈 애월의 모든 버거는 피즈가 직접 만든 패티를 사용한다. 스위
스 치즈, 베이컨과 채소와 토마토가 소고기 패티의 풍미와 어우러져 내는 맛은 정말 일품이다. 아메리칸 버거
와 피즈 버거, 오즈 치즈 감자튀김이 시그니처 메뉴이다. 부드럽고 고소한 땅콩 쉐이크도 맛있다. 피즈 애월과
주차장을 사이에 두고 마주 보는 곳에 그 유명한 '랜디스 도넛'이 있다.

🍴 랜디스도넛 제주직영점

📍 제주시 애월읍 애월로 27-1(애월리 2471) 📞 064-799-0610
🕙 10:00~19:00(라스트오더 18:00, 연중무휴) ⓘ 주차 가능

바다를 건너온 도넛

랜디스도넛은 1962년부터 미국 로스앤젤레스에서 탄생한 수제 도넛 브랜드이다. 태평양을 건너온 도넛이 제주도 애월읍의 한담해변에 상륙했다. 랜디스도넛은 매장에서 직접 만드는 신선한 도넛임을 강조한다. 랜디스도넛 제주직영점은 하루 2회 도넛을 매장에서 만든다. 신선함을 강조해서일까? 랜디스도넛 매장은 줄 서서 기다릴 정도로 인기가 많다. 도넛 종류는 수십 가지인데 그 가운데 글레이즈도넛, 버터크림도넛, 엠앤엠도넛의 인기가 높은 편이다. 다른 도넛에 비해 달지 않아 좋다는 평이 많다.

🍴 한림칼국수 제주본점

📍 제주시 한림읍 한림해안로 139
📞 070-8900-3339 🕙 07:00~15:00(일요일 휴무)
₩ 10,000원 ⓘ 주차 가능

양 많고 맛 좋은 보말죽과 보말칼국수

애월읍 한림항에 있다. 제주 서부에서 꽤 이름난 칼국수 맛집이다. 보말죽, 보말칼국수, 닭칼국수, 매생이보말전을 판매한다. 보말칼국수 인기가 제일 좋다. 보말향이 은은하게 퍼지고 여기에 시원함과 감칠맛이 더해져 금세 입이 즐거워진다. 보말죽은 맛이 깔끔하다. 반찬은 셀프 코너에서 가져다 먹을 수 있고, 공깃밥은 무료이다. 음식 재료는 모두 국내산이다. 일회용 앞치마를 준비해놓아 은근히 믿음이 간다. 식당에 도착하면 먼저 키오스크에서 주문과 계산을 해야 한다. 보통 10분 정도는 기다려야 차례가 온다.

🍴 명랑스낵

📍 제주시 한림읍 한림로 585(한림리 1479-4) 📞 070-4245-4548
🕐 11:30~18:00(연중무휴) ₩ 5천원~1만2천원 ⓘ 주차 가능

서부 최고의 떡볶이 맛집

온종일 손님이 많은 맛집이다. 여러 방송에도 소개되었으며, 제주 서부에서 유명한 떡볶이 강자이다. 명랑스낵의 대표 메뉴는 떡볶이와 튀김이다. 기본 떡볶이는 식감이 쫄깃쫄깃해 중독성이 있다. 짜장떡볶이는 색은 까맣지만, 짜장 맛이 강하지 않고 은근히 매콤하다. 당면을 추가해서 먹으면 중국 음식을 먹는 느낌이 든다. 튀김도 맛있다. 한치튀김과 왕새우튀김은 맥주를 부른다. 흑돼지튀김은 치즈가 부드럽게 녹아 흐르고, 깻잎 향이 느끼함을 잡아준다. 옥상에도 자리가 있다. 날 좋은 날, 비양도를 바라보며 먹는 것도 즐거운 경험이 될 것이다.

🍴 면뽑는선생만두빚는아내

📍 제주시 한림읍 옹포2길 10 아길라호텔 1층(협재리 1398)
📞 064-796-4562 🕐 매일 10:30~21:00(브레이크타임
16:00~17:00, 라스트오더 19:50) ⓘ 주차 가능

고소하고 담백한 만두전골

한림항과 협재해수욕장 사이, 아길라호텔 1층에 있다. 만두를 좋아하는 여행자들에게 제법 지지를 받는 맛집으로, 재료 본연의 맛을 잘 살린 곳이라는 평가가 많은 편이다. 한우수육만두전골, 손만둣국, 떡만둣국, 찐만두를 즐길 수 있다. 국물과 만두는 담백한 듯 고소하고, 수육은 부드럽고, 버섯은 신선하다. 그리고 생면은 탱글탱글해서 씹는 느낌이 좋다. 전체적으로 간이 적당하고 맛이 담백해 건강한 음식을 먹는 느낌이 든다. 찐만두도 담백하고 맛이 부드럽다. 종업원이 외국인 노동자이지만 소통이 불편하지는 않다.

🍴 협재수우동

📍 제주시 한림읍 협재1길 11(협재리 1706-1)

📞 064-796-5830 🕐 10:30~16:00(화요일 휴무)

₩ 1만원~1만4천원 ⓘ 주차 식당 앞 주차장

눈과 입이 더불어 즐거운 뷰 맛집

협재 바다와 비양도를 감상하며 우동을 즐길 수 있는
뷰 맛집이다. 처음에는 입소문으로 시작하더니 〈수요
미식회〉에 방영되면서 전국적으로 유명해졌다. 인기
가 많아 이름과 전화번호, 희망 메뉴를 남기고 기다
려야 한다. 15분 단위로 4팀씩 예약할 수 있다. 인기
메뉴는 자작냉우동이다. 면은 쫄깃하고 육수는 감칠
맛이 남다르다. 고명으로 반숙달걀튀김과 어묵튀김
이 올라온다. 이 모두를 잘 섞어서 입속에 넣으면 고
소함과 쫄깃함 거기에 튀김의 바삭함까지 한 번에 느
낄 수 있다. 유부우동, 덮밥, 돈가스 메뉴도 있다. 쇠소
깍점도 있다.

🍴 한치앞도모를바다

📍 제주시 한림읍 협재6길 9 📞 070-8884-0428

🕐 11:30~19:00(수요일, 목요일 휴무) ₩ 2만원~3만원 ⓘ 주차 가능

한치가 통으로 들어간 해산물 떡볶이

협재해수욕장 뒤편 주택을 개조한 떡볶이 맛집이다. 이 집은 스케일이 남다르다. 한치가 떡볶이에 통째로 들어간
다. 문어와 차돌박이를 조합한 떡볶이도 있다. 이런 스타일의 떡볶이를 처음으로 개발한 집이다. 주요 메뉴는 한치
통볶이, 차돌문어통볶이다. 둘 다 2인분부터 판매한다. 한치통볶이엔 한치 한 마리뿐 아니라 꽃게, 딱새우, 전복, 기
타 해산물, 어묵이 듬뿍 들어간다. 해산물과 떡볶이의 조합이 환상적이다. 차돌문어통볶이는 이름 그대로 문어와
차돌박이가 들어간 떡볶이다. 치즈감자전은 매콤한 떡볶이와 궁합이 좋다.

🍽 협재 화덕 도나토스

📍 제주시 한림읍 협재2길 6(협재리 2512-1) 📞 0507-1401-1981
🕐 12:00~21:00(월·목·금 12:00~15:30/ 17:00~21:00, 주말·공휴일
12:00~15:30/16:30~21:00, 화·수 휴무, 캐치테이블 예약 필수)
🅼 추천메뉴 도나토스 피자, 치킨 시저 샐러드
₩ 2~3만원 ⓘ 주차 길가 주차

커피 맛도 좋은 화덕 피자가게

도나토스의 주인장은 이탈리아 요리학교에서 요리를 배우고
미국 포틀랜드에서 요리사로 일한 경험이 있는 실력파 셰프이
다. 문을 열고 들어서면 고소한 향이 먼저 반긴다. 입구 바로 옆
에 피자를 굽는 화덕이 있기 때문이다. 벽면 곳곳에는 사진 작
품들이 걸려 있고, 주방은 각종 술과 책과 음식 재료들이 멋지
게 뒤섞여 있어 가게가 마치 영화 세트장 같다. 화덕에서 구운
이탈리아 스타일의 피자 맛은 그야말로 일품이다. 다양한 크래
프트 맥주가 있으며, SCAE유럽스페셜티커피협회 멤버인 바리스타
가 일리 에스프레소를 사용하여 뽑은 커피도 매우 맛이 좋다.

🍽 밀크홀

📍 제주시 한경면 판조로 428 📞 0507-1319-5682 🕐 월~금 11:00~16:00(라스트오더 15:30), 일 11:00~17:30(라스트오더
17:00), 토요일 휴무 ₩ 1만원~2만원 ⓘ 주차 길가 주차

눈꽃치즈떡볶이와 바삭한 튀김

한경면 조수리의 돌집을 개조했다. 천장을 걷어내고 흰색으로 칠했는데 환하고 깔끔해서 좋다. 넷플릭스의 <먹
보와 털보>에서 이효리, 이상순, 비, 노홍철이 맛있다며 감탄사를 연발한 맛집이다. 그 메뉴가 바로 눈꽃치즈떡
볶이와 모둠튀김이다. 맛이 깔끔하고, 맵지 않아서 아이들도 좋아한다. 치즈 풍미를 끌어올린다. 무엇보다 튀김
은 국내에서 1등을 먹을 만한 맛이다. 새우, 고구마, 단호박, 가지, 피망 등 튀김 종류가 다양하다. 튀김의 바삭함
은 맥주를 부르는 맛이다. 유니짜장떡볶이와 우삼겹 소고기라면, 가라아게와 야채볶음밥도 맛있다.

제주시 서부권 카페와 숍

 마마롱

📍 제주시 애월읍 평화로 2783(광령리 1011-7)
📞 064-747-1074 ⏰ 10:00~19:00(월요일 휴무)
Ⓜ️ 추천메뉴 에끌레어, 밀푀유, 당근케이크 ⓘ 주차 가능

에끌레어와 밀푀유가 맛있는 디저트 카페

제주에서 가장 유명한 디저트 카페이다. 내부는 분위기가
편안하고 아늑하다. 테이블은 창밖을 볼 수 있게 배치되어
있다. 쇼 케이스에는 감각적이고 예쁜 디저트들이 진열되
어 있다. 먹기 아까울 정도로 예쁘고 탐난다. 대표 메뉴는
에끌레어, 당근 케이크, 밀푀유이다. 포장해 가는 손님을
어렵지 않게 볼 수 있다. 에끌레어나 밀푀유는 이른 시간
에 매진된다. 음료 또한 감각적이고 맛이 뛰어나다. 날씨가
좋은 날에는 정원에서 햇살과 바람을 맞으며, 음료와 베이
커리를 즐길 수 있다. 제주에 올 때마다 가고 싶은 집이다.

 윈드스톤

📍 제주시 애월읍 광성로 272(광령리 1227-2)
📞 070-8832-2727 ⏰ 월~토 09:00~17:00, 일 12:00~17:00
₩ 6천원 내외 ⓘ 주차 가게 앞 공영주차장 이용

애월읍 중산간의 카페 겸 서점

제주시에서 가까운 애월읍 광령리 중산간에 있다. 제주 전
통의 돌집을 개조해 만든 이색 카페 겸 작은 서점이다. 전
통 가옥 형태를 제법 잘 살려 제주 느낌이 남아있다. 마당
에 있는 팽나무와 돌담 등은 제주의 옛 모습을 떠올리게 하
지만, 내부는 모던하면서 깔끔하다. 카페 한편에 서점이 있
다. 동화책부터 여행, 디자인 서적까지 다양하다. 서점에 앉
아서 커피를 마시는 느낌이다. 이 가게에서 가장 맛있는 메
뉴는 아몬드라테이다. 달지 않으면서 고소한 맛이 일품이
다. 올레 16코스가 카페 앞을 지난다. 공항 가기 전에 책과
커피 향을 느껴보자.

☕ 어클락

📍 제주시 애월읍 고성북동길 18 📞 010-3619-2809
🕐 11:00~18:00(일요일 휴무이나 감귤철에는 일부 시간 영업. 감귤 따기 체험 가능) ⓘ 주차 가능

귤밭에서 즐기는 팜크닉

감귤 과수원의 돌창고를 개조한 아담한 카페이다. 과수원 곳곳에 감성적 소품과 포토존을 꾸며놓았다. 과수원에는 오두막 세 곳이 있는데 나무, 철, 거울로 만들었다. 나무와 철 오두막에 오르면 아름다운 과수원을 한눈에 담을 수 있다. 거울 오두막은 외관이 거울이라 귤, 귤밭과 멋진 인생 샷을 남길 수 있다. 오두막에서 즐길 수 있는 팜크닉은 어클락의 특별한 매력이다. 최대 4명이 90분 동안 사용할 수 있다. 샌드위치와 샐러드 그리고 간단한 음료를 제공한다. 11시, 13시, 15시에 예약제로 사용할 수 있다. 예약은 네이버에서 할 수 있다.

☕ 고토 커피바

📍 제주시 애월읍 구엄동3길 56 📞 070-4416-4250 🕐 매일 11:00~19:00(라스트오더 18:45)
₩ 5,500~7,000원 ⓘ 주차 카페 입구 좌우 담벼락 옆 인스타그램 @goto_coffeebar

사색, 비움, 여유

올레 16코스가 지나는 한적하고 평화로운 구엄마을에 있다. 주택을 개조했기에 그냥 지나칠 수 있으므로 찾아갈 때 주의가 필요하다. 앤티크 분위기를 살린 우드 톤 가구와 스테인드글라스가 특별하다. 외부엔 아담한 야외 정원을 갖추고 있다. 스테인드글라스 덕에 햇살의 움직임에 따라 카페 내부의 색감이 시시각각 변하는 것이 이채롭다. 시그니처 메뉴는 직접 원두를 골라 주문할 수 있는 필터 커피와 아인슈페너, 카페라테 그리고 쫀쫀한 식감이 매력적인 쿠키테린느이다. 사색과 쉼, 여유를 즐기고 싶다면 꼭 한번 방문해 보자.

☕ 까미노

◎ 제주시 애월읍 고하상로 91-12
☎ 064-799-9789 ⏰ 10:30~20:00(주문 마감 19:00)
₩ 1인 10,000원 ⓘ 주차 전용 주차장 기타 반려동물 동반
가능 인스타그램 @lifeman21

힐링하기 딱 좋은 전원풍 카페

손님으로 붐비는 오션 뷰 카페가 부산해서 망설여진
다면, 제주의 농촌 풍경이 정다운 전원 카페는 어떨까?
애월읍 하가리에 있는 까미노는 평화로운 제주의 들녘
을 볼 수 있어서 좋다. 이곳에선 시간이 천천히 흐른다.
동네는 조용하고, 카페엔 여유가 넘친다. 제주의 평화
로운 풍경을 즐기며 힐링하기 딱 좋다. 주변 풍경을 보
는 순간 천천히 여유를 부리고 싶어진다. 날이 맑은 날
도 좋고, 비가 오는 날엔 낭만적이어서 더 좋다. 연꽃
이 피는 연화지와 형형색색 학교 건물이 아름다운 더
럭초등학교에서 가깝다.

☕ 몽상드애월

◎ 제주시 애월읍 애월북서길 56-1(애월리 2546) ⏰ 매일 11:00~19:30 ₩ 8천원부터 ⓘ 주차 가능

그야말로 유명한 바다 전망 카페

제주시 애월읍 한담해변 옆에 있다. 지금은 주인이 바뀌었지만 한때 GD카페로 불리던 바로 그곳이다. 이웃해 있
는 봄날과 더불어 한담해변을 제주도에서 손꼽히는 카페 거리로 만든 일등 공신이다. 제주의 모든 카페 중에서
몇 년째 어김없이 검색어 순위 상위를 지키고 있다. 몽상드애월의 가장 큰 매력은 카페 앞으로 펼쳐진 남빛 바다
이다. 실내도 좋지만, 날이 좋은 날엔 야외로 나가자. 야외 카페에 앉으면 에메랄드빛 바다가 모두 당신 것이다.
그렇게 한동안 바다를 바라보고 있으면 며칠은 푸른 파도 소리가 귓가에서 떠나지 않을 것이다.

봄날

📍 제주시 애월읍 애월로1길 25(애월리 2540) 📞 0507-1494-4999
🕐 매일 09:00~21:30 ⓘ 주차 가능. 만차 시 유료 주차장 이용

로맨틱한 바다 앞 카페

애월의 한담해안산책로를 핫플레이스로 만든 카페이다. 옛날에는 제주 도민들에게도 '나만 아는 카페'였다. 지금은 워낙 유명한 카페라 번호표를 받고 기다려야 한다. 그러나 입장하는 순간부터 즐거움이 시작된다. 봄, 여름, 가을, 겨울이라는 이름을 가진 강아지들이 반겨주는데, 원하면 강아지와 함께 기념사진을 찍을 수 있다. 카페 겉모습은 아기자기하지만 내부는 분위기가 따스하고 그윽하다. 통유리로 바라보는 바다는 로맨틱하다. 야외 테이블에서도 바다를 바로 앞에 두고 커피를 마실 수 있다. 원두, 컵, 캔들, 엽서 등 기념품도 판매한다. <멘도롱또똣> 촬영지이다.

레이지펌프

📍 제주시 애월읍 애월북서길 32 📞 0507-1325-8732 🕐 매일 09:00~20:00 ⓘ 주차 가능

바다 전망 빈티지 카페

애월읍 한담해변의 카페 거리에 있다. 양어장의 펌프장으로 쓰던 오래된 3층 건물을 리모델링해 카페로 만들었다. 레이지펌프는 첫인상부터 남다르다. 외관은 작은 공장 건물처럼 투박하고 근육질이 느껴진다. 실내는 옛 건물의 콘크리트 질감을 그대로 살렸다. 지하 같은 1층에도 테이블이 있지만 대부분 커피와 음료를 주문한 뒤 바다를 구경할 수 있는 2층으로 올라간다. 2층엔 바다를 배경으로 사진을 찍을 수 있는 포토존이 있다. 3층은 해수를 보관하던 장소였는데, 그때의 흔적을 그대로 보존한 가장 독특한 공간이다. 커피를 마실 수 있지만 대부분 사진을 찍기에 여념이 없다.

☕ 보나바시움

📍 제주시 애월읍 애월로 27-1
🕐 매일 10:00~20:00
₩ 1만원 이내 ⓘ 주차 가능

풍경도 굿, 커피도 굿

봄날, 몽상드애월, 하이엔드제주, 레이지펌프처럼 애월읍 한담해변에 있는 오션 뷰 카페이다. 해변에서 몇십 미터 떨어져 있지만, 미리 실망할 필요는 없다. 3층 건물 중 2층과 3층이 카페인데 서쪽으로 난 넓은 통창을 통해 애월 바다를 한눈에 담을 수 있다. 멀리 비양도까지 손에 잡힐 듯 다가온다. 테이블 간격이 넓어 여유가 흘러 좋다. 대표 메뉴는 드립 커피다. 같은 건물 1층엔 유명한 랜디스도넛이 있다. 미국 로스앤젤레스에서 건너온 1호 매장이다. 이곳에서 도넛을 주문해 보나바시움에서 커피와 같이 즐겨도 좋다.

☕ 애월더선셋

📍 제주시 애월읍 일주서로 6111 A동(곽지리 1381) 📞 064-799-7177
🕐 하절기 10:00~20:00, 동절기 10:00~19:00 ₩ 1만원 내외 ⓘ 주차 가능

에메랄드빛 바다를 그대 품 안에

카페 거리로 유명한 한담해변과 곽지해수욕장 사이, 애월더선셋리조트에 있다. 일주서로에 있는 유명 카페가 그렇듯 이곳의 가장 큰 매력은 바다 전망이다. 실내에서도 바다를 감상할 수 있지만, 날씨가 좋다면 무조건 야외 카페로 나가자. 밖으로 나가자마자 애월의 남빛 바다가 시야 가득 펼쳐진다. 카페 옆에 키가 큰 야자수까지 있어서 남국의 휴양지에 온 기분이 든다. 음료와 빵, 커피 가격이 좀 비싼 편이지만, 오션 뷰를 보고 나면 다 용서가 된다. 야외 카페와 테라스의 수영장이 포토존이다. 브런치도 즐길 수 있다.

☕ 쉬리니케이크

◎ 제주시 애월읍 애납로 175 📞 010-3052-9353

🕐 12:00~17:00(화 휴무) Ⓜ **추천메뉴** 딸기 생크림 케이크, 커피 ₩ 약 30.000원(2인)

ⓘ **주차** 전용 주차장, 만차 시 가게 앞 갓길 **인스타그램** @shirinicake_jeju

기타 홀케이크(whole cake)는 예약 필요(당일 구매 불가)

생애 모든 축하의 순간

제주에서 맛있기로 소문난 케이크 전문 카페. 기분 좋은 달콤함과 신선하고 건강한 맛을 동시에 느낄 수 있는 완벽한 케이크를 선보인다. 꽃, 책, 포인트 조명과 커튼 등을 활용해 공간을 감성적으로 꾸며 시선을 끈다. 나무 테이블과 의자에 통유리창 너머로 들어오는 햇살이 어우러져 잠시 쉬어가는 사람들에게 마음의 안식을 제공한다. 케이크는 제철 과일과 꽃을 사용해 만들어 꽃처럼 화려하고 사랑스럽다. 재료 선정과 제작 과정에서 기본을 충실히 따르고 착한 재료만을 고집하기 때문에 믿고 먹을 수 있다. 기술과 노력이 더해진 케이크는 1년 365일 변함없이 훌륭한 맛을 낸다. 한 입 베어 무는 순간 촉촉하고 부드러운 식감에 놀란다. 제철 과일의 신선한 맛이 폭신한 시트와 어우러져 입안 가득 행복이 퍼진다. 커피는 산미가 강하지 않고 마일드하다. 밸런스가 좋아 어느 케이크와 곁들여도 된다. 케이크의 풍미와 여운을 더욱 느끼고 싶다면 꼭 커피와 함께 맛보길 추천한다.

☕ 애월빵공장앤카페

📍 제주시 애월읍 금성5길 42-15 📞 064-799-5959
🕐 매일 09:00~20:30(마지막 주문 20:00) 🍽 **추천메뉴** 현무암
쌀빵, 화산석쇼콜라, 치즈바케트, 한라봉무스 ₩ 15,000원 안팎
(1인 기준) ⓘ **주차** 전용 주차장 **인스타그램** @jeju_dessert

제주 감성이 스며든 디저트

애월읍 곽지해수욕장 옆에 있는 베이커리 카페이다. 베이
커리 카페 중에선 제주도에서 가장 크다. 텔레비전 예능 프
로그램에 종종 등장하면서 금세 유명세를 탔다. 현무암쌀
빵, 고구마빵, 화산석쇼콜라, 홍차라테, 한라봉무스 등 특
이하고 제주 감성이 스며든 메뉴가 많다. 방부제와 화학
보존제를 사용하지 않는다. 유기농 밀가루만 사용하여 천
연발효종으로 빵을 만든다. 게다가 100% 순수 우유 버터
와 무가당 생크림만 사용한다. 그래서일까? 디저트 대부
분이 신선하고 담백하다. 창가 좌석에선 애월 바다를 눈
에 넣을 수 있다.

☕ 영국찻집

📍제주시 애월읍 녹근로 19-15 🕐11:00~18:00(수, 목 휴무) ₩ 1만원 이내 ⓘ **주차** 봉성보건소 또는 동개동민회관 길가 주차

잉글랜드 전원 마을에 온 듯

영국 감성이 흐르는 홍차 전문 카페이다. 제주시 애월읍 봉성리의 한적한 마을에 있다. 지붕이 낮은 제주도 특
유의 주택들 사이에 들어선 이국적인 건물이 눈길을 끈다. 런던 근교 전원 마을에서 옮겨놓은 듯 이색적인 풍경
이 마치 동화의 한 장면 같다. 실내는 아늑하고 정갈하다. 인테리어와 테이블, 장식장 등에서 살짝 고전미가 풍
긴다. 테이블은 모두 여섯 개이다. 메뉴는 홍차 몇 종류와 샌드위치, 카스텔라 등이 있다. 주차는 불가능하므로,
마을 입구 봉성보건소 길가 또는 동개동민회관 길가에 주차해야 한다.

☕ 우무 UMU

📍 제주시 한림읍 한림로 542-1(옹포리 324-3)
📞 0507-1327-0064 🕐 오전 09:00~20:00
(휴무 시 인스타에 공지) ₩ 1만원 이내 ⓘ **주차** 길가 주차

푸딩으로 유명한 디저트 카페

한림항 근처의 목욕탕을 리모델링한 디저트 카페이다.
우뭇가사리를 재료로 만든 푸딩을 판매한다. 제주 서
부를 여행하는 사람들이 즐겨 찾는데, 특히 여성 여행
자에게 인기가 많다. 우무는 해조류인 우뭇가사리를
녹여 만든 식품인데, 이를 푸딩으로 새롭게 탄생시킨
것이다. 그래서 가게 이름도 우무이다. 우무에서는 초
콜릿, 말차, 얼그레이, 커스터드, 이렇게 네 가지 맛 푸
딩을 판다. 색깔이 예쁘고, 용기가 앙증맞아 SNS에 인
증 사진이 많이 올라온다. 맛은 달달하고 부드럽다. 가
게에서는 10분 이내에 먹기를 권한다.

☕ 앤트러사이트 한림

📍 제주시 한림읍 한림로 564(동명리 1715) 📞 064-796-7991 🕐 09:00~18:00 ₩ 5천원~8천원 ⓘ **주차** 가능

전분 공장이 카페로 부활했다

쓸모없던 전분 공장을 개축하여 독특한 카페로 탈바꿈시켰다. 앤트러사이트 한림은 옛 공장에 최소한의 변화
만 주었다. 건물 외관은 물론 공장을 돌리던 전기 터빈을 그대로 두었다. 카페 안으로 들어가면 마치 과거로 시
간 여행을 하는 느낌을 준다. 바뀐 것이라고는 천장에 창을 내고, 화산석 송이를 깐 정도이다. 당신이 제주 서부
를 여행한다면 잊지 말고 앤트러사이트 한림을 방문하길 권한다. 과거로 시간 여행을 하다 보면 커피 향이 더욱
더 깊게 느껴질 것이다.

새빌

📍 제주시 애월읍 평화로 1529(봉성리 4554)
📞 064-794-0073
🕐 매일 09:00~19:00(동절기엔 18:00까지 운영)
₩ 1만원 안팎 ⓘ 주차 전용 주차장

새별오름 감상하며 커피 한잔

새별오름에서 동북쪽으로 150m 거리에 있는 베이커리 카페이다. 제주도에 오션 뷰 카페는 많지만, 오름을 눈앞에서 감상하며 커피를 마실 수 있는 카페는 드물다. 게다가 그 오름이 가장 인기가 많은 새별오름이라면 말 다 한 거나 마찬가지다. 새별오름과 바깥 풍경을 감상할 수 있도록 의자와 테이블을 창가 방향으로 배치했다. 봄부터 가을까지는 창밖 풍경이 초원 같고, 주변에 심은 핑크뮬리 덕에 가을에는 사방이 황홀한 분홍빛으로 변한다. 어디를 배경으로 사진을 찍어도 인생 사진을 얻을 수 있다.

 ## 우유부단

📍 제주시 한림읍 금악동길 38(금악리 142-2) 📞 064-796-2033
🕐 10:00~18:00(임시 휴무 인스타그램 공지) ₩ 6천원 내외 ⓘ 주차 성이시돌목장 주차

성이시돌 목장에 있는 우유 카페

유기농 우유와 수제 아이스크림, 밀크티 등 '우유'를 주제로 하는 테마 카페이다. 전국 어디에서나 찾아보기 힘든 목장 안 카페이다. '우유부단'은 '넘칠 우, 부드러울 유, 아니 부, 끊을 단'을 합성하여 만든 조어로, '너무 부드러워 끊을 수 없다'는 의미이다. 또 '우유를 향한 부단한 노력'이라는 중의적인 뜻도 있다. 모든 메뉴에서 건강한 맛을 즐길 수 있지만 수제 아이스크림이 으뜸이다. 커피, 홍차, 녹차도 판매한다. 카페 앞을 우유 팩 의자 등 아기자기한 설치 작품으로 꾸며놓아 여행객의 발길을 멈추게 하고 있다.

☕ 파라토도스

📍 제주시 한림읍 금능길 87(금능리 1426-3)

📞 0507-1310-4331 🕐 09:00~18:00(목 휴무)

₩ 1만원 이내 ⓘ **주차** 가능(주차장 만차 시 길 건너 공터 및 공영주차장 이용)

금능해변의 오션 뷰 카페

에메랄드빛 금능 바다와 비양도가 보이는 멋진 카페이다. 카페에 앉으면 마치 바다 위에 떠 있는 것처럼 느껴진다. 시시각각 변하는 바다의 빛과 색, 파도의 포말을 온전히 느낄 수 있어 오래 머물고 싶어진다. 다행히 아침 일찍부터 늦은 밤까지 영업하는 곳이라 언제 찾아도 좋다. 베이커리와 보틀 주스 등도 제법 다양하게 갖추고 있다. 아쉽지만 2층부터는 노키즈존이다. 아이와 동반한다면 1층 및 야외 테이블만 이용할 수 있다. 바다 바로 앞쪽 길은 매우 좁으니 차를 가지고 갈 땐 진입하지 않는 게 좋다. 뒷길에 주차 공간이 있다.

☕ 울트라마린

📍 제주시 한경면 일주서로 4611(판포리 1611) 📞 064-803-0414

🕐 10:00~19:00(수요일 휴무, 반려동물 캐리어 이용 시 입장 가능) ₩ 1만원 이내 ⓘ **주차** 전용 주차장

서부 최고 일몰 명소 카페

한경면 판포리 해거름 마을공원 옆에 있는 오션 뷰 카페이다. 아주 긴 탁자와 종종 보이는 식물 화분, 인더스트리얼 인테리어도 인상적이지만, 이 카페의 가장 큰 매력은 누가 뭐래도 바다 전망이다. 카페로 들어서면 한경 바다가 격자형 창문을 뚫고 카페 안으로 와락 다가온다. 특히 카페에서 감상하는 일몰은 가히 환상적이다. 2층으로 올라가면 인스타그램에서 종종 보았을 그 유명한 포토존이 나온다. 바다를 배경으로 멋진 포즈를 취해보자. 커피와 음료도 다 맛있고, 무엇보다 주인과 직원들이 친절하다.

☕ 클랭블루

◎ 제주시 한경면 한경해안로 552-22(신창리 1293-1)

📞 0507-1335-5338 ⏱ 매일 10:00~19:00

₩ 1만원 이내 ⓘ 주차 가능

이국적인 풍차 해안을 그대 품 안에

신창풍차해안도로에 있는 갤러리 카페이다. 2층 전체를 갤러리로 꾸몄다. 2층 갤러리에 오르면 엄청나게 큰 통유리창 앞에 의자가 놓여있다. 이곳은 풍차가 떠 있는 바다를 배경으로 사진을 찍는 필수 코스이다. 여러 방송과 광고의 배경이 된 곳이다. 돌담과 바다, 그리고 그 위의 풍차가 액자 속 그림처럼 들어온다. 건물 전체가 카페와 갤러리인데, 2018년 제주건축대전에서 본상을 받았다. 건축물을 구경하는 재미도 쏠쏠하다. 시즌별로 달라지는 제주산 과일로 만든 주스와 티, 케이크가 이 카페의 대표 메뉴.

☕ 명월국민학교

◎ 제주시 한림읍 명월로 48(명월리 1734) 📞 070-8803-1955

⏱ 11:00~19:00(아이, 반려동물 동반 가능) ⓘ 주차 가능

국민학교 교실이 감성 돋는 카페로 변신했다

초등학교를 국민학교로 부르던 시절 학교에 다닌 사람들에게 새록새록 추억을 되살려 준다. 어릴 적 양초로 윤기를 내던 고동색 교실 바닥과 복도를 보면 어린 시절 기억이 떠올라 입가에 웃음이 번진다. 명월국민학교는 옛 교실 세 개를 카페, 기념품 매장, 전시실로 사용하고 있다. 커피반, 소품반, 갤러리반. 각 출입문 위에 달린 명판이 또 한 번 학창 시절을 떠올리게 해준다. 커피반에서는 추억 가득한 책상과 걸상에 앉아 커피를 마시며 도란도란 이야기도 나눌 수 있다. 복도 창가에 앉아 멀리 있는 바다를 볼 수 있다.

☕ 산노루 제주점

◎ 제주시 한경면 낙원로 32(조수리 2098-4)
📞 070-8801-0228 🕐 10:00~19:00
₩ 1만원 이내 ⓘ 주차 가능

모던하고 매혹적인 유기농 녹차 카페

찻잎 맛을 제대로 우려낸 녹차 음료가 탐이 난다면, 혹은 오설록에서 사람에 치여 놀랐다면 주목하자. 산노루에 선 최상급 유기농 녹차로 만든 세련된 음료를 느긋하게 마실 수 있다. 갈색 벽돌로 만든 여러 개의 건물에 비커와 현미경이 늘어선 실내까지, 마치 이곳은 연구소 같다. 얼룩 한 점 없는 스테인리스 접시에 내어주는 음료와 디저트는 그 세심한 연구의 진한 결과물이랄까. 특히 고품질 가루차 플랫 화이트, 가루차 아인슈페너는 신선하고 부드럽고 진하다. 음료와 디저트는 물론, 메뉴판과 인테리어까지 구석구석 감탄을 자아낸다. 전직 광고 기획자, MD, 그래픽 디자이너가 합심해 만들었다. 실내는 노키즈존이지만, 야외 테이블도 있으니 아이들과 함께라도 안심이다. 건너편 건물은 스토어다. 직접 향도 맡아보고 차를 구매할 수 있다.

닻

◎ 제주시 애월읍 가문동길 41-2(하귀2리 2726)   📞 070-4147-2154   🕐 18:00~24:00

Ⓜ **추천메뉴** 돌문어튀김, 성게관자구이, 딱새우회, 생선회   ₩ 4만원 내외   ⓘ **주차** 가게 앞 포구 주차장 이용

애월 바닷가의 작은 선술집

애월읍 하귀 바다에 어둠이 내리면 닻이란 작은 일본식 선술집이 불을 밝힌다. 바다 위에 떠 있는 배와 작은 선술집이 만드는 분위기가 여간 운치가 있는 게 아니다. 마치 일본의 작은 항구 분위기랄까? 닻은 애월해안도로 인근에 있다. 돌문어튀김, 성게관자구이, 딱새우회, 생선회 같은 안주와 사과소주를 비롯한 다양한 술을 판매한다. 주방 옆에 있는 믹싱 기계와 많은 LP와 CD가 선술집 분위기와 잘 어울린다. 제주도 해산물이 데리고 온 바다 향에 먼저 취한다. 〈테이스티로드〉에 나왔다.

카페 태희

◎ 제주시 애월읍 곽지3길 27(곽지리 1575-3)   📞 064-799-5533

🕐 10:00~20:00   Ⓜ **추천메뉴** 피시앤칩스, 수제 햄버거

₩ 6천원~1만6천원   ⓘ **주차** 가게 앞 공영주차장 이용

곽지해변에서 피스앤칩스와 맥주 한잔

이효리 부부와 아이유가 이곳에서 피시앤칩스를 사 먹었다. 피시앤칩스는 치맥 또는 피맥에 버금가는 맥주 안주이다. 카페 태희는 애월의 곽지과물해변에 있는 작은 카페 겸 맥줏집으로 피시앤칩스Fish and Chips 전문점이다. 바다가 보이는 창가에 앉아 피시앤칩스와 맥주 한잔을 들이키면 이 세상이 내 것 같이 느껴진다. 신선한 오일로 튀긴 생선과 감자는 감칠맛이 나고 바삭거리는 소리는 먹는 내내 귀를 즐겁게 한다. 수제맥주 등 다양한 세계 맥주와 함께 즐길 수 있다. 커피, 수제 햄버거도 즐길 수 있다.

🏪 그리고 서점

📍 제주시 애월읍 엄수로 167(애월로컬푸드협동조합 바로 옆)
📞 010-7942-9111 🕐 10:00~16:00(토·일 휴무, 방문 전 전화 연락 필수)
ⓘ **주차** 서점 앞 주차장

애월읍 중산간의 샘물 같은 책방

제주공항에서 중산간서로를 타고 서쪽으로 30분 정도 달리면 애월읍 구엄리와 신엄리 사이 중산간 마을 수산리에 닿는다. 물 맑고 산이 아름답다 해서 수산리水山里인데, 옛 이름은 물메이다. 수산리 풍경은 수묵화처럼 고요하다. 그리고 서점은 이 조용한 마을에 잘 어울린다. 책방의 존재를 알리는 간판이 서점 이름만큼 수줍게 서 있다. 조심스럽게 문을 열고 들어가면 어릴 적 동네서점 분위기가 나는 아기자기한 공간이 마음을 편안하게 해준다. 소박하고 정겹다. 서가엔 2,000여 권의 책이 가득하다. 소설, 시집, 에세이, 인문 도서, 독립출판물까지 종류가 다양하다. 책방지기가 읽었거나 읽고 싶은 책들을 큐레이션 했다. 책방지기가 내려주는 커피 맛도 특별하다. 커피 몇 모금 마시고 나면 책방이 더없이 편안해지고 오랫동안 머물고 싶다는 생각이 절로 든다.

🛍 소길별하

📍 제주시 애월읍 소길남길 34-37 📞 0507-1430-4838
🕐 10:30~17:30(브레이크타임 11:30~13:00, 네이버 예약 필수, 반려동물 출입 가능, 일요일 휴무나 공지 확인 필수)
₩ 6,000원(음료 한잔 포함) ⓘ 주차 전용 주차장 인스타그램 sogil_bh

별처럼 빛나는 곳

애월읍 어느 한적한 마을 소길리, <효리네 민박>을 촬영했던 이효리와 이상순 부부의 집이 로컬 브랜드 스토어로 탈바꿈하였다. 소길별하이다. 소길리의 '소길'과 별처럼 높이 빛나는 사람이라는 뜻의 '별하'를 합친 이름이다. <효리네 민박>에서 보았던 거실, 침실, 벽난로 등이 그대로여서 그들의 삶의 흔적을 조금이나마 엿볼 수 있다. 이곳에서는 특색있는 제주의 브랜드를 전시하고 판매하고 있다. 친환경 생활용품, 그릇, 디퓨저, 다양한 액세서리 등 오직 제주에서만 만날 수 있는 특색 있으면서, 가장 제주다운 소품을 판매한다. 소품 가게에서 상품을 구매하면, 이상순 씨의 작업실로 쓰였던 곳에서 음료와 다과를 준다. 카페나 나무로 둘러싸인 정원에서 잠시 여유와 사색을 즐길 수 있다. 이곳의 가장 큰 매력은 도시의 소음이 전혀 느껴지지 않는다는 점이다. 잠시 편안히 앉아 휴식과 사색을 즐기길 추천한다. 예약 후 대문 앞에 도착하면 시간에 맞춰 직원이 데리러 나오니, 늦지 말도록 하자.

📚 책방 소리소문

📍 제주시 한경면 저지동길 8-31 📞 0507-1320-7461
🕐 11:00~18:00(화, 수 휴무) ⓘ 주차 가능

조용한 마을의 아름다운 책방

제주시 한경면 저지리에 있는 책방이다. 책방 이름을 보고 귀로 듣는 '소리'와 '소문'을 떠올리는 사람이 많으나, 사실은 그런 뜻이 아니다. 소리소문의 한자는 小里小文이다. 주인이 지은 조어인데, 의미를 풀면 '작은 마을의 작은 글'이라는 뜻이다. 서점 덕후인 부부가 운영하는데, 감성과 실속 모두 알차기로 현지인은 물론 여행자들에게도 소문이 자자하다. 상명리에서 저지리로 이사했다. 겉으로 보면 아담해 보이지만, 안으로 들어가면 책방이 제법 넓다. 분위기는 아늑하고 감성적이다. 가장 인기가 많은 책은 블라인드 북이다. 블라인드 북이란 제목 그대로 책이 보이지 않게 포장해놓고 판매하는 책이다. 다만, 책마다 내용을 암시할 수 있는 해시태그를 적어놓았다. 해시태그를 참고하여 책 내용을 추측하며 고르는 재미가 의외로 쏠쏠하다. 〈특별하게 제주〉의 문신기 작가가 작업한 리커버 세계 문학책도 인기가 많다. 헤밍웨이 등 유명 작가의 소설을 현대적으로 재해석하여 표지를 그렸는데, 소리소문에서만 구매할 수 있다.

PART 5

제주시
동부권

조천읍·구좌읍

카페
모알보알

숙성도 함덕점
카페 델문도

아라파파
북촌

런던베이글
뮤지엄

곰막식당

김ᄂ

고집돌우럭
함덕점

서우봉 둘레길

공백

돌고래
요트 투어
(김녕항)

무거버거

너븐숭이
4·3기념관

김녕미로

함덕해수욕장

만장

해녀김밥 본점

만춘서점

← 덕인당

오드랑베이커리

동백동산

카페 세바

더블유 라운지

대흘
초등학교

사슴책방

조천읍

5L2F

선한종이

와흘메밀농촌체험
휴양마을

제주레포츠랜드

선녀와나무꾼 테마공원

1136

99

97

비밀의 숲

거문오름

송당리

에코랜드

제주돌문화공원

성미가든

교래자연
휴양림

우동카덴

블루보틀

산굼부리

1112

카페 글렌코

말로

97

돌카롱
사려니숲길점

제주 스카이워터쇼

1118

제주시 동부권 지도

델문도 김녕점

만월당

월정리
해수욕장

로움

월정리로와

해맞이해안로

톰톰카레

해맞이쉼터

명진전복

구좌읍

세화해수욕장

카페공작소 해녀박물관

해맞이해안로

토끼썸

하도해수욕장

철새도래지

종달리
수국길

소금바치 순이네

지미봉

산도롱매도롱

1112

종달항

필기

해월정

메이즈랜드

1132

비자림

다랑쉬오름

풍림다방
송당점

두산봉

제주레일
바이크

용눈이오름

오름
피가든

1119

제주시 동부권 버킷리스트 10

MUST GO

01
유럽풍 증기기관차 타고 에코 투어
에코랜드는 CF와 예능의 단골 촬영지이자 제주도에서 가장 인기 있는 에코를 주제로 한 테마파크다. 곶자왈 등 제주의 자연을 체험하는 공간 5곳으로 구성되어 있다. 유럽풍 증기기관차를 타는 재미가 특별하다.

02
해맞이해안로 수국길 드라이브
남빛 바다와 몽환적인 수국. 해맞이해안로는 제주 동부에서 최고로 꼽히는 드라이브 코스이다. 월정리에서 종달리까지 약 20km 구간 대부분이 에메랄드빛 바다를 끼고 달린다. 특히 6월에는 수국꽃이 고혹적이다. 수국의 유혹에 당신은 곧 자동차를 멈추게 될 것이다.

03
세화해변에서 인생 사진 찍기
인생 사진을 남기고 싶다면 세화해변으로 가자. 세화 해변의 시그니처 풍경은 바닷가 방파제 위에 있는 예쁜 화분과 나무 의자이다. 카페공작소에서 내놓은 세화 해변 최고 인생 샷 명소이다.

04
SNS의 성지, 비밀의 숲 찾아가기
안돌오름 비밀의 숲은 SNS의 성지이다. 안돌오름 옆 편백숲과 삼나무숲은 여행자들에게 '비밀의 숲'으로 불린다. 쭉쭉 뻗은 수직의 숲이 신비롭고 이국적이다. 누구나 이곳에 오면 비현실적으로 아름다운 숲의 자장에 이끌린다.

05
천년의 숲, 비자림 힐링 산책
비자림은 제주의 원시림이다. 수령 800년의 비자나무 2,800그루가 신비로운 숲을 이루고 있다. 붉은 화산 송이석으로 만든 산책로를 걷다 보면 자연의 기운이 토닥토닥 당신을 위로해준다. 흐린 날이나 비가 오는 날엔 더욱 운치가 있다.

06

반나절 오름 트레킹

제주 동부는 오름의 왕국이다. 다랑쉬오름, 거문오름, 용눈이오름, 아부오름……. 정상에 서면 신비로운 분화구가 영혼을 끌어당기고, 시선을 밖으로 돌리면 동부의 오름 군락이 파도처럼 푸르게 물결친다.

MUST EAT

01

바다 전망 카페에서 커피 즐기기

함덕해수욕장의 델문도, 김녕 바다를 품은 공백, 월정리해변의 오션 뷰 카페들, 그리고 세화해변의 카페 공작소……. 쪽빛 바다, 멋진 해안도로, 풍력발전기가 돌아가는 이국적인 풍경. 창가로 고개를 돌리면 환상 바다가 당신에게 와락 안긴다.

02

여행자 맛집에서 제주 음식 즐기기

함덕의 잠녀해녀촌은 바다의 맛으로 가득하다. 특히 성게보말죽 맛이 신통방통하다. 순옥이네명가 함덕점의 전복뚝배기와 제주식 물회, 곰막식당의 성게국수와 고등어회도 맛있다. 전복구이 맛집 명진전복과 구운 갈비가 올라오는 국수 맛집 산도롱맨도롱도 기억하자.

03

동부 중산간 맛집과 카페 투어

에코랜드, 교래자연휴양림, 산굼부리, 안돌오름 비밀의 숲, 동부의 오름을 여행할 땐 중산간 맛집을 기억하자. 상춘재는 멍게비빔밥과 돌문어비빔밥이 유명하고, 성미가든은 닭백숙과 샤부샤부 맛집이다. 커피가 그립다면 블루보틀과 글렌코, 풍림다방 송당점으로 가자.

04

제주식 마카롱과 느리게 구운 빵 즐기기

조천읍 함덕의 오드랑베이커리는 빵지 순례 명소이다. 특히 진한 마늘 향, 크리미한 소스를 듬뿍 품은 쫀득한 마농바케트는 늘 인기가 많다. 돌카롱은 제주식 마카롱이다. 검은 현무암 모양의 쫀득한 크러스트를 넣은 유채, 억새, 수국 빛깔의 마카롱을 즐겨보자.

📷 에코랜드

📍 제주시 조천읍 번영로 1278-169 📞 064-802-8000 🕐 매일 08:30~17:30(마지막 기차 16:30)
₩ 성인 16,000원, 청소년 13,000원, 어린이 11,000원 ⓘ **주차** 전용 주차장

기차 타고 곶자왈 여행

제주의 원시림 곶자왈을 주제로 꾸민 자연과 생태체험 테마파크이다. 곶자왈은 숲을 뜻하는 '곶'과 가시덤불이 뒤
엉킨 모습을 일컫는 '자왈'을 합친 제주어이다. 에코랜드는 원시림 30만 평에 호수, 기찻길, 숲 산책로, 꽃 정원으로
꾸몄다. 기차는 보기만 해도 동심으로 이끄는 1800년대 증기기관차이다. 영국에서 주문 제작한 링컨 기차이다. 한
칸에 4~6명의 인원이 타면 다음 역으로 출발한다. 기차는 8~10분 간격으로 운행된다. 원하는 역에 내려 자유롭게
주변을 탐방한 뒤 다음 열차를 타고 이동하면 된다. 수상 데크를 따라 걸으며 만나는 이국적인 풍경과 곳곳에 설치
된 다양하고 흥미로운 볼거리는 제주 자연의 아름다움과 한적한 여유를 느끼기에 좋다. 탐방하다 만나는 에코로드
는 숲 산책로이다. 짧은 코스(400m, 약 10분)와 긴 코스(1.9km, 약 40분) 중 선택하여 걸을 수 있다. 화산이 폭발할
때 생긴 화산송이를 맨발로 밟으며 걷는 체험은 색다른 감동을 준다.

특별자치도청

📷 제주돌문화공원

📍 제주시 조천읍 남조로 2023 📞 064-710-7731 🕐 09:00~18:00(월 휴무) ₩ 성인 5,000원, 청소년&
군경 3,500원, 만12세 이하 어린이, 만 65세 이상 경로자 무료 ⓘ **주차** 전용 주차장

가장 제주다운 특별한 공원

조천읍의 중산간 곶자왈 지대에 있다. 제주돌문화공원은 화산섬 제주를 만들었다는 설문대할망과 그 아들들인
오백장군의 전설을 토대로 조성한 문화생태공원이다. 제주돌박물관, 오백장군갤러리, 거대한 돌하르방과 두상
석이 늘어선 야외 전시장, 제주 전통 초가 마을을 재현한 돌한마을, 선사시대부터 제주의 민간신앙을 아우른 제
주돌문화전시관 등 볼거리가 다채롭다. 공원이 워낙 넓어 시간 여유를 두고 꼼꼼히 둘러보자. 해설사의 설명 시
간과 맞추어 관람하면 더욱 알차다. 공원 곳곳에는 화산이 빚어낸 기묘한 돌로 가득하다. 보는 사람에 따라 보이
는 모습도 각각 달라 재미가 있다. 제주의 돌로 이뤄진 제주돌문화공원의 가치는 관광지 이상으로 매우 높다. 천
혜의 자연경관과 제주의 독특한 돌 문화를 통해 제주인들의 삶과 문화 그리고 역사를 이해해보자. 돌문화공원에
서는 인문학적, 자연 생태적 가치를 활용해 다양한 체험 프로그램도 운영하고 있다.

📷 산굼부리

📍 제주시 조천읍 비자림로 768(교래리 산 38) 📞 064-783-9900

🕐 3월~10월 09:00~18:40(입장 마감 18:00) 11월~2월 09:00~17:40(입장 마감 17:00)

₩ 성인 6천원 어린이·청소년 4천원

억새와 풍경에 취하고, 신비한 분화구에 놀라고

입구부터 억새가 춤을 춘다. 방문객을 반기듯 추임새를 넣으며 어깨를 들썩이고 팔을 휘젓는다. 사방은 억새의 평원이다. 늦가을부터 이른 봄까지 억새가 장관을 연출한다. 산굼부리로 곧장 올라가는 길보다 산책로를 선택하면 물결치는 억새를 제대로 감상할 수 있다. 산굼부리의 또 다른 매력은 오름을 감상하는 즐거움이다. 가히 오름 전망대라 할 수 있다. 동부의 오름 군락지 한가운데 있는 까닭에 어디에 눈을 두어도 굽이치는 오름이 시야 가득 들어온다. 드넓은 평원, 파란 하늘 그리고 물결치는 오름을 마주하면 탄성이 절로 나온다. 억새와 풍광에 취해 기분 좋게 구릉을 오르면 갑자기 거대한 웅덩이가 나타난다. 예감하지 못한 비현실적인 광경에 사람들은 탄성을 지른다. 분화구는 무슨 비밀을 간직한 듯 신비롭다.

📷 제주레포츠랜드

📍 제주시 조천읍 와흘상서2길 47 📞 064-784-8800
🕐 매일 09:00~17:30 ₩ 1만9천원~4만2천원 ⓘ **주차** 전용 주차장

스릴 만점 카트레이싱 명소

제주레포츠랜드는 조천읍 와흘 중산간 언덕의 넓은 땅에 있는 종합 액티비티 체험장이다. 아이부터 성인까지 두루 인기가 높다. 특히 성인들의 환호성은 대부분 카트레이싱 체험장에서 울려 퍼진다. 제주의 여러 카트레이싱 코스 중 가장 길다. 레이싱을 벌이며 여유로운 추월이 가능한 폭이 넓은 코스를 보유하고 있다. 거기다 유럽 직수입 카트라서 속도와 주행 안정성이 뛰어나 이용자의 만족도가 높다. 실제 레이싱 경기 시상대를 본뜬 포토 존까지 마련되어 있어 즐거움을 더해준다.

카트레이싱이 메인이지만, 다른 액티비티 체험도 즐길 수 있다. 사계절 썰매장은 길이가 120미터나 되며 출발장의 경사가 높아 박진감이 넘친다. 한 번 타면 짜릿한 맛에 여러 번 썰매장을 오르내리게 된다. 사격장도 있다. 페인트탄 30발을 쏠 수 있는데, 총알이 묵직하고 발사 반동이 제법 커 사격의 재미를 더해준다. 집라인과 산악 버기카도 즐길 수 있다. 패키지 세트는 할인된 가격으로 구매할 수 있어서 다양한 액티비티를 즐기기에 효과적이다.

📷 와흘메밀농촌체험 휴양마을

📍 제주시 조천읍 남조로 2455
📞 064-783-1688
ⓘ **주차** 전용 주차장

메밀꽃 언덕에서 꿈같은 한때를

제주의 봄과 가을 보름 남짓, 중산간 마을 와흘리 일대의 푸른 들판은 마법처럼 환상 하얀 꽃밭으로 탈바꿈한다. 소금을 뿌려 놓은 듯 하얀 메밀꽃밭이 너무 아름다워 눈이 부시고 숨이 멎을 듯하다. 파란 하늘과 제주의 바람이 메밀밭 풍경을 완성해 준다. 만일 인근 도로를 지난다면 너나없이 탄성을 지르다가 어느새 갓길에 차를 세우고 메밀꽃밭 속으로 뛰어든 자신을 발견하게 될 것이다. 수년 동안 퍼진 입소문으로 이제 제주의 메밀꽃밭은 유채, 수국, 동백과 함께 제주의 빼놓을 수 없는 꽃 나들이 코스로 자리 잡았다.

아무 때나 와흘리로 간다고 메밀꽃을 볼 수 있는 것은 아니다. 1년에 두 번, 봄과 가을에 펼쳐지는 와흘 메밀꽃 축제 기간을 확인하고 일정을 맞추면 된다. 오랫동안 메밀 농사를 지어왔던 와흘리 주민들이 십여 년 전 체험형 휴양농원을 조성하고 해마다 메밀꽃 축제를 연다. 축제 기간엔 메밀로 만든 빙떡, 메밀 범벅, 메밀묵 같은 다양한 음식과 차를 즐길 수 있어서 더욱 즐겁다.

📷 선녀와 나무꾼 테마공원

📍 제주시 조천읍 선교로 267 📞 064-784-9001
🕐 매일 09:00~18:00(입장 마감 17:00) ₩ 1만원~1만3천원 ⓘ 주차 전용 주차장

세대를 아우르는 내 어릴 적 추억 명소

아이부터 부모 세대까지, 옛 추억을 떠올리며 재미난 시간을 즐길 수 있는 테마공원이다. 대형 실내 공간에 60년대부터 90년대까지 시대별 생활상을 실제 소품과 모형을 통해 재현해 놓았다. 타임머신을 타고 도착한 듯 60년대 달동네의 실제 가옥을 아련한 기분으로 구경할 수 있다. 노점과 다방, 서점과 우체국, 그리고 버스정류장이 늘어선 70년대 거리를 거닐다 보면 추억의 책장을 넘기듯 이야기가 끊이지 않는다. 중장년 세대라면 추억을 소환하며 유쾌한 시간을 즐길 수 있다. 그 시절을 모르는 세대는 모든 게 새롭고 신기하다. 특히 고전영화 포스터가 늘어선 입구부터 영화 간판과 딱딱한 극장 좌석까지 옛 영화관을 그대로 재현한 공간은 인기가 폭발적이다. 스크린엔 70년대 추억의 히트작인 <고교 얄개>가 흐른다. 책걸상에 개구쟁이들 가득하고 도시락을 올려놓은 석탄 난로가 있는 옛 교실 역시 관람객의 발길을 붙잡는다. 관람로 여기저기에 그 시절을 체험할 수 있는 포토 존도 있어서 재미난 사진을 담아갈 수 있다. 효도 여행, 또는 부모님을 동반한 가족 여행객에게 안성맞춤이다. 레트로 트렌드를 즐기는 젊은 여행객도 제법 많이 찾는다.

📷 거문오름

📍 제주시 조천읍 선교로 569-36 📞 064-710-8980~1 🕐 09:00~13:00(예약제로 30분 간격 출발. 화요일, 1월 1일, 설·추석 휴무) ⓘ **코스 안내** 정상 코스 1.8km(1시간 소요), 분화구 코스 5.5km(2시간 30분 소요), 전체 코스 10km(3시간 30분 소요) **주의사항** 앞트임 샌들, 키 높임 운동화, 양산, 우산, 음식물 반입 금지

하루 450명에게만 허락하는

거문오름해발 456m, 둘레 4,551m은 360여 개 오름 중 유일하게 세계문화유산에 등재되었다. 제주 남쪽 바다까지 뻗은 용암 동굴계의 어머니로 밝혀진 까닭이다. 또 유네스코 생물권보호구역과 세계지질공원 인증까지 받으면서 제주에서 유일하게 세계유산 트리플 크라운을 달성했다. 10~30만 년 전 제주 동부에 거대한 화산 폭발이 여러 차례 일어났다. 이때 거문오름과 백록담보다 세 배 큰 거대한 분화구가 생겼다. 화산 폭발 때 해안가로 흘러간 용암이 벵딕굴에서 만장굴, 김녕굴, 용천동굴, 당처물동굴까지 13km에 이르는 직선형 용암 동굴을 만들었다. 용암 협곡, 용암 함몰구, 선흘곶자왈도 이때 생겼다. 거문오름에선 땅의 숨골이라 불리는 풍혈바람구멍도 볼 수 있다. 풍혈은 돌 틈에 생긴 큰 구멍으로, 수증기가 나왔다 멈추기를 반복한다. 땅이 숨을 쉬는 것 같아 무척 신비롭다. 신기하게도 여름엔 시원한 바람이, 겨울엔 따스한 바람이 나온다. 거문오름에 가면 화산이 만든 신비와 숲의 생명을 오롯이 느낄 수 있다. 전화와 인터넷 예약 후 탐방할 수 있다. 탐방 희망 전 달 1일부터 선착순이며, 당일 예약은 불가하다.

📷 함덕해수욕장

📍 제주시 조천읍 조함해안로 525

📞 064-728-3989

₩ 무료 ⓘ **주차** 공영 주차장(조천읍 함덕리 1004-5)

에메랄드빛 바다의 향연

함덕해수욕장은 제주에서도 해변이 아름다운 곳으로 손꼽힌다. 도착하는 순간 다른 나라에 온 것 같은 기분이 든다. 입구부터 키 큰 야자수들, 에메랄드빛 바다와 하얀 백사장, 노란 유채꽃이 어우러진 제주만의 특별한 풍경을 만날 수 있다. 제주공항에서는 동쪽으로 17km, 자동차로 30분이면 거뜬히 도착한다. 함덕 바다는 수심이 깊지 않고 파도도 적은 편이어서 어른이나 아이 할 것 없이 물놀이를 즐기기에 좋다. 해수욕장 서쪽은 현무암과 현무암 사이를 구름다리로 연결해 놓아, 바다 위를 걷는 듯한 경험을 할 수 있다. 해수욕장 건너편 서우봉에 오르면 아름다운 바다와 한라산, 오름 등이 어우러진 모습을 한눈에 담을 수 있다. 건너편 서우봉에는 봄마다 유채꽃이 만발한다. 노란 유채와 산 아래 에메랄드빛 바다를 배경으로 인생 사진을 찍으려는 사람들로 봄마다 들썩인다. 푸른 바람을 맞으며 서우봉 둘레길을 걸어도 좋다.

📷 서우봉 둘레길

📍 제주시 조천읍 함덕리 250-2 ⓘ **산책 시간** 30분~40분(약 1.3km) **편의시설** 주차장, 화장실, 산책로
상세 경로 서우봉 주차장 —300m— 갈림길 —740m— 서우봉 둘레길 —300m—서우봉 주차장

쪽빛 바다와 노란 유채꽃

서우봉은 함덕해수욕장과 맞닿아 있다. 생김새가 물소 형상이라 이런 이름을 얻었다. 서우봉은 서모봉과 망오름 두 개 봉우리로 이루어진 낮고 긴 타원형 화산체이다. 순수 오름 높이가 106m여서 누구나 쉽게 오를 수 있다. 주차장에서 300m쯤 오르면 서우봉 둘레길과 산책로 갈림길이 나온다. 왼쪽이 둘레길이고, 오른쪽이 서우봉 산책로이다. 둘레길을 걷다 보면 에메랄드빛 바다가 펼쳐진다. 고개를 반대로 돌리면 오름 군락과 한라산이 시야 가득 다가온다. 매년 봄마다 노란 유채가 서우봉을 물들이는데, 남빛 바다와 하얀 백사장 그리고 서우봉의 노란 유채꽃이 어우러져 만들어내는 풍경은 그야말로 백만 불짜리 절경이다. 여름에는 해바라기가, 가을엔 코스모스가 서우봉을 매혹적으로 만들어 준다. 서우봉 입구 왼쪽으로는 왕복 10분 거리의 해변 산책로가 있다. 또한 서우봉 산책로는 서모봉과 망오름 주변까지 한 바퀴 돌 수 있다. 서우봉 산책로 일부 구간은 올레 19코스와 겹친다.

©정용혁

📷 너븐숭이 4·3기념관

📍 제주시 조천읍 북촌3길 3 📞 064-783-4303

🕐 09:00~18:00(매달 2·4주 월 휴무) ₩ 무료 ① 주차 전용 주차장

아픔이, 슬픔이 되지 않기 위해

제주 4.3 사건은 이승만 정부가 벌인 끔찍한 국가 폭력이었다. 조천읍 북촌마을은 4.3 사건 중에서도 가장 잔인한 학살이 벌어진 곳이다. 1949년 1월 19일, 대한민국 군대는, 그들이 지켜야 할 대한민국 국민 448명을 집단학살했다. 널찍한 바위로 이루어진 너븐숭이에 들어선 4.3기념관은 선량한 북촌리 시민들의 참담하고 억울한 죽음을 기억하기 위한 공간이다. 위령비, 기념관, 방사탑, '순이삼촌' 문학비로 구성돼 있다. 기념관에서는 북촌리 집단학살 사건의 진상과 4·3 희생자 조사서, 4.3에 대한 이해를 돕기 위한 영상물, 북촌 학살 사건을 다룬 현기영 작가의 소설 '순이삼촌'을 관람할 수 있다. 이 사건이 더 끔찍한 까닭은 아이들의 희생이 너무 컸기 때문이다. 심지어 아직 이름을 얻지 못한 갓난아기도 여럿이었다. 이 아기들의 무덤이 기념관과 '순이삼촌' 문학비 사이에 있다. 테두리를 두른 작은 돌과 바람개비, 사탕과 이쁜 장난감이 아기들의 영혼을 위로하고 있다.

📷 동백동산

📍 제주시 조천읍 동백로 77
📞 064-784-9445

숲길 산책의 즐거움-동백꽃, 원시림, 비경 연못

동백동산은 선흘곶자왈, 먼물깍 습지, 푸른 활엽수와 천연림, 화산 활동의 흔적인 동굴을 품고 있다. 자연 생태 지역으로, 2011년 람사르 습지에 등록되었다. 선흘곶자왈은 태고의 원시림을 보는 듯 신비롭고 환상적이다. 엄청난 수령의 원시림이 하늘을 가리고 있다. 숲길을 따라 걷다 보면 갑자기 하늘이 환하게 펼쳐지는데, 그때 먼물깍이 고혹스러운 자태를 드러낸다. 먼물깍은 곶자왈에서 흘러내린 물이 지대가 낮은 곳에 고여 형성된 일종의 연못이다. 선흘곶자왈에는 용암동굴이 산재해 있는데 이중 '반못굴'은 4·3항쟁 당시 선흘리 사람들의 은신처이자 희생지였다. 영화 <지슬>이 이곳에서 촬영되었다. 동백꽃, 원시림, 비경 연못, 제주 이야기. 당신의 숲길 산책이 즐겁게 깊어간다.

돌고래 요트 투어

📍 제주시 구좌읍 구좌해안로 229-16 (김녕리 4212-1) 📞 064-782-5271
🕐 10:00~18:00(기상 상황에 따라 변동이 있을 수 있다) ₩ 일반 상품 요금 성인 6만원, 청소년 4만원 ⓘ 주차 가능

자, 떠나자! 고~래 만나러~!

김녕항에서 출발한다. 요트에 오르면 와인과 싱싱한 회가 나온다. 바다에서 보는 해안 풍경은 또 다른 절경이다. 시선을 멀리 던지면 화산이 만든 한라산과 제주도 동부의 오름들이 하나둘 눈에 들어온다. 배에서 보는 제주도 풍경이 신비롭게 아름답다. 요트는 조금씩 해안에서 멀어진다. 넓은 바다로 나오면 선상 낚시도 즐길 수 있다. 운이 좋으면 놀래기 몇 마리쯤 잡을 수 있다. 김녕 바다는 남방 돌고래가 무리를 지어 뛰어노는 곳이다. 돌고래가 요트 주변에서 뛰놀며 사람들을 반긴다. 배를 뒤집어 보이며 재롱을 떨기도 하고 요트 아래를 오가며 풀쩍 뛰는 깜짝 쇼를 벌인다. 때로는 영화의 한 장면처럼 무리 지어 물결 위를 넘실대며 군무를 보여준다. 요트 투어는 단체 일반 상품뿐 아니라 선셋 돌고래 투어, 다이닝 돌고래 투어, 선라이즈 돌고래 투어도 있다. 설렘과 낭만을 품고 돌고래 투어를 떠나자. 아쉬움도 있다. 가격대가 다양하지만 대체로 비싼 편이다.

📷 김녕해수욕장

📍제주시 구좌읍 해맞이해안로 7-6 (김녕리 497-4) ⓘ 주차 가능

푸른 물감을 풀어놓은 듯

제주 동부에서 에메랄드빛 바다에 반해 차를 멈추게 된다면 그곳은 함덕해수욕장, 아니면 김녕해수욕장일 것이다.
서부에 협재와 금능해수욕장이 있다면 동부엔 함덕과 김녕해수욕장이 있다. 김녕해수욕장은 김녕성세기해변이
라고도 부르는데, 서부 한경면의 신창풍차해안처럼 풍력발전기가 돌아가 더 이국적이다. 게다가 하얀 백사장과 푸
른 바다의 색 대비가 뛰어나 눈을 즐겁게 해준다. 여기에 용암이 식어 돌이 된 현무암과 풍력발전기까지 시선에 넣
으면 제주도에서 하나밖에 없는 매혹적인 풍경이 완성된다. 썰물 때는 돌 사이에 천연 수영장이 만들어지고, 해수
욕장 남쪽 건너편엔 캠핑객의 인기를 독차지하는 야영장이 있다. 김녕해수욕장은 김녕·월정 지질트레일의 출발점
이자 도착점이기도 하다. 지질트레일은 화산과 용암이 만든 지질자원과 인간이 땅과 바다를 일궈 만든 삶의 풍경
을 동시에 체험할 수 있다. 이를테면 솔솔 솟는 용천수와 서정성 짙은 밭담 길과 역사 유적 환해장성을 더불어 만
날 수 있다. 일부 구간은 올레 20코스와 겹친다. 올레와 지질트레일을 한 번에 경험할 수 있는 멋진 걷기 코스이다.

 **김녕미로공원**

◎ 제주시 구좌읍 만장굴길 122 ☎ 064-782-9266 ⏰ 매일 09:00~18:00(계절마다 운영시간 조금 다름)
₩ 성인 7,700원, 청소년 6,600원, 어린이 5,500원 ⓘ 주차 전용 주차장

초록의 미로 속으로

국내 첫 미로 공원Maze Park이다. 제주대학교 관광학과 교수로 재직했던 프레드릭 더스틴이 1995년 문을 열었다. 제주에만 유사 미로 공원이 14개나 생겼지만, 여전히 연간 30만 명이 찾는 국내 대표 미로 공원이다. 공원은 세계적인 미로 디자이너인 애드린 피셔가 7개 상징물고인돌·뱀·음양·조랑말·배·나침반·제주도을 담아내 만들었다. 미로를 풀다 보면 구름다리와 전망대를 만나게 된다. 전경 전체를 찍기에 좋다. 미로 길이는 1km로, 지도를 잘 보고 찾아가면 보통 15~20분이면 미로를 통과할 수 있다. 공원 입구에 있는 친환경 놀이터가 있다.

 **만장굴**

◎ 제주시 구좌읍 만장굴길 182 ☎ 064-710-7903 ⏰ 낙석으로 지금은 휴무중

태초의 제주 그 생생한 흔적

약 10~30만 년 전, 만장굴 서북쪽에서 큰 화산이 폭발했다. 이때 백록담보다 세 배나 큰 분화구가 생겼다. 거문오름 분화구이다. 분화구에서 넘친 용암이 지대가 낮은 남동쪽으로 빠져나가며 아주 긴 동굴을 만들었다. 만장굴이다. 만장은 제주어로 '아주 깊다'는 의미다. 이름에 걸맞게 확인된 길이만 약 7.4km이다. 폭이 18m, 높이는 23m이다. 용암종유, 용암석주, 용암선반 등을 구경할 수 있다. 약 7.6m의 용암석주는 세계에서 가장 규모가 크다. 약 1km 구간까지 탐방할 수 있었으나 지금은 안타깝게도 낙석으로 출입을 금지하고 있다.

📷 해맞이해안로

📍 월정리-세화리 구간 제주시 구좌읍 월정리 33-3
　세화리-종달리 구간 제주시 구좌읍 해맞이해안로 1446

에메랄드빛 바다와 남빛 하늘

제주 동부에서 최고로 꼽히는 드라이브 코스이다. 길이는 약 20km인데 대부분 바다를 끼고 길이 나 있다. 바다를 옆에 두고 해안도로를 달리는 기분이 남다르다. 해맞이해안로는 크게 두 구간으로 나뉜다. 하나는 월정리-세화리 구간이고, 또 하나는 세화리에서 종달리 구간이다. 월정리-세화리 구간은 구좌읍 월정리해수욕장에서 세화해수욕장까지 이어진다. 에메랄드 바다와 남빛 하늘을 보는 순간, 당신은 창밖으로 손을 내밀며 환호성을 지를 것이다. 풍력발전소가 아름다운 풍경에 화룡점정을 찍는다. 세화리-종달리 구간은 구좌읍 세화해수욕장에서 구좌읍 종달리 해변까지 이어진다. 토끼섬과 바다 건너 우도와 푸른 바다. 특히 6월에는 흰빛, 보랏빛 수국꽃이 고혹적이다. 수국의 유혹에 당신은 자동차를 멈추게 될 것이다.

©제주특별자치

📷 월정리해수욕장

📍 제주시 구좌읍 월정리 33-3

창가에 앉아 에메랄드빛 바다를 품자

월정리 해변은 늘 사람이 많고 지나치게 상업화되었다고 타박을 받지만, 그래도 풍경만큼은 이런 비판과 시샘을 온전히 피해간다. 올레 20코스가 지나는 월정리는 소담스럽게 펼쳐진 해변과 쪽빛 바다, 드라이브하기 딱 좋은 해안도로, 그리고 풍력발전기가 돌아가는 이국적인 풍경까지 품고 있다. 바닷가에는 통유리를 단 카페가 늘어서 있다. 해변 포토존엔 사시사철 젊고 싱그러운 웃음이 가득하다.

바다는 투명한 에메랄드빛이다. 맑고 깨끗할 뿐만 아니라 멀리까지 걸어 나가도 깊지 않아 걱정하지 않아도 된다. 재수가 좋으면 물고기들이 유유히 헤엄치는 모습도 구경할 수 있다. 월정리 해변 풍경을 완성해주는 것은 바다를 향해 통유리창을 낸 카페들이다. 월정리로와, 우드스탁, 달치비…… 어디를 가든 바다와 푸른 하늘, 하얀 구름과 애초부터 있었던 듯 자연스러운 풍력발전기가 시야 가득 들어온다. 의자에 기댄 채 고개를 돌리면 거기, 꿈결처럼 아름다운 환상 바다가 당신에게 안긴다. 오래 그곳에 머물고 싶을 것이다.

📷 세화해수욕장

📍 제주시 구좌읍 해녀박물관길 27(구좌읍 세화리 1-1)

인생 사진을 남기고 싶다면

제주 올레 20코스는 김녕에서 시작해 구좌읍 하도리 해녀박물관에서 끝을 맺는다. 김녕성세기해안, 월정리, 평대리, 세화리. 올레 20코스는 유독 아름다운 바다를 끼고 있다. 가까운 바다는 에메랄드빛, 먼바다는 코발트 빛깔! 불과 몇 년 전까지만 해도 세화 해변은 그다지 알려지지 않은 아름답지만 조용한 해변이었다. 올레가 생기고, 하나둘 카페가 들어서고, 뒤이어 블로그와 인스타그램에 올라오더니 이제는 제주도에서도 손꼽히는 인생 샷 명소가 되었다.

세화 해변의 시그니처 풍경은 바닷가 방파제 위에 있는 예쁜 화분과 나무 의자이다. 카페공작소에서 내놓은 것인데 해변 최고의 인생 샷 장소이다. 카페에서 보는 바다도 아름답지만 길가에서 보는 해변이 더 매혹적이다. 바다와 하늘은 눈이 시릴 만큼 파랗다. 세화 해변까지 갔다면 여기서 멈추지 말고 세화리-하도리-종달리-성산포까지 이어지는 해안도로를 달려보자. 잊지 못할 낭만적인 인생 드라이브가 될 것이다.

제주특별자치도청

📷 해녀박물관

📍 제주시 구좌읍 해녀박물관길 26(하도리 3204-1) 📞 064-782-9898
🕐 09:00~17:00(월요일 휴무) ₩ 성인 1천1백원 청소년 5백원

제주 여인의 삶을 품었다

해녀박물관은 제주 여인들의 고귀한 인생 여정을 품고 있다. 제주 전통 어촌의 역사와 해녀 문화를 흥미롭게 관람하고, 해녀 체험도 할 수 있다. 특히 해녀 옷을 입고 물질을 따라 하는 어린이 체험관 인기가 높다. 제주 어촌의 풍속과 해녀의 일상을 담은 실감 나는 미니어처와 영상물 그리고 해녀의 물질 시연까지 관람하다 보면 자신도 모르게 숨비소리와 구성진 이어도 타령을 흥얼거리게 된다. 숨비소리는 해녀들이 물질하다 올라와 참았던 숨을 휘파람처럼 길게 내쉬는 소리다. 한번 들으면 마음에 담겨 좀처럼 잊히지 않는 제주의 스테레오 사운드다.

제주 원형의 삶과 소리를 듣고 싶다면, 구좌읍 하도리에 있는 해녀박물관으로 가자. 그곳에 가면, 제주의 반쪽을 지켜온 당신의 어머니, 어머니의 어머니 같은 할망들의 눈물겹도록 숭고한 삶을 넉넉히 담을 수 있다. 특히 가을에 제주를 찾은 여행객이라면 매년 10월 중순 박물관 일원에서 열리는 제주해녀축제에 참여해보기 바란다. 억척스러우면서도 정 많은 해녀 할망들의 구성진 흥취에 취해볼 소중한 기회이다.

📷 비자림

📍 제주시 구좌읍 비자숲길 62(평대리 3164-1)
📞 064-710-7912
🕐 09:00~17:00(연중무휴)
₩ 성인 3천원 어린이·청소년 1천5백원

천년 숲으로의 초대

비자림은 제주의 원시림 중에서도 매우 독특한 곳이다. 다른 천연림엔 여러 수목이 공존하는 반면 이곳은 이름에서 알 수 있듯이 비자나무가 군락을 이루고 있다. 비자림의 매력을 제대로 즐기려면 비자림로를 거쳐 들어가는 게 좋다. 비자림로의 삼나무 숲길은 시선을 압도한다. 가슴이 벅차오를 것이다.

비자림엔 수령 500년에서 800년에 이르는 비자나무가 자생하고 있다. 그 수가 무려 2,800그루이다. 1000년을 헤아리는 비자나무가 내뿜는 피톤치드가 당신의 몸은 물론 영혼까지 치유해줄 것이다. 초록빛 숲에 융단처럼 깔린 붉은 화산 송이석은 건강을 부르는 천연재이다. 몇몇 관람객은 이 길을 맨발로 걷기도 한다.

📷 메이즈랜드

📍 제주시 구좌읍 비자림로 2134-47 📞 064-784-3838
🕐 09:00~18:00(입장 마감 17:00) ₩ 9천원~1만2천원 ⓘ **주차** 전용 주차장

세계 최장의 미로 탐험지

바람, 돌, 여자라는 제주도의 삼다=多를 테마로 조성한 세계 최장의 석축 미로공원이다. 피톤치드 내뿜는 서양측백나무를 심어 공기가 상쾌한 바람미로, 푸른 랜랄디 나무와 겨울이면 붉은 꽃이 피는 애기동백을 심은 여자미로. 돌하르방 모양 조각상을 배치한 돌미로를 연이어 탐험하는 코스다. 각 미로 탐험은 모두 난도가 있는 편이라 공원 입구에서 제공하는 미로 지도를 참고하는 편을 추천한다. 미로는 재미만이 아니라 시각적인 아름다움도 준다. 특히 여자미로는 애기동백꽃이 점점이 피어난 미로 속에서 보는 푸른 하늘이 아름다워 탄성을 자아낸다. 출구를 찾는 탐험만이 아니라 여유롭게 미로 속에 산책해도 즐겁다. 탐험을 끝내고 성취의 종을 울리고 미로 전망대에 오르면 기하학적으로 얽힌 미로의 구성미가 한눈에 들어온다. 누구나 사진 한 장을 남기지 않을 수 없는 포토 존이다. 사계절 꽃축제가 펼쳐지는 야외 정원과 산책길도 빼놓지 말자. 수국, 동백, 수선화, 장미 등 갖가지 꽃이 수놓은 정원과 대나무 산책길 그리고 제주 신화와 관련된 조각상을 관람할 수 있는 조각 동산은 누구나 편하게 즐길 수 있도록 잘 관리되어 있다.

📷 제주레일바이크

⊙ 제주시 구좌읍 용눈이오름로 641
📞 064-783-0033
🕐 매일 09:00~17:30
₩ 2인승 30,000원, 3인승 40,000원, 4인승 48,000원
ⓘ 주차 전용 주차장

몸으로 체험하는 제주

제주레일바이크는 용눈이오름과 다랑쉬오름 자락에 있다. 빼어난 자연경관을 구경하며 레일바이크를 체험할 수 있다. 선로는 목장 지형과 주변 환경을 그대로 살렸다. 연장 8km단선 4km에 이르는 선로는 자연 지형을 그대로 유지한 덕에 일부 내리막 구간에서는 시속 25km의 속도를 체험할 수 있다. 반면 오름 지형의 언덕은 페달을 밟아도 오르기 힘들다. 이곳은 전동 구동으로 전환해 오를 수 있다. 목장 지대를 이동할 때는 운이 좋으면 방목하는 말이나 소도 감상할 수 있다. 선로를 한 바퀴 도는 데는 30~40분 정도 소요된다. 연인을 위한 2인용 바이크는 물론 가족 여행객을 위한 3~4인용 바이크도 있다. 야외이지만 바이크에 막을 설치하여 우천시에도 이용할 수 있다. 동물 먹이주기 체험 등 생태 체험장도 같이 운영한다. 스코틀랜드에 온 듯한 동부 중산간의 이국적인 풍경을 보며 특별한 순간을 경험하고 싶다면 제주레일바이크도 좋은 선택지 가운데 하나이다.

특별자치도청

📷 다랑쉬오름

📍 제주시 구좌읍 세화리 산6
ⓘ 등반 시간 35~40분
대중교통 대천환승센터에서 관광지 순환 버스 801-2 탑승(08:30~17:30, 30~1시간 간격 운행)

오름의 여왕, 백만 불짜리 풍경

다랑쉬오름382m은 동부의 오름 군락 가운데 단연 으뜸이다. 정상의 분화구가 마치 달처럼 보인다고 하여 다랑쉬오름이라 불리며, 한자로는 월랑봉月朗峰이다. 구좌읍 세화리에 있다. 하늘 높이 서 있는 모양새가 마치 인공으로 만들어놓은 거대한 원뿔꼴 삼각뿔 같다. 능선이 날씬하게 그러나 도도하게 뻗어 있다. 정상까지 오르는데 약 30~40분쯤 걸린다.

정상에 오르면 엄청나게 큰 타원형 분화구가 보는 이를 압도한다. 분화구 깊이는 115m에 이르고백록담과 깊이가 같다, 둘레는 무려 1500m이다. 분화구는 평화롭고 부드럽다. 억새가 고운 자태로 바람에 날리고 군데군데 소나무들이 그림처럼 서 있다. 정상에 서면 제주 동부 풍경이 시야를 가득 채운다. 도넛처럼 생긴 아끈다랑쉬가 아담하게 앉아 있고, 시선을 멀리 뻗으면 용눈이오름, 형제오름, 백약이오름, 그리고 저 멀리 성산일출봉까지 제주의 광활한 풍경이 시야에 들어온다. 고개를 돌리면 한라산도 손에 집힐 듯 다가온다. 정상에서 바라보는 제주의 평화롭고 장엄한 조망은, 그야말로 백만 불짜리 풍경이다. 황금빛 억새가 물결치는 가을이 제일 아름답다.

🄫 스누피가든

📍 제주시 구좌읍 금백조로 930 📞 064-784-0930
🕐 10월~2월 09:00~18:00, 3월~9월 09:00~19:00
₩ 성인 19,000원, 청소년 16,000원, 어린이 13,000원 ℹ️ 주차 전용 주차장

편안하고 휴식 취하기 좋은 테마파크

'스누피'를 테마로 한 자연 체험 테마파크이다. 50년간 전 세계 신문, 방송을 통해 연재된 미국 만화가 '찰스 먼로 슐츠'의 만화 '피너츠'Peanuts를 테마파크에 구현했다. 만화 스누피 속 대사 '일단 오늘 오후는 쉬자Rest this afternoon' 가 핵심 모티브다. 스누피가든은 2만 5천여 평 야외 가든, 피너츠 친구들의 인생 이야기를 경험할 수 있는 1천여 평의 실내 테마 홀, 오름을 전망하면서 휴식을 취할 수 있는 루프톱, 미니 가든, 피너츠 스토어, 카페 스누피 등으로 구성돼 있다. 야외가든은 에피소드 정원 11개로 구성돼 있다. 피너츠 사색 들판, 찰리 브라운의 야구 잔디 광장, 비글 스카우트 캠핑장, 호박대왕의 호박밭 등이 대표적이다. 비자나무숲, 후박나무숲, 굴거리나무숲, 동백숲 등 제주의 식생 특징을 보여주는 서브 가든까지 함께 만날 수 있어 더 좋다. 스누피가든은 아이들 때문에 따라왔다가 어른들이 더 반하고 가는 예가 허다하다. 제주의 자연과 찰스 슐츠의 철학적인 메시지가 조화를 이룬 어른과 아이 모두의 네버랜드다.

📷 아부오름

📍 제주시 구좌읍 송당리 산164-1

ⓘ **등반 시간** 15분 **대중교통** 대천환승센터에서 관광지 순환 버스 801-2 탑승(08:30~17:30, 30~1시간 간격 운행)

평화의 콜로세움

아부오름은 300개가 넘는 오름 중에서 몇 손가락 안에 꼽힐 만큼 아름답다. 이 오름이 세상에 널리 알려진 것은 영화 <이재수의 난> 덕이 크다. 1999년에 상영된 이 영화는 당시 인기 절정이던 심은하와 이정재가 출연해 큰 화제를 모았다. 유명세와 조형적인 아름다움은 선두를 다투지만, 규모는 그다지 크지 않다.

와우! 정상에 오르면 저절로 탄성이 튀어나온다. 거대한 원형 분화구가 푸른 하늘을 다 담겠다는 듯 제 몸을 비우고 있다. 이미 몇몇 작가들이 이야기했듯이 거대한 콜로세움에 들어온 것 같다. 아니, 분화구는 마치 땅속의 제국 같다. 땅 밑바닥까지 파고들어 갈 기세다. 분화구의 경사면에는 삼나무와 소나무가 군락을 이루고 있다. 햇살이라도 비치면 분화구는 다른 톤으로 분위기를 바꾼다. 더 깊고 아늑하고 신비롭다. 한없이 평화롭고 신화 속의 어느 공간 같다. 하지만 이 매력을 밖에서는 결코 볼 수 없다. 하늘 높이 솟은 산이 아니라 땅속 깊은 곳으로 내려간 굼부리분화구가 하늘로 솟은 산도 아름답지만 제 고향을 그리듯 땅속으로 향하는 오름도 더없이 귀하고 아름답다는 사실을, 조용히 말해준다. 외양이 아니라 내면의 아름다움을 품은 오름이다.

©이다혜

📷 비밀의숲

📍 제주시 구좌읍 송당리 산 66-2

🕐 09:00~17:00(휴무일 인스타그램 공지)

₩ **입장료** 3천원(65세 이상 2천원, 7세 이하 1천원, 3세 이하 무료)

SNS의 성지를 찾아서

안돌오름은 얼마 전까지만 해도 제주 사람도 잘 모르는 곳이었다. 역설적이게도 비자림로를 넓히려고 전국적인 반대를 무릅쓰고 진행한 벌목 때문에 세상에 알려졌다. 또 한 번 역설적이게도, 유명해진 건 사실은 안돌오름이 아니라 안돌오름 근처에 있는 편백숲과 삼나무숲이다. 인생 사진과 웨딩 촬영의 성지로 떠오른 이 숲은 여행자들에게 '비밀의 숲'으로 불린다. 촘촘하게 쭉쭉 뻗은 수직의 숲은 어느 동화에 나오는 한 장면처럼 신비롭고 이국적이다. 누구나 이곳에 오면 비현실적으로 아름다운 숲의 자장에 이끌린다. 바라보면 아름다워 스마트폰을 들게 되고, 숲으로 들어가면 신화 속 숲에 온 듯 신비로워 또 스마트폰을 들게 된다. 그렇게 한 시간 남짓 머물면 어느 순간 내면으로 숲의 요정이 찾아들 것이다. 아마도 당신은 숲을 벗어나서도 내내 따뜻하고 행복한 미소를 지을 것이다.

📷 제주 스카이워터쇼

📍 제주시 구좌읍 번영로 2172-80 📞 064-782-7870 🕐 매일 3회 공연(09:30, 11:00, 14:30)
₩ 2만원~2만4천원 ℹ️ 주차 전용 주차장

환상적인 분수 쇼와 고공 다이빙 묘기

쉽게 볼 수 없는 서커스 공연이 매일 제주에서 열리고 있다. 제주 스카이워터쇼이다. 여행객의 발길을 모으는 건 당연하다. 대형 전용 공연장에서 매일 세계대회 우승 경력이 있는 필리핀, 러시아, 우즈베키스탄, 우크라이나의 다이버들이 참여하는 공연이다. 대형 분수 쇼, 화려한 공중 퍼포먼스 그리고 코믹을 결합한 다이빙 쇼를 한 곳에서 만나 볼 수 있다. 재미와 짜릿한 스릴감에 더해 다채로운 연기로 웃음을 선물한다.

공연은 60분 동안 이어진다. 필리핀 기예단의 서커스로 공연이 시작된다. 고공 줄타기와 아크로바틱한 동작, 코믹 발랄한 공연이 관객의 흥을 돋운다. 이어서 러시아 공중 곡예단이 등장한다. 까마득한 높이에서 숨이 멎을 듯한 짜릿한 전율을 선사한 후 클라이맥스 공연을 준비한다. 이때 순식간에 무대가 변신해 관객을 놀라게 한다. 무대 바닥이 갈라지며 수영장이 드러나며 분수 쇼가 시작된다. 현란한 원색의 레이저 조명 속에 솟구치며 흐르는 물줄기가 환상적이다. 이제 현란한 고공 다이빙 공연이 시작되면 환호성과 웃음이 공연장을 가득 채운다. 시간이 어떻게 흘렀는지 알 수 없다. 더운 여름이나 비 오는 날 가족 여행지로 추천한다.

제주시 동부권 맛집

🍽 더블유 라운지

📍 제주시 조천읍 와흘4길 44-35
📞 064-784-8052 🕐 10:00~17:00(라스트 오더 16:10, 토·일 휴무)
Ⓜ **추천메뉴** 빵백반 세트, 마늘종 크림 스파게티, 가지롤 파스타, 잠봉뵈르, 애프터눈 티 세트
₩ 15,000원~25,000원(1인) ⓘ **주차** 전용 주차장 **인스타그램** @wlounge_

요즘 뜨는 여심 저격 브런치 카페

맛과 감성을 모두 잡은 브런치 카페이다. 조천읍 중산간 마을 신촌리의 감귤밭 안에 있다. 제주시에서 중산간
동로를 타고 와흘리에서 왼쪽으로 조금 더 들어가면 나온다. 실내로 들어서면 감귤밭과 맑은 하늘이 통창을
통해 한눈에 들어온다. 느지막이 일어나 브런치를 먹고 싶을 때 생각나는 곳이다. 귤밭 정원과 풍성한 가드닝,
빈티지 가구, 앤티크 인테리어 소품과 액자가 브런치 카페에 감성적인 분위기를 연출해 준다. 커다란 창으로
들어오는 햇빛을 받으며 브런치와 커피를 즐기다 보면 휴양지에서 조식을 먹는 기분이 들어 절로 즐거워진다.
빵백반, 아메리칸 블랙퍼스트, 가지롤 파스타, 마늘종 크림 스파게티, 잠봉뵈르, 애프터눈 티까지 재기발랄한
메뉴를 만날 수 있다. 특별함을 느끼고 싶다면 서둘러 예약해 보자.

🍴 무거버거

📍 제주시 조천읍 조함해안로 356 (신흥리 15)
📞 0507-1319-5076 🕐 10:00~20:00(마지막 주문 19:00,
연중무휴) ₩ 예산 1만원~2만원 ⓘ **주차** 전용 주차장

함덕 바다 앞 수제버거 맛집

아이부터 어른까지 가족 모두가 만족할 만한 수제버
거 맛집이다. 조천읍 신흥해수욕장과 함덕해수욕장
사이, 조함해안로에 있다. 바다 전망이 환상적인 오
션 뷰 맛집이다. 멋진 전망에 맛과 비주얼까지 남다
르니 늘 손님이 많다. 당근버거, 시금치버거, 마늘버
거 중 어느 것을 골라도 맛있다. 패티가 푸짐하고 무
엇보다 육즙이 잘 배어 나온다. 함께 할 음료로는 당
근쉐이크를 추천한다. 바다 전망대를 겸한 2층에 자
리 잡으면 더욱 좋다. 웨이팅은 필수지만, 풍경이 아
름다워 지루하지 않다.

🍴 해녀김밥 본점

📍 제주시 조천읍 함덕로 40, 3층 302호 📞 064-782-3005
🕐 09:00~18:00(브레이크타임 15:00~17:00, 일 휴무) 📋 **추천메뉴** 전복김밥, 딱새우김밥 ₩ 8천원~1만원(1인 기준)

제주 동부의 최고 김밥

제주 동부에서 가장 인기가 많은 김밥 가게이다. 김밥 종류가 제법 다양한데, 그중에서도 고소한 전복김밥과
탱글탱글한 딱새우김밥의 인기가 좋다. 네모 모양이 특징인데, 이 집 김밥을 예쁘게 찍은 사진이 SNS에 곧잘
올라온다. 모양도 독특하고 색깔이 워낙 예뻐 절로 눈길이 간다. 가게에서 바라보는 함덕 해변 풍경도 절경이
다. 포장 손님이 많은데 해산물이 주재료인 만큼 여름철엔 쉽게 상할 수 있으니 구매 즉시 먹길 권한다. 인기가
많아 점심시간과 성수기엔 대기시간이 긴 편이다.

덕인당

📍 제주시 조천읍 신북로 36 📞 064-783-6153 🕐 09:00~17:30(일요일 휴무)
Ⓜ **추천메뉴** 보리빵, 팥보리빵, 쑥빵 ₩ 10,000원 ⓘ **주차** 전용 주차장

계속 생각나는 제주식 보리빵

덕인당은 조천읍 신촌리에 있는 보리빵 전문점이다. 제주 보리빵은 전통 떡 상애떡에서 변형된 것이다. 상애떡은 고려 시대 말 목장을 관리하는 목호몽골의 목장 관리자들의 휴대용 음식에서 유래되었다는 설이 있다. 덕인당은 빵 애호가의 필수코스가 되었다. 제주산 보리로 빵을 만드는데 팥이 들어간 보리빵과 들어가지 않은 옛날보리빵 그리고 쑥빵을 판매한다. 보리빵은 고슬고슬한 통팥과 보리 특유의 씁쓰름한 맛이 조화를 이룬다. 옛날보리빵은 고소하고 쫄깃하다. 쑥빵은 입안 가득 퍼지는 쑥 향과 팥앙금의 단맛이 절묘하게 어울린다. 제주시에 덕인당 소락 카페를 따로 운영한다.

고집돌우럭 함덕점

📍 제주시 조천읍 신북로 491-9 📞 064-783-6060
🕐 매일 10:00~21:30(브레이크타임 15:00~17:00)
Ⓜ **추천메뉴** 우럭조림, 옥돔구이, 뿔소라미역국
₩ 2만원~6만원(1인 기준) ⓘ **주차** 전용 주차장

제주에서 손꼽히는 우럭 맛집

중문에서 얻은 우럭 맛집의 명성을 함덕에서 이어가고 있다. 가게 창가에 앉으면 에메랄드빛 함덕해수욕장이 눈이 부시게 펼쳐진다. 물질 경력 60년이 넘은 해녀와 어부 남편이 아들, 며느리와 같이 운영한다. 메뉴는 런치스페셜과 디너스페셜이 있다. 어느 메뉴이든 우럭조림과 옥돔구이, 낭푼밥이 기본으로 구성된다. 낭푼밥은 양푼밥의 제주 사투리로, 주로 해녀나 농민이 여럿이 둘러앉아 더불어 먹은 데에서 유래했다. 돔베고기와 숙성모둠회는 저녁 메뉴에만 나온다. 중문에 본점이, 제주시 탑동광장에 지점이 있다.

🍴 숙성도 함덕점

📍 제주시 조천읍 함덕로 40, 2층 📞 064-783-9951

🕐 매일 12:00~22:00(브레이크타임 15:00~16:30, 라스트오더 21:20)

₩ 2만5천원~4만원 ⓘ 주차 공영 주차장과 갓길 주차

오션 뷰에서 즐기는 숙성 흑돼지구이

함덕 해변을 굽어보는 건물 2층에 있다. 숙성도는 그간 생고기의 신선함을 어필해 왔던 제주 흑돼지고기 구이 집의 판도를 바꾼 맛집이다. 최상의 흑돼지를 자체 숙성기술로 내놓아 고기 자체의 육즙과 부드러움을 더욱 끌어올렸다. 직원이 정성스러운 구이 서비스로 고기가 제일 맛있는 타이밍에 먹을 수 있게 도와준다. 곁들이는 반찬 세트는 여러 가지 소스와 나물 그리고 명란젓으로 구성돼 있다. 반찬 세트는 고기에 싸 먹고 올려 먹는 재미를 준다. 곁들이 메뉴로 김치찌개를 추천한다. 소주 한 병이 순식간에 사라지게 만든다.

🍴 성미가든

📍 제주시 조천읍 교래1길 2 📞 064-783-7092

🕐 11:00~20:00(둘째, 넷째 목요일 휴무)

₩ 7만원~8만원(2~4인 기준) ⓘ 주차 가능

백종원의 3대천왕에 나온 닭백숙

성미가든은 몇 해 전 백종원의 3대천왕에 나왔을 만큼 알아주는 토종닭 전문점이다. 메뉴는 샤부샤부와 닭볶음탕 두 가지이다. 샤부샤부는 세 코스로 즐길 수 있다. 먼저 닭가슴살을 육수에 익힌 채소와 같이 소스에 찍어 먹는다. 그다음엔 메인 음식 닭백숙이 나온다. 샤부샤부용 닭가슴살을 뺀 나머지 부위 고기로 만든 음식이다. 육질이 부드러운 듯 쫄깃해 씹는 맛이 남다르다. 닭백숙을 다 먹으면 마지막으로 걸쭉한 녹두 닭죽이 나온다. 담백하고 고소한 게 마지막까지 입을 즐겁게 한다. 샤부샤부, 닭백숙, 닭볶음탕으로 몸보신 제대로 하자.

🍴 우동카덴 제주점

📍 제주시 조천읍 교래3길 23 📞 064-784-6262 🕙 10:00~19:00(브레이크타임 15:00~16:00, 화·수 휴무)
Ⓜ **추천메뉴** 덴푸라우동, 붓카케우동, 야마카케우동, 새우튀김, 굴튀김
₩ 10,000원~15,000원(1인 기준) ⓘ **주차** 전용 주차장

스타 셰프의 우동 맛집

우동 카덴의 출발지는 서울이다. 홍대에서 젊은 사람들, 특히 여성들 사이에서 인기를 끌더니, 이제는 제주도에도 지점이 생겼다. 제주점은 동부의 중산간 조천읍 교래리에 있다. 산굼부리, 에코랜드, 교래자연휴양림, 사려니숲길, 거문오름 등을 여행할 때 들르기 좋다. 우동 카덴의 주인은 정호영 셰프이다. 그는 음식 관련 TV 프로그램에 출연하면서 유명해졌다. 우동 종류가 무척 다양해 선택의 폭이 넓다. 야마카케우동, 덴푸라우동, 이카텐붓카케우동, 에비텐붓카케우동 등을 많이 찾는다. 어느 우동이든 평균 이상의 맛을 경험할 수 있다. 양은 많고, 면은 탱탱하다. 육수는 비린 맛 하나 없이 깔끔하다. 면은 얇은 면과 두꺼운 면 중에서 기호에 따라 선택할 수 있다. 튀김과 김밥도 판매한다. 제주 지역에 한해 예약 어플 테이블링에서 전날 오후 6시부터 예약할 수 있다. 현장에서 추가 주문을 할 수 있다.

🍽 곰막식당

📍 제주시 구좌읍 구좌해안로 64 (동복리 667-1) 📞 064-727-5111

🕐 09:30~21:00(마지막 주문 20:00, 화요일 16:00 마감, 첫째·셋째 화요일 휴무)

₩ 2만원~4만원 ⓘ 주차 전용 주차장

성게국수와 고등어회가 맛있는 노을 맛집

곰막식당은 오랫동안 제주도민이 즐겨 찾는 해안가 선술집이었다. 티브이 예능 프로그램에 소개된 뒤 여행자 발길이 잦아졌다. 지하 해수로 관리하는 싱싱한 횟감 덕에 모든 메뉴가 평균 이상의 맛을 보여준다. 성게국수와 고등어회가 유명하다. 특히 성게국수는 국물 맛이 시원하면서도 구수하다. 무엇보다 성게가 푸짐하다. 마지막 국물까지 싹 비우게 만든다. 고등어회는 비리다는 통념이 이 집에선 통하지 않는다. 특제 간장 소스에 찍어 먹는 싱싱한 고등어회는 식감이 좋아 입안에서 사르르 녹는다. 비린 향이 전혀 올라오지 않는다. 즉석 초밥을 만들어 먹을 수 있도록 주먹밥을 내오는데 고추냉이를 밥에 바르고 회를 올려 먹으면 이것 역시 별미다. 곰막이 위치한 동복리 해안은 노을 명소이다. 붉은 노을과 함께 하면 입과 눈이 동시에 즐거울 것이다.

©송인희

🍽️ 만월당

📍 제주시 구좌읍 월정1길 56 (월정리 591-1) 📞 064-784-5911

🕐 매일 11:00~20:00(브레이크타임 15:00~17:00) ₩ 2만원 안팎 ⓘ **주차 가능**

월정리해변 옆 이탈리안 레스토랑

월정리해수욕장의 카페거리 뒤편에 있다. 톳, 전복, 성게, 딱새우 등으로 이탈리안 음식을 제주식으로 재해석한 퓨전 레스토랑이다. 빈티지 분위기가 물씬 나는 맛집으로 여성 여행자에게 인기가 많다. 낮보다 저녁 무렵 분위기가 더 좋다. 메뉴는 전복리조토, 성게크림파스타, 해산물파스타, 함박스테이크, 비프스테이크샐러드, 루콜라비트샐러드 등이 있다. 이 가운데 전복리조토와 성게크림파스타 인기가 제일 좋다. 점심과 저녁 피크 때는 조금 기다려야 한다. 선결제에 셀프 주문을 해야 한다. 물도 셀프이다.

🍽️ 제주로움

📍 제주시 구좌읍 월정3길 14 2층 📞 010-6851-8252 🕐 11:00~19:00(금 휴무, 주문 마감 18:00)

Ⓜ️ **추천메뉴** 현무암카츠, 맨도롱우동, 연어몬딱 ₩ 10,000원~15.000원(1인 기준)

ⓘ **주차** 전용 주차장 **인스타그램** @_jejuroum

당근밭 전망이 끝내주는 돈가스 맛집

구좌읍 월정리에 있는 돈가스 전문점이다. 제주의 현무암을 닮은 돈가스 '현무암카츠'가 시그니처 메뉴이다. 현무암의 검은 색을 구현하기 위해 오징어 먹물로 반죽해 구운 수제 빵가루를 사용한다. 돼지 등심을 두툼하게 썬 일본식 돈가스인데, 고기를 숙성을 시켜 풍미가 좋고 육질이 부드럽다. 소스에 찍어 먹지 않아도 맛이 훌륭하다. 다른 메뉴로 맨도롱우동과 연어몬딱이 있다. 제주로움의 또 다른 매력은 풍경이다. 창밖으로 당근밭이 푸르게 펼쳐지고 멀리 월정리 바다와 풍력발전소의 바람개비까지 시야에 잡힌다. 그야말로 풍경 맛집이다.

🍽 톰톰카레

📍 제주시 구좌읍 해맞이해안로 1112 📞 0507-1461-1535
🕐 11:00~20:00(브레이크타임 15:00~17:00) ⓘ 주차 가능

이효리의 단골 맛집

평대리 바닷가에 있는 카레 전문점이다. 식당에서
몇 걸음만 걸어가면 에메랄드빛 바다가 시원하게
펼쳐진다. 톰톰카레는 이효리의 단골집으로 알려
지면서 더 큰 인기를 끌고 있다. 메뉴는 야채카레,
시금치카레, 콩카레, 이 둘을 같이 내오는 반반카
레가 있다. 야채카레는 구좌 지역 채소로 만든 순
한 일본식 카레이다. 시금치카레는 시금치를 갈아
서 만들어 맛이 부드럽고 고소하다. 콩카레는 생
크림과 토마토가 들어간 인도식 카레이다. 어느
카레든 고소하고 자극적이지 않아 좋다.

🍽 해맞이쉼터

📍 제주시 구좌읍 해맞이해안로 1116 📞 064-782-7875 🕐 매일 10:00~20:00
Ⓜ 추천메뉴 해산물라면, 문어라면, 해산물파전 ₩ 14,000원 ⓘ 주차 식당 주변

해물라면의 원조

구좌읍 평대리 해맞이해안도로 옆에 있는 해물라면 전문점이다. 김녕에서 성산포 방향으로 해안도로를 달리거
나 반대로 이동할 때 놓쳐서는 안 되는 맛집 중 하나다. 특히나 올레길을 탐방 중이거나 자전거 여행 중이라면
잠시 숨을 돌리기에 적당하다. 신선하고 좋은 재료를 아낌없이 사용하는 곳으로, 라면과 해물 마니아들의 입맛
을 일찌감치 사로잡았다. 전복라면, 문어라면 등 라면 메뉴가 다양하지만 무조건 해산물라면을 추천한다. 라면
에 새우와 오징어, 홍합, 꽃게 등 싱싱한 여러 해물을 듬뿍 넣어 얼큰함과 시원함이 일품이다.

🍴 명진전복

📍 제주시 구좌읍 해맞이해안로 1282 📞 064-782-9944 🕐 09:30~21:00(화 휴무, 주문 마감 20:00)
Ⓜ **추천메뉴** 전복돌솥밥, 전복구이 ₩ 15,000원~45,000원 ⓘ **주차** 전용 주차장

제주 동부의 최고 전복 맛집

제주 동부 최고 전복 맛집이다. 구좌읍 평대리의 해맞이해안로에 있다. 전복돌솥밥과 전복구이가 가장 핫하다. 전복이 올라간 영양밥은 보기만 해도 군침이 돈다. 전복내장을 갈아 넣어 밥맛이 진하고 고소하다. 쫄깃한 전복도 맛이 일품이다. 맛있게 밥을 비우면 돌솥 안에서 끓고 있는 숭늉이 기다린다. 누룽지에 밴 짭조름한 전복 맛이 국물과 잘 어울린다. 돌판에 구워낸 버터 향 고소한 전복구이 맛도 훌륭하다. 바로 앞은 한없이 푸른 평대 바다다. 식당에서 커피 한잔 뽑아 잠시, 바다를 감상해도 좋겠다.

🍴 소금바치 순이네

📍 제주시 구좌읍 해맞이해안로 2196 📞 064-784-1230
🕐 매일 09:30~19:00(브레이크타임 15:00~16:30, 첫째·셋째 목요일 휴무) ₩ 3만원~6만원 ⓘ **주차** 전용 주차장

불맛 나는 쫄깃한 돌문어볶음

볶음요리는 뭐든 맛있다지만 재료가 돌문어라니. 거기다 풍광까지 환상적인 곳에 있는 식당이라면 외면할 수 없다. 오래전부터 해맞이해안로의 선술집으로 명성을 이어오던 소금바치 순이네는 돌문어볶음 맛집으로 거듭나 식도락가의 발길이 끊이지 않는다. 이 집의 특별함은 자극적이지 않은 양념 소스와 쫄깃함을 한껏 끌어올린 돌문어의 식감, 여기에 훈제 향을 곁들인 풍미에 있다. 돌문어볶음 위에 푸짐하게 올린 깻잎과 홍합 또한 맛을 더한다. 약초로 쓰이는 번행초 무침 반찬을 곁들여 먹으면 입맛이 개운하고 상쾌하다. 재료 소진 시 일찍 문을 닫는다.

🍴 산도롱맨도롱

📍 제주시 구좌읍 해맞이해안로 2284 (종달리 484-1) 📞 064-782-5105
🕐 08:30~19:00(라스트오더 18:30, 화요일 휴무) ₩ 1만5천원 ⓘ 주차 가능

구운 갈비가 올라간 오묘한 고기국수

국숫집의 전쟁터인 제주에서 산도롱맨도롱은 독특한 고기국수로 여행객의 발길을 끌어들인다. 제주산 사골 육수로 우려낸 국물 위에 구운 갈비를 푸짐하게 올린 비주얼이 시선을 압도한다. 홍갈비국수는 마라탕처럼 국물의 맛과 향이 강하다. 국물은 감칠맛이 살아있고, 함께 먹는 고기는 느끼하지 않고 단맛이 올라온다. 한 끼 식사로 푸짐한 양이라 먹고 나면 든든함이 오래간다. 백갈비국수는 여느 고기국수와 다른 동남아의 쌀국수 맛을 가미한 퓨전 고기국수에 가깝다. 점심 시간대는 대기 줄이 길다.

🍴 해월정

📍 제주시 구좌읍 해맞이해안로 2340 (종달리 608) 📞 064-782-5664
🕐 08:00~20:30(마지막 주문 19:45, 연중무휴) ₩ 1만원~5만원 ⓘ 주차 전용 주차장

구수한 보말과 새콤한 물회의 환상 조합

보말죽, 보말칼국수, 전복물회가 같이 나오는 세트 메뉴를 즐길 수 있다. 손님 대부분이 보말 요리와 물회가 함께 나오는 세트 메뉴를 주문하는 이유가 있다. 환상의 조합으로 펼쳐지는 맛의 향연을 즐기기 위해서다. 보말의 고소함을 한껏 끌어올린 보말죽과 구수한 국물이 일품인 보말칼국수에 새콤함을 강조한 전복물회로 이어지는 맛은 마지막까지 풍성하고 깔끔하다. 점심 시간대는 대기시간이 길다. 식사 후 맞이하는 종달리해수욕장의 풍광은 훌륭한 디저트다. 우도와 일출봉까지 한눈에 감상할 수 있다.

제주시 동부권 카페와 숍

🍵 카페 델문도

📍 제주시 조천읍 조함해안로 519-10
📞 064-702-0007 🕐 매일 07:00~24:00

함덕 바다가 한눈에 보이는

제주도에서 가장 핫한 카페이다. 봄날, 몽상드애월, 바다다, 하이엔드제주, 우도의 블랑로쉐……. 제주도에 오션 뷰 카페가 많지만 이곳은 남다르다. 단언컨대, 제주도 최고의 바다 전망 카페이다. 이건 뭐, 그냥 말이 필요 없다. 바로 코앞이 바다다. 야외 테라스로 나가면 바로 아래에 바다가 있다. 에메랄드빛 바다가 발아래부터 저 멀리 수 평선까지 푸른 비단처럼 펼쳐져 있다. 감탄사가 절로 나오고, 누구나 서둘러 휴대전화를 카메라 모드로 돌리기 마련이다. 델문도는 원래 원두 로스터리로 유명하고, 디저트도 다른 카페에 뒤지지 않지만, 그것이 델문도를 가 야 할 이유는 아니다. 바다 풍경! 이곳에 오는 사람은 대부분 풍경 때문이다. 이른 아침부터 늦은 밤까지 문을 열 지만, 그래도 사람의 발길이 끊이지 않는다.

☕ 오드랑베이커리

📍 제주시 조천읍 조함해안로 552-3(함덕리 270-1)
📞 064-784-5404 ⏰ 매일 07:00~22:00
ⓘ 주차 가능

마성의 마농 바케트

오드랑베이커리는 모든 빵을 직접 배양한 효소로 발
효한 후 저온 숙성을 거쳐 느리게 구워낸다. 알음알음
알려져 도민 맛집으로 소문이 나더니 이제는 제주 여
행자의 빵지 순례 명소로 발돋움했다. 특히 진한 마
늘 향 나는 쫀득한 바게트에 크리미한 소스가 듬뿍한
마농바케트는 한 번 맛보면 결코 그 맛을 잊을 수 없
다. 한 입 베어 물면 멈출 수 없다. 바케트가 순식간에
사라진다. 포장할 때 포크와 나이프를 챙겨달라고 요
청하길 권한다. 진열되기 무섭게 팔려나가는 통에 대
부분 웨이팅이 필요하다.

☕ 아라파파 북촌

📍 제주시 조천읍 북촌15길 60 📞 064-764-8204 ⏰ 10:00~18:00(수요일 휴무, 주문 마감 17:30)
Ⓜ 추천메뉴 케이크, 크루아상, 머핀, 홍차밀크잼 ₩ 1인 10,000원 ⓘ 주차 가게 앞 주차장

바다를 품은 베이커리 카페

제주 올레 19코스가 지나는 조천포구 옆에 있다. 제주시 본점의 인기에 힘입어 조천의 북촌 바닷가에 2호점을 오
픈했다. 식빵부터 케이크, 머핀, 크림빵, 크루아상까지 빵 종류가 무척 다채롭다. 맛은 제주시 본점을 오픈한 뒤로
정평이 나 있으니 걱정할 필요 없다. 아라파파는 빵만큼이나 수제 잼이 유명하다. 홍차밀크잼이 인기를 끌더니 이
제는 제주딸기잼과 우도땅콩잼도 그에 못지않게 인기가 많다. 아라파파북촌의 또 다른 매력은 푸른 바다다. 건물
뒤편으로 가면 에메랄드빛 바다가 선물처럼 펼쳐진다. 날씨가 좋은 날에는 야외 테이블에서 빵과 커피를 즐기자.

☕ 런던 베이글 뮤지엄 제주점

◎ 제주시 구좌읍 동복로 85 ⓛ 매일 08:00~18:00
₩ 5천원~1만원 ⓘ **주차** 유료 전용 주차장(주문 시 주차료 할인 받기)

가장 핫한 제주 빵지 순례지

23년 7월 개장 이후 단숨에 제주 빵지 순례 필수 코스가 되었다. 탁월한 맛이 한 시간의 웨이팅을 아깝지 않게 한다. 플레인 베이글만 씹어도 쫄깃함과 고소한 풍미가 입안 가득 퍼진다. 크림치즈를 바른 참깨 베이글에 꿀을 뿌려 먹는 브릭레인 샌드위치, 그리고 햄과 버터 머스터드소스를 올린 잠봉버터 샌드위치가 가장 인기가 많은 메뉴다. 수수하면서도 정감이 가는 벽돌 장식 외관에 제주 바다 풍광을 한껏 끌어들인 인테리어도 매력을 더해준다. 1층 오션 뷰 라운지 카페를 이용하려면 웨이팅 시간을 넉넉하게 잡아야 한다. 케치테이블에서 웨이팅을 걸 수 있다.

☕ 델문도 김녕점

◎ 제주시 구좌읍 해맞이해안로 140 ☏ 010-3316-3473
ⓛ 매일 8:00~21:00 ₩ 7천원~1만원 ⓘ **주차** 전용 주차장

카페 안으로 옥빛 바다가

옥색 물빛으로 이름난 김녕 바다를 한눈에 담을 수 있는 오션 뷰 베이커리 카페. 건물 전체가 통유리 구조라 푸른 바다가 시원하게 펼쳐진다. 실내는 키즈존과 노키즈존으로 나누어져 있다. 노키즈존은 화이트 톤으로 꾸며 김녕 바다를 더욱 청량감 있고 여유롭게 즐길 수 있다. 대표 메뉴는 김녕바당라테와 문도슈페너다. 김녕바당라테엔 하얀 구름이 떠 있는 김녕 바다를 그려 넣었고, 문도슈페너는 커피 위에 올린 진한 크림 무늬가 마시는 내내 눈과 입을 즐겁게 한다. 따뜻한 계절에 잔디밭 야외테이블에 앉는다면 커피 맛이 더욱 감미로워질 것이다.

5L2F

📍 제주시 조천읍 와흘상길 30(와흘리 1912-3)
📞 064-752-5020
🕐 10:00~18:00(매주 일·월 휴무)
ⓘ 주차 가능

정원이 아름다운 중산간 마을 카페

조천읍의 와흘리 중산간 마을에 있는 멋진 카페이다.
함덕해수욕장에서 북서쪽으로 자동차로 15분 남짓 달
리면 이윽고 카페가 나온다. 해변에서 조금 벗어났을
뿐인데 주변 환경이 사뭇 다르다. 같은 제주도에서 이
렇게 분위기가 달라지다니, 새삼 중산간 마을의 한적
함과 평화로움이 고맙게 다가온다. 카페는 더없이 매
력적이다. 이국적인 돌담, 황토색 외벽, 푸른 잔디밭,
야외 탁자, 형형색색 수국…… 정원 풍경이 마음을 사
로잡는다. 실내도 정원 못지않게 분위기가 좋다. 2층
에는 누구나 한 번쯤 꿈꾸었을 다락이 있다.

북촌에 가면

📍 제주시 조천읍 북촌5길 6 📞 064-752-1507 🕐 매일 10:30~17:00(수 휴무) Ⓜ 추천메뉴 카페라떼, 딸기라떼
₩ 5,500원~7,000원 ⓘ 주차 전용 주차장 기타 음료를 구매해야 입장 가능 인스타그램 @mrs.bookchon

사계절 꽃이 피는 카페

봄 여름 가을 겨울, 언제 가도 꽃의 향연이 펼쳐지는 꽃 카페이다. 사계절이 다 아름답지만, 특히 북촌에 가면은
제주도에서도 손꼽히는 핑크뮬리 명소이다. 가을이 되면 인생 사진을 찍으려는 여행자의 발길이 이어진다. 북
촌에 가면은 언제나 아름다운 꽃밭 정원을 관람할 수 있다. 다만, 1인 1음료를 구매해야 입장할 수 있다. 음료 가
격이 저렴하진 않지만 멋진 정원을 마음껏 다닐 수 있고, 무엇보다 주인장 카메라로 직접 찍어주는 인생 사진 원
본을 받는 비용까지 포함되어 있다. 함덕해수욕장에서 동쪽으로 2km 거리에 있다.

말로

📍 제주시 조천읍 남조로 1785-12 📞 0507-1317-5197 🕐 11:00~18:00(임시 휴무 인스타 공지) ⓘ **주차** 가능

중산간 초원의 목장 카페

당신이 산굼부리나 에코랜드, 사려니숲길 근처에 있다면 이 카페로 발길을 돌려도 좋겠다. 이름에서 연상할 수 있듯이 말로는 목장 카페다. 카페는 저택을 닮았고, 말은 카페 옆 목장에서 한가로이 풀을 뜯는다. 카페의 가장 큰 매력은 숲이다. 숲과 푸른 잔디밭과 야외 정원이 마음을 편안하게 다독여준다. 실내에선 말 장식품과 소품이 당신을 반겨준다. 주인이 직접 그린 말 그림엽서도 있다. 말을 향한 애정이 듬뿍 묻어나는 공간이다. 음료를 주문하면 말 먹이 주기 체험용 당근을 준다. 아이와 함께 여행 중이라면 특별한 체험이 될 것이다.

 카페 세바

📍 제주시 조천읍 선흘동2길 20-7(조천읍 선흘리 1093-1) 🕐 11:00~18:00(휴무 인스타 공지)
Ⓜ **추천메뉴** 핸드드립 커피, 에스프레소 ₩ 5천원~1만원 ⓘ **주차** 길가 주차

재즈가 흐르는 돌집 카페

조천읍 선흘리는 돌담과 올레, 돌집과 팽나무가 인상적인 고즈넉한 중산간 마을이다. 이 조용한 마을에 카페 세바가 생기면서 재즈의 선율이 흐르기 시작했다. 돌 창고를 개조해서 천장이 높고 시원하다. 주인이 소장하고 있는 LP판과 서적이 많아 분위기가 깊고 근사하다. 넓은 창 너머로 보이는 소담한 마당은 들꽃으로 가득하다. 카페 근처엔 산책하기 좋은 곳이 많다. 차와 음악을 즐기다가 늦은 오후쯤 인근에 있는 동백동산과 선흘마을 돌담길을 걷는다면 제주 여행은 더욱더 깊어질 것이다.

공백

📍 제주시 구좌읍 동복로 83　📞 064-783-0015　🕐 매일 10:30~17:30(주문 마감 17:00)
Ⓜ **추천메뉴** 망고스무디, 한라봉에이드, 커피, 디저트소 ₩ 1인 10,000원 안팎
ⓘ **주차** 카페 건너편 전용 주차장 **인스타그램** @gongbech.official

카페만큼이나 갤러리가 매력적인

제주시 구좌읍 동복리 바닷가에 있는 오션 뷰 카페이다. 방탄소년단 슈가의 친형이 운영한다고 해서 오픈하자마자 유명해졌다. 카페와 갤러리 두 채로 구성되어 있다. 카페는 독특하게 테이블이 없다. 넓은 공간에 오렌지빛 의자가 길게 이어진다. 그리고 창밖은 푸른 바다. 커피와 음료, 디저트도 중요하지만, 이곳의 매력은 바다이니 내키는 곳에 앉아 바다를 구경하라는 뜻이다. 카페도 매력적이지만 옆에 있는 갤러리는 더 독특하다. 오래된 콘크리트 건물에 최소한의 손길을 더해 거칠고 빈티지한 복합공간을 만들었다. 겉으로 보면 그로테스크한 공간이지만 사실은 최고의 인생샷을 얻을 수 있다. 갤러리 계단을 오르면 하늘과 바다가 한꺼번에 와락 달려든다. 누구나 그곳에 서면 스마트폰을 꺼내 사진을 찍게 된다.

☕ 카페 모알보알

📍 제주시 구좌읍 구좌해안로 141 📞 010-5039-3506 🕐 매일 10:00~18:00(주문 마감 17:30)
Ⓜ️ **추천메뉴** 조천말차, 패션후르츠, 에그타르트 ₩ 15,000원
ℹ️ **주차** 카페 건너 주차장 **인스타그램** @moalboal.jeju **기타** 노키즈존(8세 이상부터 출입), 애견동반 가능

남국의 휴양지 같은 포토존 카페

구좌읍 김녕의 한적한 바닷가에 있다. 모알보알은 거북이알이라는 필리핀 말로, 세부섬의 조용하고 작은 시장마을 이름이다. 카페에 들어가는 순간 세부나 발리에 온 듯한 착각을 불러일으킨다. 화려한 형형색색 러그와 라탄 소재 가구들, 알록달록한 조명도 인상적이다. 제주의 푸른 바다가 한눈에 들어오는 전망이 일품이다. 카페 밖으로 나가면 현무암 해안을 따라 하얀 침대, 피아노, 욕조 등 이질적인 오브제가 당신을 기다린다. 카메라를 드는 순간마다 인생 사진을 만들어준다. 포토존마다 사진 촬영 순서를 기다려야 하지만 이것마저 여행의 즐거움이다. 패션후르츠, 조천말차 등 휴양지 감성을 높여줄 음료와 에그타르트 등 수제 디저트 메뉴를 갖추고 있다. 맨발로 자유로이 거닐거나, 빈백과 푸프, 테이블에 앉아 바다를 감상하는 것만으로도 충분히 행복해진다.

☕ 월정리로와

◎ 제주시 구좌읍 해맞이해안로 472(구좌읍 월정리 6) 📞 0507-1302-2240 🕐 09:00~22:00(연중무휴)
Ⓜ 추천메뉴 한라봉 인절미 토스트, 한라봉차, 요거트 한라봉 스무디 ₩ 5천원~7천원 ⓘ 주차 길가 주차

테라스에서 넋을 잃다

올레 20코스가 지나는 월정리는 쪽빛 바다, 그리고 풍력발전기가 돌아가는 이국적인 풍경을 품고 있다. 그리고 해변 포토존엔 젊고 싱그러운 웃음이 가득하다. 월정리LOWA는 월정리의 매력을 파노라마로 즐길 수 있는 카페다. 옥상을 변모시킨 테라스는 여행객들의 폭발적인 사랑을 받고 있다. 청명한 제주 햇살을 받으며 편안한 안락의자에 몸을 기대면 해외의 유명한 해변에 와 있는 것 같은 기분이 든다. 인기 메뉴는 요거트 한라봉 스무디와 한라봉 인절미 토스트. 새콤달콤한 한라봉이 입안에서 당신을 희롱한다.

☕ 카페공작소

◎ 제주시 구좌읍 해맞이해안로 1446(구좌읍 세화리 1477-4) 📞 070-4548-0752 🕐 08:00~19:00(연중무휴)
Ⓜ 추천메뉴 더치커피, 한라봉 에이드, 수제 초코파이 ₩ 5천원~7천원 ⓘ 주차 길가 주차

세화 바다가 참 아름답다

카페공작소는 세화 해변을 아늑하게 바라보고 있다. 물빛도 예쁘고, 하늘도 예쁘고, 그 모두를 품은 카페공작소도 예쁘다. 세화 바다를 다 담을 수 있는 커다란 창이 있다. 탁자와 원목 가구는 주인이 직접 만든 것이다. 가구와 어울리는 따뜻하고 아기자기한 소품들도 인상적이다. 바다를 마음에 담았다면 카페에 전시된 엽서를 골라 나에게, 또는 그리운 이에게 손편지를 써보자. '백일우체통'에 넣으면 실제로 백일 뒤에 발송해준다. 카페의 외등이 켜지는 해질 녘에 방문하면 석양이 잦아드는 아름답고 고즈넉한 풍경을 모두 담아갈 수 있다.

블루보틀 제주

📍 제주시 구좌읍 번영로 2133-30 📞 0507-1388-6998 🕐 매일 08:30~19:00(설, 추석 당일 휴무)
📋 추천메뉴 지브랄타, 뉴올리언스, 놀라플로트 ₩ 15,000원 ⓘ 주차 전용 주차장 인스타그램 @bluebottlecoffee_korea

웨이팅은 기본 서울보다 핫하다

블루보틀 제주점은 크고 작은 오름이 모인 구좌읍 송당리에 자리를 잡았다. 블루보틀 제주점은 제주의 고유한 특색을 반영했다. 입구에는 제주의 정통 대문인 '정낭'에서 착안한 대문을 설치했고, 내부는 '마을 사람들의 교류의 장이자 휴식의 장소'를 뜻하는 제주의 '퐁낭'을 콘셉트로 디자인했다. 블루보틀 특유의 미니멀리즘이 돋보이며 통창 너머 보이는 숲 풍광은 평안을 찾아준다. 제주 햇살을 모티브로 만든 제주블렌드드립커피, 제주 수제 푸딩 브랜드 우무와 협업한 커피푸딩, 제주녹차땅콩호떡은 오직 제주점에서만 맛볼 수 있다.

풍림다방 송당점

📍 제주시 구좌읍 중산간동로 2267-4(송당리 1377-1) 📞 1811-5775 🕐 10:30~18:00(연중 무휴) ⓘ 주차 전용 주차장

동부 중산간의 레트로 카페

지금은 없어진 음식 프로그램 <수요미식회>에 나오면서 널리 알려졌다. 오래된 가옥을 리모델링했는데, 레트로 감성이 진하게 느껴진다. 구좌읍 송당리에서 가장 유명한 카페로, 동부 오름과 중산간 여행자들이 많이 찾는다. 가장 인기가 좋은 메뉴는 더치커피다. 특히, 더치라테를 찾는 손님이 많다. 고소하고 부드러운 거품과 시큼한 더치커피 맛을 아울러 느낄 수 있다. 비엔나커피도 인기 메뉴 가운데 하나이다. 쓴맛, 단맛, 그리고 바닐라 향과 커피 향의 조화가 퍽 인상적이다. 실내는 노키즈 존으로 열 살 이상만 입장할 수 있다.

☕ 카페 글렌코

📍 제주시 구좌읍 비자림로 1202

📞 0507-1326-3555 🕐 09:30~18:00(라스트오더 17:30)

Ⓜ **추천메뉴** 제주보리미숫가루 블렌디드, 그린한라봉차, 스콘초코칩쿠키

₩ 6,000원~9,000원 ⓘ **주차** 전용 주차장 **인스타그램** @cafe_glencoe

동부 초원의 정원 카페

오름과 초원, 목장이 중심을 이룬 제주 동부 풍경은 그 자체로 이국적이지만, 카페 글렌코는 한술 더 뜬다. 뭐랄까? 이곳은 제주도가 아니라 스코틀랜드의 아름다운 목장을 연상시킬 만큼 분위기가 독특하고 이국적이다. 실제로 글렌코는 스코틀랜드의 글렌코 지역 초원을 모티브로 만든 정원형 카페다. 초원에 펼쳐진 핑크뮬리와 억새풀이 만개할 때면 추억을 남기려는 사람들로 북적인다. 카페 글렌코는 메뉴를 주문해야 입장할 수 있다. 커피나 음료수를 주문하면 손목띠를 채워준다. 유채꽃, 메밀꽃, 수국, 핑크뮬리가 계절을 바꾸어가며 카페를 꽃의 정원으로 꾸며준다. 형형색색 꽃과 잘 어울리는 알록달록한 카페 건물도 무척 매혹적이다. 카페 글렌코는 반려동물도 입장할 수 있다. 다만, 펫 에티켓을 잘 지켜 다른 손님들에게 피해가 가지 않도록 하자.

🛍️ 선한종이

📍 제주시 조천읍 곱은달남길 172 📞 010-9879-3356
🕐 평일 10:00~16:00, 토 12:00~17:00, 일 휴무(비정기 휴무는 인스타 참고) ⓘ **주차** 전용 주차장

선한 메시지를 담아내는 책방

조천읍 중산간 마을 대흘리에 새로 생긴 책방이다. 멀리 한라산을 가운데 두고 사방으로 봉긋봉긋 솟아오른 오름 사이로 책방 '선한종이'가 낯선 이의 방문을 반긴다. '종이에 선한 메시지를 담는 곳'이 되길 바라는 마음을 담아 책방 이름을 지었다. 책방은 잡지사 기자이자 에디터였던 아내가, 책방 건너편 사진관 겸 카페는 사진기자였던 남편이 자리를 지킨다. 일상, 육아, 인문, 에세이 등에 큐레이션 한다. 책방지기의 큐레이션은 삶을 향한 다정한 시선을 담고 있다. 잡화점 에프북언더의 소품들도 만날 수 있다.

🛍️ 필기

📍 제주시 구좌읍 종달로7길 8-1(종달리 1965) 📞 0507-1349-1342
🕐 11:00~17:00(휴게시간 13:00~13:30, 화 휴무, 부정기 휴무는 인스타그램에 공지)
₩ 2만5천원(1시간 30분 기준) ⓘ **주차** 정자 근처 주차 구역 **인스타그램** instagram.com/_pilgi

문구점 겸 아날로그 글쓰기 공간

제주도에 이런 공간이 필요했다. 상호부터 아날로그 감성이 묻어나 호감이 간다. 필기는 연필과 종이, 책과 타자기가 있는 글쓰기 공간이자 연필, 노트, 지우개 등 쓰고 그리는 것과 관련된 도구를 판매하는 문방구이다. 연필을 이용해 조금 느린 글쓰기를 해도 좋고, 타자기 앞에 앉아 아날로그적인 글쓰기를 해도 좋다. 일기든 편지든, 아니면 에세이든, 글감은 무엇이든 여행자가 정하면 된다. 글쓰기가 귀찮다면 소파에서 책을 읽거나 그림을 그려도 괜찮고, 아무 일 하지 않고 쉬어도 상관없다. 네이버와 인스타그램 DM으로 예약하면 된다.

🛍️ 만춘서점

📍 제주시 조천읍 함덕로 9

📞 064-784-6137 🕐 매일 11:00~18:00

작지만 운치가 넘치는

함덕해수욕장 근처에 있는 작은 서점이다. 소노벨 리조
트 옆에 있어서 찾기 어렵지 않다. 공간이 좁지만 아기
자기해서 정감이 간다. 책장 중간중간에 책 내용을 소
개하는 짧은 문장이나 책 속 한 줄을 적어 놓았다. 글
귀 내용에 공감이 가기도 하지만 무엇보다 잠시 생각
에 잠기게 해서 좋다. 서점이지만 한쪽에 LP와 음반 코
너가 있다. 굿즈와 문구류도 판매한다. 서점 실내도 좋
지만, 바깥도 이에 못지않다. 서점 옆에 낮게 쌓은 돌담
은 앙증맞고 흰색과 검정의 색 대비도 훌륭하다. 작은
마당과 마당에 놓은 탁자에도 제주의 운치가 소소하게
내려앉아 있다.

🛍️ 사슴책방

📍 제주시 조천읍 중산간동로 698-71 📞 010-7402-9077

🕐 12:00~18:00(방문 전 영업 여부 인스타그램 확인 필수) ⓘ 주차 가능

숲속의 예술 책방

조천의 중산간 마을 대흘리에 있는 시각 예술 전문 책방이다. 그림책 작가가 운영하는데, 아름다운 지중해풍 건
물이 눈길을 끈다. 주인이 사는 집을 예술 서점으로 꾸몄다. 건물도 아름답지만, 정원과 넓은 잔디밭도 오래 거
닐고 싶을 만큼 아름답다. 서점은 신발을 벗고 들어가야 한다. 유럽과 미국 등 여러 나라에서 수입한 그림책이
무척 많다. 주인이 손수 책에 관해 친절하게 설명해준다. 아이들 책도 많지만, 더 많은 건 성인용 도서다. 천천히
책을 구경하며 서점을 여행하다 보면, 저절로 힐링이 된다.

PART 6

서귀포시
중심권+중문권

서귀포시 중심권+중문권 지도

엉또폭포

고근산

1136

코우

서귀포시청
제2청사

제주에인

이치진
봉주르 마담

문치비

서귀포중앙도서관

1132

서귀포시외
버스터미널

카페록키

제주 월드컵경기장

하라케케

서귀여자
고등학교

제주김만복 서귀포점

법환
초등학교

올레 7코스

중동선착장

켄싱턴리조트

법환해녀체험센터

강정
해군기지

서건도

중문관광단지 지도

오전열한시(1.8km)
중문고등어쌈밥(1.5km)
테라로사커피 중문
(1.2km)

서울 앵무새(1.7km)

색달식당 중문점

칠돈가 중문점

1136

국수바다
본점

숙성도
중문점

고집돌우럭 중문점

서귀포 자연휴양림(7km)
한라산 1100고지(14km)

제주운정이네(1.5km)

사우스
바운더

제주오성식당

박물관은
살아있다

여미지식물원

중문수두리
보말칼국수

1132

천제연
폭포

가람돌솥밥

엉덩물계곡

바다바라 카페

약천사

중문색달
해수욕장

퍼시픽리솜

더 클리프

신라호텔

올레 8코스

ICC컨벤션센터

대포포구

제이엠
그랑블루요트

대포주상절리

바다다

↑ 서귀다원(9km)

🍴 상록식당

🏪 서귀포향토
오일시장

🚌 1131

📷 베케(1.4km) →
📷 감귤박물관(2.6km)

서귀포
하영 올레
📷 서귀포시청
제1청사

📷 제주부싯돌
🍴 뽈살집
🍴 소반
🍴 혁이네수산

플레이커피랩 📷
네거리식당 🍴
🍴 천짓골

🍴 오는정김밥

삼보식당 🍴
📷 올레시장

천지연폭포
쌍둥이횟집
본점
📷 이중섭거리

🏛 왈종미술관
🏨 서귀포
칼호텔
쇠소깍(4km) →

기당미술관 📷
칠십리공원
유동커피 ☕
정방폭포
📷 이중섭미술관
허니문하우스
올레 6코스

황우지선녀탕
📷 서귀포유람선
📷 새연교

소천지
• 제주대학교
연수원

돌개

🍴 섶섬할망카페(1km)
보목해녀의집(1.7km)
어진이네횟집(2km)

📷 서귀포항

📷 테라로사(4km)

쇠소깍 지도

🍴 베케

🚌 1132

📷 쇠소깍

테라로사 🍴
게우지코지 ☕
보목해녀의집
🍴 어진이네횟집
• 보목항

서귀포시 중심권 + 중문권
버킷리스트 10

MUST GO

01
매일올레시장, 구경 후엔 미식 투어
서귀포에서 가장 인기 많은 핫 스폿이다. 다양한 매체에 통닭, 오메기떡, 횟집 등 여러 맛집이 소개되었다. 유명 맛집으로는 마농치킨, 제일떡집, 통나무횟집, 황금어장, 바다수산 등이 있다.

02
천지연폭포 산책하기
서귀포에서 가장 아름다운 절경이다. 한라산에서 내려온 물이 절벽 아래로 거침없이 몸을 던진다. 폭포를 찾아가는 길도 아름답다. 밤이 되면 아름다운 조명이 산책로와 폭포를 더 빛내준다.

03
쇠소깍에서 카약 타기
민물과 바닷물이 교차하면서 푸른 물빛을 만들어 낸다. 물빛이 사치스러울 정도로 푸른데 그 모습이 신비롭고 오묘하다. 투명 카약이나 뗏목 '테우'를 타고 쇠소깍 물빛을 더 깊이 즐길 수 있다.

04
이중섭거리 산책하기
서귀포 피난 시절 이중섭이 산책하며 오간 길이다. 카페와 공방, 소품 가게가 이 거리에 몰려 있다. 그가 기거하던 1.4평짜리 방을 보고 있으면 마음이 아프다. 이중섭미술관에선 그의 그림을 감상할 수 있다.

05
감귤 따기, 감귤 쿠키 만들기 체험
감귤 1번지 서귀포엔 체험 농장이 많다. 입장료를 내면 감귤을 한 바구니 따서 가져갈 수 있다. 감귤박물관에선 감귤 따기는 물론 감귤 쿠키 머핀 만들기와 족욕 체험도 할 수 있다. 홈페이지에서 예약하면 된다.

06
요트 투어, 하루쯤은 럭셔리하게
푸른 바다를 가르는 하얀 요트. 선상 위의 다이닝과 샴페인 한 잔. 그리고 낚시와 와락 다가오는 중문 앞바다와 절경. 요트 투어는 대포포구에서 출발한다. 제트 보트, 패러세일링도 이곳에서 체험할 수 있다.

MUST EAT

01
바다 향 가득한 물회 즐기기
자리물회는 제주도가 선정한 향토음식 중 당당히 첫손에 꼽혔다. 자리회, 식초, 양파, 배, 고추, 부추, 초피잎, 된장 등을 물에 넣고 비벼 먹는다. 한치물회는 자리돔물회와 더불어 물회의 양대 산맥이다. 보목해녀의집과 어진이네횟집이 유명하다.

02
그 유명한 마늘치킨 즐기기
마늘치킨의 원조가 서귀포 매일올레시장이다. 마늘을 주재료로 만든 양념에 닭고기를 24시간 재운 뒤 여러 재료를 배합한 튀김가루를 입혀 튀겨낸다. 마농치킨과 한라통닭이 쌍두마차이다. 치맥을 즐기며 '소확행'을 제대로 느껴보자.

03
입이 즐겁다, 중문권 맛집 투어
호캉스 덕에 중문권 맛집이 새롭게 떠오르고 있다. 돼지고기는 숙성도와 칠돈가가 유명하다. 색달식당과 제주오성식당은 갈치 맛집이다. 면 종류가 당긴다면 국수바다와, 중문수두리보말칼국수를 추천한다. 오전열한시와 가람돌솥밥은 전복밥으로 유명하다.

04
오션 뷰 카페, 푸른 바다를 그대 품 안에
푸른 바다를 하염없이 바라보고 싶다면 오션 뷰 카페로 가자. 하늘, 햇살, 바람, 바다. 선베드에 누우면 제주의 자연을 다 품을 수 있다. 휴양지 카페의 끝판왕 하라케케, 밤이면 어화가 아름다운 '바다다'와 중문해수욕장 석양이 압권인 '더클리프'를 추천한다.

📷 서귀포 매일올레시장

📍 서귀포시 중앙로62길 18(서귀동 277-1번지) 📞 064-762-1949
🕐 07:00~21:00(동절기 07:00~20:00, 연중무휴) ⓘ 주차 공영 주차장

서귀포 여행 1번지

올레시장은 1960년대 초반 물건을 내다 파는 사람들이 하나둘씩 모이고, 그 규모가 커지면서 자연스럽게 시장으로 발전하였다. 대형마트가 생기면서 점점 관심에서 멀어졌으나 2009년부터 제주 올레가 인기를 끌면서 다시 살아났다. 옛 이름은 서귀포 매일시장이었으나 이 무렵 이름도 서귀포 매일올레시장으로 바뀌었다.

올레시장은 TV와 각종 매체에 통닭, 오메기떡, 흑돼지 꼬치구이, 꽁치김밥, 횟집, 분식 등 여러 맛집이 소개되면서 엄청난 인기를 누리고 있다. 최신 트렌드에 발맞춰 커피, 생과일주스, 간식거리를 파는 다양한 카페와 맛집이 생겨나고 있다. 올레시장은 시시각각 변하고 있지만 전통시장의 모습 또한 잘 간직하고 있다. 200여 개 점포와 140여 개 노점상이 시장을 이루고 있다. 시장을 걷다 보면 후각을 자극하는 먹을거리가 발길을 잡는다. 여행객들이 앉아서 음식을 즐길 수 있는 벤치도 많이 마련되어 있다. 공영 주차장이 있어 접근성도 편리하다. 음식, 생선, 과일, 육류, 야채, 산나물, 의류, 잡화, 토산품, 기념품…… 있을 건 다 있는 특별한 시장. 여기는, 서귀포 올레시장이다.

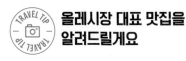

올레시장 대표 맛집을 알려드릴게요

1

마농치킨 구 중앙통닭

마농치킨 ⓥ 서귀포시 중앙로48번길 14-1 ☎ 본점 064-733-3521 2호점·호프 064-738-3521

3호점·배달 064-762-3521 ⓒ 07:00~21:00(일요일 휴무, 브레이크타임 16:00~17:30)

한라통닭 ⓥ 서귀포시 중정로73번길 13 ☎ 064-762-4449 ⓒ 08:30~21:00(수요일 휴무)

원래 유명하지만 〈수요미식회〉에 나와 더욱 유명해졌다. 올레시장 주변 도보 5분 이내 거리에 2호점, 3호점이 있다. 마농은 마늘의 제주 방언이다. 마늘을 주재료로 만든 양념에 닭고기를 24시간 재운 뒤 여러 재료를 배합한 튀김가루를 입혀 튀겨낸다. 성수기엔 1시간 정도 기다려야 한다. 한라통닭과 더불어 올레시장 마늘 치킨의 쌍두마차이다. 시장 안 벤치에 앉아 치맥을 즐기며 '소확행'을 제대로 느껴보자.

2

제일떡집

ⓥ 서귀포시 중정로73번길 15-1

☎ 064-732-3928

ⓒ 매일 10:00~20:00(수요일 휴무)

오메기는 차조의 제주도 사투리다. 오메기떡은 이 차조로 만든 떡이다. 벼농사가 힘든 제주도에서는 조와 보리가 주식이었고, 이를 활용한 음식 중 하나가 오메기떡이다. 제주에서도 흔하지 않았으나 몇 년 전부터 TV를 타고 유명해져 이제는 제주를 대표하는 떡이 되었다. 제일떡집은 제주에서 가장 유명한 오메기떡 집이다. 올레시장 안에 본점과 2호점이 있다. 택배도 가능하고, 선물용으로도 좋다. 냉동실에 얼렸다가 두고두고 해동하여 먹을 수도 있다.

③ 통나무횟집과 황금어장

통나무집 ◎ 서귀포시 중앙로42번길 16 ☎ 064-762-7931 ⏰ 09:00~22:00(일요일 휴무)
황금어장 ◎ 서귀포시 중앙로48번길 14 ☎ 064-763-4418 ⏰ 매일 10:00~22:00(연중무휴)

올레시장엔 정말 가성비 '갑질' 제대로 하는 횟집이 많다. 싱싱함은 기본이고 가격도 저렴하다. 공영주차장 입구에 횟집이 많지만, 시장을 둘러보며 5~10분만 걸어가면 또 다른 횟집을 여러 곳 찾을 수 있다. 대표적인 곳이 통나무횟집이다. 서귀포 시민과 올레꾼들의 단골 가게이다. 계절 따라 다양한 회를 즐길 수 있고, 고급 회도 비싸지 않다. 백김치와 함께 먹는 활어회 맛이 기가 막히다. 황금어장도 올레시장 안에서 유명하다.

④ 포장 전문 횟집

바다수산 ◎ 서귀포시 중정로61번길 6 ☎ 064-762-5577 ⏰ 매일 09:30~21:30
기흥어물 ◎ 서귀포시 중정로61번길 6 ☎ 064-732-9277, 010-5722-0001 ⏰ 매일 09:30~21:30
싱싱올레해산물 ◎ 서귀포시 중앙로48번길 14 ☎ 064-733-5233 ⏰ 09:00~21:00

여행을 하다 보면, 술이 당기지만 대리운전을 부르는 번거로움 때문에 망설여지는 때가 있다. 숙소에서 연인, 가족과 오붓하게 시간을 보내고 싶을 수도 있다. 이럴 땐 포장 전문 횟집을 이용하자. 대표적인 곳 세 군데를 소개한다. 바다수산과 기흥어물은 서로 나란히 붙어있다. 싱싱올레해산물은 황금어장 바로 옆 가게이다. 여름 한치, 겨울 방어부터 참돔, 돌돔, 다금바리 등 고급 어종까지 없는 것이 없다. 회를 뜨고 남은 부분은 소스까지 포함해 매운탕 거리로 포장을 해준다.

이중섭거리와 이중섭미술관

이중섭미술관 ⊙ 서귀포시 이중섭로 27-3(서귀동 532-1) ☎ 064-760-3567
🕐 09:30~17:30(월요일·1월 1일·설날·추석 휴무) ₩ 어른 1천5백원 청소년 8백원 어린이 4백원

서귀포의 몽마르트르 언덕

이중섭1916~1956을 생각하면 연민과 안타까움, 그리움의 감정이 안개처럼 피어오른다. 1951년 1월 이중섭은 원산에서 아내와 두 아들을 데리고 피난을 와 이곳에서 1년 남짓 머물렀다. 그는 서귀포에서 '과수원의 가족과 아이들', '서귀포의 환상', '섶섬이 보이는 풍경' 같은 소중한 그림을 얻었다. 이중섭거리는 이중섭이 산책하거나 스케치를 하러 오간 길이다. 이 길의 중심지는 작가의 주거지와 이중섭미술관이다. 화순항을 거쳐 서귀포에 들어온 이중섭은 정방동 솔동산 마을의 반장이던 송태주에게 작은 방 하나를 빌렸다. 패션 화보 같은 인생이 어디 있겠나 싶다가도 그가 몸을 뉘었던 1.4평짜리 방을 보고 있으면 마음 한구석에 슬픈 바람이 분다. 이중섭미술관은 그의 그림 60여 점과 그가 가족과 아내에게 보낸 편지, 당시 사용하던 팔레트 등 유품 37점을 전시하고 있다. 이중섭거리엔 아담한 카페, 맛집, 패션 가게도 많다. 여행의 낭만을 느끼고 싶다면 이중섭거리로 가자. 한두 시간, 예술과 문화의 향기를 향유하며 느낌표를 찍는다면 당신의 여행이 한층 깊어질 것이다.

📷 천지연폭포

📍 서귀포시 천지동 667-7 📞 064-733-1528

🕐 09:00~22:00까지(마감 40분 전까지 입장 가능) ₩ **어른 2천원 어린이·청소년 1천원**

서귀포의 으뜸 절경

천지연폭포는 서귀포에서 가장 아름다운 경치로 손색이 없는 곳이다. 한라산에서 흘러내린 물이 솜반천을 지나 바다로 가기 위해 절벽에서 힘차게 몸을 던진다. 시내에서 걸어서 10~15분이면 도착할 수 있는데, 도시에 있다고 는 믿기지 않을 정도로 깎아내린 절벽에서 한라의 물이 거침없이 몸을 던진다. 천지연은 하늘과 땅이 만나 이룬 연못이라는 뜻이다. 높이 22m, 너비 12m, 수심 20m로 그 모습 자체가 장관이다. 천연기념물 27호이다. 천연기 념물 258호인 무태장어뱀장어과에 속하는 민물고기로 뱀장어보다 길이가 훨씬 길다. 서식지로도 유명하다.

천지연폭포는 폭포도 폭포지만, 폭포를 찾아가는 길도 일품이다. 폭포에서 내려오는 물을 따라 산책로가 만들어져 있는데, 담팔수, 가시딸기, 소엽란 등 희귀식물과 구실잣밤나무, 산유자나무 등이 울창한 숲을 이루고 있어, 잘 정비 된 정글을 걷는 기분이 든다. 점점 폭포에 가까워지면 물 떨어지는 소리가 엄청나다. 여름에는 마치 에어컨 앞에 서 있는 것처럼 시원하다. 밤이 되면 아름다운 조명이 폭포를 더 빛내준다. 데이트 코스로 인기가 좋다.

📷 새연교

📍 서귀포시 남성중로 43 (서홍동 707)

ⓘ **주차** 전용 주차장

서귀포의 랜드마크

새연교는 서귀포시립해양공원 안에 있다. 서귀포와 새섬을 연결해주는 다리이다. 새연교는 새섬을 연결해주는 다리라는 뜻이자, 새로운 인연을 만들어가는 다리라는 의미를 품고 있다. 새섬은 서귀포항 앞에 있는 섬이다. 제주 초가의 지붕을 엮을 때 쓰는 '새풀'이 많이 자라서 이런 이름을 얻었다. 사람이 살지 않은 무인도이다. 새섬에 가려면 새연교를 건너야 한다. 제주의 전통 배 '테우'의 생김새에서 영감을 얻어 만든 아주 멋진 다리이다. 멀리서 보면 돛을 단 배가 바다를 항해하는 것처럼 보인다. 서귀포항으로 드나드는 어선과 유람선이 지나가면 여행 엽서처럼 아름답다. 밤에는 조명이 들어와 낮보다 더 멋진 풍경을 연출해준다. 운이 좋으면 음악 분수20:30~20:50, 월요일 운휴도 구경할 수 있다. 새연교를 건너면 이윽고 새섬이다. 1.2㎞의 산책로와 광장, 목재 데크 길, 포토존 등이 있어 가볍게 여행하기 좋다. 섬을 한 바퀴 돌면 새연교와 서귀포항, 바다에 떠 있는 범섬·문섬·섶섬을 다 눈에 넣을 수 있다. 15분 남짓 새섬을 한 바퀴 돌며 새로운 서귀포의 추억을 만들어보자.

📷 서귀포유람선

📍제주 서귀포시 남성중로 40 📞 064-732-1717 🕐 출항 시간 11:20, 14:00, 15:20, 16:30 휴무 월요일 ₩ 성인 19,000원, 청소년 17,000원, 소인(초등학생) 9,500원 ⓘ 홈페이지 https://seogwipocruise.com(인터넷 예약 시 11% 할인)

제주 여행의 필수템, 서귀포 섬 투어

제주 사람들도 잘 모르는 핫 아이템이 있다. 바로 서귀포 유람선 투어다. 서귀포의 랜드마크인 새연교가 시작되는 지점에 작은 선착장이 있다. 이곳에서 서귀포 유람선을 타면 새섬을 출발하여 폭풍의 언덕과 외돌개를 지나 범섬으로 향한다. 수중 화산 활동으로 생긴 범섬의 주상절리대와 해식동굴을 감상하고 나면, 다음 코스는 아름다운 산호군락이자 세계적인 다이빙 포인트로 알려진 문섬이다. 날씨가 좋으면 3층 갑판 위에 올라 갈매기들에게 새우 과자 하나씩 던져주는 잔재미를 맛볼 수 있다. 1, 2층 실내에 있더라도 옛날식으로 구운 쥐포를 별미 삼아 제주의 비경을 감상하는 것 또한 즐거움이다. 그래도 유람선 투어의 백미는 제주도에서 가장 말솜씨가 좋은 선장님의 친절하고, 유쾌한 설명이다. 듣다 보면 한 시간이 후딱 지나간다! 참, 유람선 투어에서 유의할 점이 있는데, 항상 배 오른쪽에 자리를 잡아야 한다. 배 왼쪽은 멀리 남태평양만을 바라보니, 기억하시라. 서귀포 유람선은 오른쪽이다!

📷 중문색달해수욕장

📍 서귀포시 중문관광로72번길 29-519 (색달동 2950-3)
ⓘ 주차 전용 주차장

야자수가 있는 이국적인 풍경

중문관광단지 안에 있는 해수욕장으로, 활처럼 곡선을 그리는 해변이 무척 아름답다. 해수욕장 뒤편으로 키 큰 야자수가 줄지어 자라는 모습이 퍽 이국적이다. 중문색달해수욕장의 옛 이름은 진모살이다. 진모살이란 기다란 모래 해변을 뜻하는 제주어이다. 백사장 길이는 560m, 폭은 50m 안팎이다. 모래는 독특하게 여러 가지 색깔을 낸다. 흑색, 회색, 적색, 백색 등 네 가지 모래가 섞여 있는데, 해가 비치는 각도에 따라 백사장 색깔이 달라 보인다. 중문색달해수욕장은 해양 스포츠의 성지이다. 해마다 100만 명이 다양한 해양스포츠를 즐기기 위해 이곳을 찾는다. 특히 제주도의 다른 해수욕장보다 파도가 높고 센 편이라 서퍼들이 많이 찾는다. 국내에서 가장 규모가 큰 국제서핑대회가 매년 6월에 열린다. 다만, 경사가 급하고 파도가 센 편이라 아이와 함께 갈 땐 조심해야 한다. 해수욕장 개장 시즌엔 마을회에서 주차요금 3,000원을 따로 받는다. 롯데, 신라호텔에서는 모래사장까지 이어지는 계단을 이용해 편리하게 내려갈 수 있다.

📷 엉덩물계곡

📍 서귀포시 색달동 2822-7(중문색달해수욕장 주차장 입구)

유채꽃 물결치는 환상 계곡

중문관광단지에 꼭꼭 숨은 작은 계곡이다. 거의 알려지지 않은 곳이었으나 몇 년 전부터 유채꽃 명소로 알려지면서 여행자들이 몰린다. 중문색달해수욕장 뒤편, 한국콘도 동쪽에 숨어 있다. 중문색달해수욕장 주차장에서 북쪽으로 오르면 이윽고 엉덩물계곡이다. 봄이 되면 골짜기 가득 매화와 유채가 핀다. 2월이면 매화가 계곡을 화사하게 꾸며주고, 3월부터는 유채꽃이 계곡 전체를 노랗게 물들인다. 특히 유채가 필 때면 인생 사진을 얻으려는 여행자들이 몰린다. 사진을 찍고, 잘 가꾸어진 산책로를 걷다 보면 마음마저 노랗게 물든 듯 절로 기분이 좋아진다. 봄이 제일 아름답지만, 그 밖의 계절에도 가볍게 산책이 좋다. 계곡을 왕복하는데 20분 남짓 걸린다. 이 계곡을 따라 제주 올레 8코스가 지난다. 시간 여유가 있다면 8코스를 따라 조금 더 걸어도 좋겠다.

📷 천제연폭포

📍 서귀포시 천제연로 132 (중문동 2232) 📞 064-760-6331
🕐 09:00~17:20 ₩ 입장료 1,350원~2,500원 ⓘ **주차** 전용 주차장

중문관광단지의 최고 절경

한라산에서 흘러내린 중문천은 바다를 만나기 직전 폭포 세 개를 만든다. 이 셋이 천제연폭포이다. 천제연은 '하느님의 연못'이라는 뜻이다. 이 연못엔 일곱 선녀에 대한 전설이 내려온다. 하느님을 모시는 칠선녀가 별이 빛나는 밤마다 내려와 물놀이를 즐기다가 다시 하늘로 올라갔다는 이야기다. 높이 22m에 이르는 제1폭포가 주상절리 절벽에서 곧장 떨어져 만든 연못이다. 선녀가 목욕했다는 연못답게 천제연은 신비스러울 만큼 아름답다. 연못 깊이는 무려 21m이다. 제2, 제3폭포는 천제연의 물이 아래로 흐르다가 절벽을 만나 다시 떨어진다. 제1폭포는 비가 내린 다음에 가야 제대로 구경할 수 있다. 제2폭포와 제3폭포 사이에는 선임교라는 아치형의 다리가 있다. 칠선녀다리라고 부르기도 한다. 밤이면 다리 사이 석등 조명이 선임교를 밝혀주는데 야경이 아름답고 신비롭다. 폭포를 세 개나 품은 중문천은 천연기념물 제378호로 지정된 난대림이다. 담팔수, 상록수, 덩굴식물, 관목이 우거진 계곡은 영화 <아바타>에 나오는 원시림 같다.

📷 박물관은 살아있다

📍 서귀포시 중문관광로 42 (색달동 2629) 📞 064-805-0888
🕙 10:00~19:00(입장 마감 18:00) ₩ 요금 1만2천원~1만4천원 ⓘ **주차** 전용 주차장

관객 참여형 예술 놀이터

미디어아트, 트릭 아트, 착시 아트를 주제로 한 실내 테마파크이다. 중문관광단지의 여미지식물원 서쪽에 있다. 빛의벙커, 아르떼뮤지엄, 수목원테마파크 등 제주도에서 한창 유행하고 있는 미디어아트 박물관의 원조이다. 박물관은 살아있다는 착시 아트, 미디어아트, 오브제아트, 스컬처아트, 블랙원더랜드 EP2 등 5가지 테마로 구성돼 있다. 관객이 주인공이 되어 직접 보고, 듣고, 만지고, 참여하는 즐거움이 크다. 여행자가 참여하여 이 세상에서 하나밖에 없는 작품을 만들고 직접 그 모습을 촬영하여 간직할 수 있다. 박물관에 있는 디지털 아트 작품은 무엇이든 마음대로 찍을 수 있다. 따라서 카메라 또는 휴대전화를 꼭 휴대하는 게 좋다. 작품에서 빛이 반사되므로 촬영할 때는 플래시는 사용하지 않는 게 좋다. 투시로 표현된 작품은 '포토 포인트'에서 구도가 완성된다. 이때는 전시장 바닥에 있는 '포토 포인트'를 확인하면 된다. 일행과 멋진 순간을 남기고 싶다면 스태프를 찾자. 박물관은 살아있다는 어른보다 아이들이 더 좋아한다. 비나 눈이 많이 내려 밖으로 나가기 힘들 때 딱 가기 좋은 곳이다.

📷 퍼시픽리솜

📍 서귀포시 중문관광로 154-17 (색달동 2950-4)

📞 1544-2988 ⓘ 주차 전용 주차장

바다를 주제로 한 테마파크

마린스테이지, 샹그릴라 요트 투어, 비바 제트 보트, 카페 더클리프. 퍼시픽리솜에서 즐길 수 있는 건 다양하다. 마린스테이지는 관람객들이 동물과 교감하는 실내 공연 프로그램이다. 원숭이가 잃어버린 오빠를 찾는 과정, 해적 선장 후크와 탐험을 떠나는 바다사자 이야기, 돌고래가 원숭이의 오빠를 찾아주는 이야기가 공연처럼 펼쳐진다. 아이들이 무척 좋아한다. 요트 투어는 프라이빗 투어와 퍼블릭 투어로 구분된다. 대포동주상절리·범섬·형제섬·가파도·마라도를 오가는 요트를 타고 주상절리대 관람, 바다낚시, 선상 파티, 돌고래 투어, 일출과 일몰 여행을 할 수 있다. 가격대는 탑승 인원, 투어 주제, 투어 시간, 퍼블릭, 프라이빗 등에 따라 수만 원에서 수백만 원까지 다양하다. 비바 제트 보트에선 속도와 스릴을 즐길 수 있다. 더클리프는 중문관광단지에서 손꼽히는 오션 뷰 카페이다. 이국적인 중문색달해변이 한눈에 들어온다. 특히 이곳에서 바라보는 석양이 무척 아름답다. 차와 커피, 맥주를 마실 수 있다. 피자, 파스타, 수제버거, 브런치 같은 음식 메뉴도 있다.

📷 대포주상절리

📍 서귀포시 이어도로 36-24 📞 064-738-1521
🕐 09:00~18:00(일몰 시간에 따라 변동) ₩ 성인 2천원 **청소년·어린이** 1천원 ⓘ 주차료 1천원

화산이 만든 놀라운 돌기둥

대포주상절리는 화산 폭발 후 용암이 차가운 바닷물과 만나 급격히 식으면서 부피가 수축하여 틈절리이 생긴 삼각 또는 육각 형태의 기둥 모양주상 돌이다. 그 모습이 마치 일부러 만들어 놓은 현대적인 설치 작품처럼 보인다. 인위적으로 깎은 듯한 수직 절벽이 에메랄드빛 바다와 어우러져 신비롭고 이국적인 분위기를 연출한다. 바람이 심한 날엔 주상절리에 파도가 부딪칠 때마다 촘촘히 늘어선 돌기둥이 사라졌다 드러나기를 반복한다. 그 모습이 볼수록 장관이다. 주상절리와 하얗게 부서지는 파도, 끝없이 이어지는 망망대해는 아름답기 그지없다. 그래서일까? 사람들은 주상절리를 보자마자 탄성을 내지른다. 주상절리가 가장 아름다울 때는 노을이 질 무렵이다. 해가 서서히 서쪽으로 향할 때 그곳을 찾는다면 당신은 오랫동안 잊지 못할 감동적인 풍경을 마주하게 될 것이다.

 요트 투어

퍼시픽마리나 ◎ 서귀포시 중문관광로 154-17 ☎ 1544-2988
그랑블루요트투어 ◎ 서귀포시 대포로 172-7 ☎ 064-739-7776

요트 타고 제주 바다 즐기기

푸른 바다를 가르는 하얀 요트. 선상 위의 다이닝과 와인 한 잔. 그리고 낚시. 낭만적인 요트 투어를 서귀포에서 할
수 있다. 요트는 중문과 대포항에서 출발한다. 요트 투어는 크게 퍼블릭 코스와 럭셔리 코스가 있다. 퍼블릭 코스
는 개인 또는 소규모 인원이 다른 여행객과 같이 투어를 하고, 럭셔리 코스는 한 팀이 요트를 단독으로 이용하는
일종의 프라이빗 코스이다. 퍼블릭 코스는 대포주상절리 같은 해안 절경 감상, 바다낚시, 와인 또는 소주와 함께
생선회 즐기기, 과일과 간식 즐기기 등으로 꾸며진다. 럭셔리 코스는 여기에 DJ 파티, 만찬, 제트스키와 스노클링
같은 액티비티가 추가된다. 연인을 위한 프러포즈 프로그램도 운영한다. 퍼블릭, 럭셔리 코스 둘 다 선셋, 선라이
즈 투어도 운영한다. 대표적인 업체로는 퍼시픽마리나요트와 그랑블루요트가 있다.

📷 여미지식물원

📍 서귀포시 중문관광로 93(색달동 2920) 📞 064-735-1100
🕐 09:00~18:00(관람 시간 1시간 20분, 연중무휴)
₩ 어른 1만2천원 청소년 8천원 어린이 7천원

동양에서 가장 큰 온실 정원

중문관광단지의 명소이다. 제주도에 처음 생긴 식물원으로, 전체 면적은 약 3만4천 평이고, 이 가운데 온실식물원이 3794평이다. 거대한 유리 온실은 동양에서 가장 크다. 야자수, 바나나 나무 등이 자라는 열대 과수원이 동남아시아에 온 듯한 느낌을 준다. 온실식물원 중앙에는 38m 높이의 전망 타워가 있다. 전망대에 오르면 한라산과 중문관광단지, 그리고 푸른 제주 바다를 한눈에 조망할 수 있다. 옥외로 나가면 일본, 한국, 이태리, 프랑스 스타일의 야외 정원이 조성되어 있어 산책하기에 그만이다. 장난감처럼 생긴 60인승 유람 열차는 여미지의 마스코트이다. 어른보다 아이들이 더 좋아한다.

📷 약천사

📍 서귀포시 이어도로 293-28(대포동 1165)
📞 064-738-5000

동양에서 가장 큰 법당

제주엔 동양에서 가장 큰 법당을 가지고 있는 절이 있다. 중문관광단지에서 멀지 않은 대포동에 있는 약천사이다. '약수가 흐르는 절'이라는 뜻을 지닌 사찰인데 예전엔 실제로 물맛이 좋은 약수터 '도약샘'이 있었다. 약천사에 가면 두 번 놀란다. 건물의 규모에 한 번 놀라고, 높이 5m나 되는 비로자나불을 보고 또 한 번 놀란다. 비로자나불을 모신 법당은 높이가 30m에 이른다. 일반 건축물로 치면 10층 높이다. 이 거대한 규모는 잠시 이곳이 제주라는 사실을 잊게 만든다. 템플스테이도 운영하는데, 새벽 예불 후 오름에 올라 아름다운 자연을 체험하고, 오후에는 다도, 참선 등 수행 체험을 할 수 있다. 여독을 풀며 잠시 '내려놓음'의 평화를 느끼고 싶다면 주저하지 말고 약천사로 발길을 옮기자.

 외돌개

◎ 서귀포시 서홍동 791

불쑥 솟은 바닷가 용암 기둥

화산은 제주의 아름다운 자연을 만든 일등공신이다. 한라산과 오름이 그렇듯이 외돌개도 화산이 만들었다. 외돌개는 서귀포 서쪽 바닷가에 우뚝 솟아 있다. 약 150만 년 전 바닷속에서 화산이 폭발할 때 수면 위로 분출한 용암이 바닷물에 급격히 굳어 생긴 것이다. 외돌개는 혼자 외롭게 서 있다고 해서 붙여진 이름이다. 고석포, 장군석, 할망바위라고 부르기도 한다. 높이는 약 20m이다. 예전엔 바위를 가까이에서 보기 어려웠으나 드라마 <대장금> 촬영지인데다, 올레 7코스가 지나는 덕에 지금은 해안 산책로가 생겨 접근하기 쉬워졌다. 외돌개에서 서쪽으로 돔베낭골까지 이어진 길을 돔베낭길이라 부르는데, 올레길을 처음 만든 제주올레 서명숙 이사장은 이 길을 세상에서 가장 아름다운 산책로라고 말했다.

📷 황우지선녀탕

📍 서귀포시 서홍동 795-5

서귀포의 숨겨진 비경

황우지선녀탕은 서귀포 도심 남서쪽 해안가에 숨어 있는 비경이다. 과거에는 현지인만 겨우 아는 비밀 수영장
이었다. 언제, 누가 그랬는지 모르지만, 커다란 바위와 바위 사이를 돌로 이어 제법 큰 수영장을 만들었다. 10여
년 전부터 조금씩 세상에 알려지기 시작하더니 이제는 여행자들 사이에서도 숨은 명소로 소문이 났다. 물놀이
나 스노클링을 즐기는 사람뿐 아니라 멋진 사진을 얻기 위해 찾는 사람이 많다. 황우지선녀탕 자체가 비경이지
만, 손에 잡힐 듯 바다에 떠 있는 새섬과 문섬, 범섬 풍경도 뒤지지 않을 만큼 아름다운 까닭이다. 하지만 지금
은 아쉽게도 선녀탕까지 접근할 수 없다. 낙석으로 출입이 금지되었는데, 재개방 일정은 아직 정해지지 않았다.

제주특별자치도청

📷 기당미술관

📍 서귀포시 남성중로153번길 15(서홍동 621) 📞 064-733-1586

🕐 09:00~18:00(월요일·1월 1일·명절 휴무) ₩ 어른 1천원 청소년 5백원 어린이 3백원

서귀포 시민들이 최고로 꼽는

흔히 서귀포를 대표하는 작가로 이중섭을, 대표 미술관으로 이중섭미술관을 떠올리겠지만 서귀포 사람들의 생각은 조금 다르다. 시민들은 변시지1926~2013와 그의 작품을 소장하고 있는 기당미술관을 첫손에 꼽는다. 서귀포 태생인 그는 6세 때 일본으로 떠났다가 25년 뒤인 1957년에 귀국하였다. 서라벌예대를 거쳐 제주대에서 후학을 가르치며 '제주화'라는 새로운 작품 세계를 창조했다. 바람이 부는 제주를 배경으로 사람, 새, 말, 초가를 주로 형상화했다. 거친 땅과 거친 바다에서 힘겹게 삶을 개척해온 제주 사람의 사연 많은 내면이 그림에 잘 드러나 있다. 그의 작품을 보고 있으면 제주 사람이라면 누구나 가지고 있을 내면의 외로움을 대신 표현해주고 있는 것 같아 은근하게 가슴이 아려온다.

📷 서귀포 하영 올레

📍 서귀포시 중앙로 105 (서귀포시청 제1청사 안내센터) 📞 064-760-2651 ⓘ **코스 거리** 8.9~9km **난이도** 하 **인기도** 상

걸어서 서귀포 원도심 투어

서귀포 원도심의 매력을 듬뿍 느낄 수 있는 길이다. 제주관광공사와 서귀포시, 제주올레가 함께 개발하고 운영한다. 하영제주어로 '많다'는 뜻 올레는 이중섭거리와 매일올레시장 같은 원도심 명소와 주변 공원을 즐길 수 있는 3개 코스로 구성돼 있다. 1코스는 서귀포시청에서 출발해 걸매생태공원 — 칠십리시공원 — 새연교 — 새섬공원 — 천지연폭포 — 아랑조을거리 — 서귀포시청으로 돌아오는 길로 구성되어있다. 서귀포의 멋진 풍경과 자연을 만끽하기 좋은 코스다. 2코스는 9km로, 서귀포시청 — 아랑조을거리 — 매일올레시장 — 자구리공원 — 서복전시관 — 정모시공원 — 서귀포시청으로 되돌아온다. 3코스도 2코스와 마찬가지로 9km이다. 서귀포시청에서 출발해 솜반천, 지장샘, 흙담솔을 거쳐 서귀포시청으로 돌아오는 코스다. 하영 올레는 자연, 문화, 사람 그리고 서귀포 원도심에 깃든 다양한 스토리까지 느끼고 즐길 수 있는 멋진 여행 루트이다. 하영 올레를 따라 꼬닥꼬닥제주어로 '천천히'를 가리킴 서귀포 속으로 한 걸음 더 들어가 보자.

📷 왈종미술관

📍 서귀포시 칠십리로214길 30(동홍동 281-2)
📞 064-763-3600 🕐 10:00~18:00(월요일 휴무)
₩ 성인 1만원 어린이 6천원

예술을 그대 품 안에

정방폭포 지척에는 멋진 왈종미술관이 있다. 미술관은 정방폭포 주차장 뒤편에
서서 푸른 바다를 고즈넉하게 바라보고 있다. 경기도 출신인 이왈종 작가는 1990
년 도회지 생활을 정리하고 제주에 정착한 뒤 지금까지 서귀포에서 작업에 몰두
하고 있다. 그의 작품에는 서귀포의 동백나무, 섬섬, 푸른 바다가 곧잘 등장한다.
느림과 여유, 인위적이지 않은 삶을 그려내는 그의 작품을 보고 있노라면 어느새
마음 가득 평온이 찾아든다.

📷 정방폭포

📍 서귀포시 칠십리로214번길 37(동홍동 278) 📞 064-733-1530

🕐 09:00~18:00(일몰 시간에 따라 변동, 연중무휴)

₩ 성인 2천원 어린이·청소년 1천원

바다로 곧장 떨어진다

수직 절벽에서 바다로 직접 떨어지는 동양 유일의 폭포이다. 높이는 23m, 너비는 8m이다. 폭포 아래에 작은 연못이 있는데 태평양과 곧바로 이어진다. 폭포수가 수직으로 낙하하여 이윽고 대해로 흘러가는 모습을 보고 있으면 이런저런 상념이 가슴을 스치고 지나간다. 폭포수가 땅과 바다를 이어주는 듯하여 울컥하기도 하고, 반대로 인연의 끈을 자르듯 태평양으로 사라지는 모습을 보면 이별의 슬픔이 피어올라 가슴 한쪽이 쓰려온다. 서귀포에서 정방폭포를 찾아갈 때는 경치가 아름다운 자구리해안과 서복전시관을 통해 가기를 권한다. 시간이 허락한다면 올레 6코스를 산책하듯 걸어가도 좋다. 천천히 15분쯤 걸으면 이윽고 정방폭포이다.

소천지

◎ 서귀포시 보목동 1400 ◷ 휴일 없음 ₩ 없음 ⓘ **주차** 입구 주변 도로변 주차 가능

백두산 천지를 닮은 소천지

제주도에 백두산 천지를 축소해 놓은 듯한 곳이 있다. 서귀포시 보목동에 있는 소천지가 그곳이다. 잘 알려지지 않은 관광지라 아는 사람들만 알음알음 찾아가는 곳이다. 올레 6코스를 걷다 보면 섶섬이 손에 잡힐 듯 보이는 구두미 포구를 지나 거믄여 바닷가로 가는 중간쯤에 소천지가 나온다. 자동차로 찾아간다면 소천지 입구 도로변에 차를 대고 쉽게 걸어갈 수 있다. 소천지는 분명 바다이지만 천지를 닮은 연못과도 같은 곳이다. 고요한 수면 위로 약 14~15km 떨어진 곳에 있는 한라산이 거울처럼 비추는 'Mirror Effect'가 예술이다. 사람들 대부분이 이 장면을 배경으로 인생 샷을 찍기 위해 소천지를 찾는다. 물론 사전에 날씨를 확인해야 한다. 바람이 많이 불면 소천지 수면이 흔들려 멋진 사진을 찍기 힘들다. 주변 바다 풍경도 아름답다. 햇살이 비치는 날에는 윤슬이 빛나고, 해가 질 때는 붉게 물든 바다와 하늘의 멋진 풍광을 눈에 담을 수 있다.

📷 서귀포자연휴양림

📍 서귀포시 1100로 882(서귀포시 하원동 산1-1)

📞 064-738-4544 ₩ 어른 1천원 청소년 6백원 어린이 300원

토닥토닥, 숲이 위로해준다

한라산 남서쪽 중턱에 있는 자연휴양림이다. 토닥토닥, 숲의 위로를 받고 싶다면 서귀포자연휴양림으로 가자.
산책로를 걷는 것만으로도 마음의 평화를 얻을 수 있다. 편백나무 외에도 217종이나 되는 난대·온대·한대 수종
이 어울려 보기 드문 힐링 숲을 만들고 있다. 숲과 숲 사이에는 마음껏 뛰어놀 수 있는 잔디광장, 별빛을 보며 잠
들 수 있는 통나무 숲속의 집, 잘 정비된 산책로, 자연 계곡을 활용해 만든 물놀이 시설, 야영장 등을 갖추고 있다.
휴양림 산책로를 따라 오르면 법정악오름 전망대에 이른다. 전망대에 오르면 영주십경의 하나인 한라산 영실기
암과 서귀포 시가지, 서귀포 너머 탁 트인 태평양을 한눈에 조망할 수 있다.

📷 한라산 1100고지

📍 서귀포시 색달동 산 1-2

인생 드라이브, 인생 풍경

한라산 1100도로는 제주시에서 서귀포까지 이어져 있다. 해발 1100m를 지난다고 하여 1100도로이라고 불리지만 실제는 1139도로이다. 1139도로는 4계절 내내 아름답다. 봄엔 벚꽃과 연둣빛 덕에 눈이 호강하고, 여름엔 더위를 잊게 할 만큼 시원하다. 가을에는 만산홍엽이 환상 풍경을 보여주고, 겨울엔 설경이 형용할 수 없을 정도로 찬란하다. 어느 계절이든 평생 잊지 못할 풍경이 기다리고 있다.

1100고지엔 휴게소와 주차장이 있다. 람사르 습지로 지정된 1100고지 습지도 있다. 습지 산책로를 따라 계절마다 다른 고산 습지의 매력을 감상할 수 있다. 1139도로는 전망 또한 감동적이다. 1100고지 지나 서귀포자연휴양림 근처 거린사슴 전망대에 이르면 저 멀리 펼쳐진 태평양을 한눈에 넣을 수 있다. 반대로 서귀포에서 1100고지를 넘으면 제주시 바다를 시야 가득 품을 수 있다. 그리고 밤하늘엔 별, 바다엔 어화가 있다. 1100고지엔 밤마다 수많은 별이 머리 위로 쏟아져 내린다. 시선을 산 아래로 내려보내면, 밤바다가 어선의 불빛으로 밤하늘처럼 찬란하다.

📷 엉또폭포

📍 서귀포시 강정동 1587

50미터 절벽에서 떨어지는 폭포의 위용

엉또폭포는 간헐천 절벽에 있는 폭포이다. 간헐 폭포이기에 한라산에 70mm 이상 비가 내릴 때만 볼 수 있다. 한라산에 제법 큰 비가 내렸다는 소식이 들리면 잊지 말고 엉또폭포로 가시라. 평생 한 번 볼까 말까 한 풍경이 당신 앞에 펼쳐진다. 입구에 이르면 천지개벽이라도 하는 듯 웅장한 낙숫물 소리가 귓가를 때린다. 이때부터 가슴이 쿵쾅쿵쾅 요동친다. 폭포는 그야말로 장관이다. 50m 절벽 위에서 '엉또폭포'가 아래로 물을 쏟아붓고 있다. 사람들은 저마다 감탄사를 연발하며 찬사를 보낸다. 음악으로 치자면 오케스트라가 연주하는 교향곡이다. 단언컨대, 당신은 제주를 떠난 뒤에도 한동안 엉또폭포를 잊지 못할 것이다.

📷 쇠소깍

📍 서귀포시 쇠소깍로 128(하효동 995) 📞 064-732-9998

푸른 연못에서의 카약 체험

민물과 바닷물이 교차하면서 에메랄드 물빛을 만들어 내는 곳, 낮에는 사치스러울 정도로 물이 푸르고 밤이 되면 노란 달을 품는 쇠소깍. 쇠소깍은 제주어로 소가 누워있는 모양을 한 웅덩이라는 뜻이다. '쇠'는 소, '소'는 웅덩이, '깍'은 끝이라는 뜻이다. 서귀포시 동쪽에 있는 효돈천은 한라산에서 시작하여 중산간 마을을 적셔준 뒤 천천히 태평양으로 흘러간다. 효돈천이 바다와 만나는 곳, 그곳에 쇠소깍이 있다. '소금악'이라고 부르기도 한다. 이곳 바닷물이 유독 짜서 쇠소깍 물로 소금을 만들었기 때문이다. 쇠소깍은 심해처럼 깊고 하늘처럼 푸른 물빛을 만들어 내는데 그 모습이 신비롭고 오묘하다. 밀물 때 물빛이 가장 푸르고 아름답다. 예전에는 동네 아이들의 물놀이터였고, 어른들의 숨겨진 휴양지였으나 지금은 여행객이 더 많이 찾는다. 사람들은 물빛이 다 보이는 투명 카약이나 뗏목 '테우'를 타고 쇠소깍을 즐긴다. 푸른 물빛을 감상하다보면 이윽고 당신의 마음도 푸르게 물든다.

📷 서귀다원

📍 서귀포시 516로 717

📞 064-733-0632

나만 알고 싶은 녹차밭

제주도 녹차밭 하면 누구나 오설록을 떠올린다. 하지만 제주도엔 오설록 말고도 차밭이 많다. 그중 하나가 서귀포 동부에 있는 서귀다원이다. 서귀다원은 서귀포시 상효동 해발 250m에 있다. 개인이 운영하는 농장이다. 1131번 도로에서 작은 이정표를 따라 서쪽으로 조금만 들어가면 주차장이 나온다. 차밭은 키가 큰 삼나무가 자라는 길을 중심으로 양쪽으로 넓게 펼쳐져 있다. 차밭과 낮은 돌담이 어우러져 제주도 특유의 이국적인 풍경을 연출한다. 녹차밭 중간에 작은 카페가 있다. 이곳에서 차를 시음할 수 있고, 녹차도 살 수 있다. 주인이 차에 관해 설명해주고, 시음도 도와준다. 조용하고 아늑한 녹차밭을 여유롭게 산책하고 싶다면 서귀다원으로 가자.

📷 감귤 따기 체험

감귤도 따고 멋진 인증 샷도 찍고

5월에 수줍게 피는 하얀 귤꽃도 예쁘지만 귤밭이 가장 아름다울 때는 가을이다.
아이와 함께하면 더 좋을 감귤 따기 체험 농장 두 곳을 소개한다.

1

서귀포감귤박물관

📍 서귀포시 효돈순환로 441(신효동 산 4) 📞 064-767-3010
🕐 체험 시간 09:30~12:00, 13:00~17:00(체험 문의 064-760-6398)
₩ 6천원부터 ≡ 예약 http://culture.seogwipo.go.kr/citrus/

쿠키 만들기와 감귤 족욕 체험도 하자

열대과일 나무를 구경하는 재미도 좋지만 다양한 체험 행사에
참여할 수 있어서 더 좋다. 감귤 따기 체험은 10월 15일부터 12
월 31일까지 할 수 있다. 참가비 6천원 내면 1kg 남짓의 귤을
바구니에 담아갈 수 있다. 감귤 쿠키와 머핀 만들기, 감귤 정유
족욕 체험, 귤밭 길 산책 체험 등은 1년 내내 할 수 있다. 홈페이
지에 예약하면 된다.

2

어린왕자 감귤밭
📍 서귀포시 대정읍 추사로36번길 45-1(안성리 1701-1)
📞 0507-1335-3132 🕐 매일 10:00~20:00 ₩ 15,000원

포토존, 카페, 게스트하우스까지 갖췄다

대정읍에 있다. 마라도, 송악산, 서부 지역을 여행하다 들르기 좋다. 2500여 평 농장에서 감귤 따기 체험을 할 수 있다. 귤밭 여기저기에 아기자기한 포토존을 꾸며 놓았다. 꼭 가을과 겨울이 아니어도 아이와 함께 방문하면 좋다. 미니돼지, 작은 말 포니, 양 따위를 만지고 놀며 동화 같은 시간을 보낼 수 있다. 카페와 게스트하우스도 운영하고 있어서 더 좋다. 봄이면 농장이 유채꽃으로 노랗게 변한다.

여기도 좋아요 👍 감귤 따기 체험, 여기서도 할 수 있어요

영평정보화마을 제주시 북쪽 구릉지에 있는 마을로, 귤밭 농원이 많은 곳이다. 중선농원과 커피템플이 이 근처에 있으므로, 같이 이용하면 더 좋다. 10월 중순부터 1월까지 운영한다.
📍 제주시 아봉로 248 📞 064-723-0828 ☰ eyp.invil.org/

아날로그 감귤밭 제주시와 애월읍 사이 중산간에 있다. 카페를 함께 운영하고 있으며, 감귤 수제 잼도 판매한다. 포토존이 많아 좋다. 📍 제주시 해안마을8길 46 📞 0507-1318-0846 🕐 10:00~18:00(화요일 휴무)

너와의첫여행 감귤밭에 있는 매력적인 카페이다. 항파두리항몽유적지 근처 애월읍 장전리에 있다. 카페 이용자는 10월 중순~12월 중순에 감귤 따기 체험을 할 수 있다. 📍 제주시 애월읍 장소로 16 📞 0507-1448-6891 🕐 10:00~18:00(월요일 휴무)

과수원피스 협재해수욕장에서 가깝다. 게스트하우스와 카페를 같이 운영하고 있다. 감귤 따기 체험을 한 뒤 카페와 게스트하우스에서 힐링 휴식을 하면 이보다 더 좋을 수 없다. 📍 제주시 한림읍 한림로 176-2(금능리 1822) 📞 010-4692-0413 🕐 10:00~18:30

📷 올레 6코스 쇠소깍-서귀포 올레

코스 쇠소깍 다리-제주올레 여행자센터(길이 11.6km, 4시간 소요, 난이도 하)

상세 경로 쇠소깍 다리→쇠소깍 안내센터(0.8km)→제지기오름 입구(2.8km)→구두미 포구(5.3km)→검은여 쉼터(7.3km)→
소라의 성(8.8km)→서귀포 매일올레시장(11.1km)→제주올레 여행자센터(11.6km)

출발지 서귀포시 쇠소깍로 128

콜택시 5.16 호출택시 064-751-6516 서귀포 호출 064-762-0100 브랜드콜 064-763-3000 서귀포 OK 064-732-0082

문의 064-762-2190

ⓒ제주특별자치

서귀포의 멋진 풍경과 문화를 품었다

26개 올레 코스 중에서 아름답지 않은 올레가 없지만 그래도 꼽자면 서귀포 지역 올레가 단연 으뜸이다. 6코스는 10코스와 더불어 인기도 2~3위를 다투고 있다. 쇠소깍 다리에서 시작하여 서귀포의 제주올레 여행자센터에서 마무리된다. 거리는 11.6km로 보통 사람 걸음으로 4시간 남짓 걸린다.

쇠소깍은 민물과 바닷물이 만나 신비로울 정도로 푸른 물빛을 만들어내는 곳이다. 여행객들이 카약이나 뗏목 '테우'를 타며 쇠소깍을 즐긴다. 쇠소깍에서 해안 길을 따라 걷다 보면 제지기오름이 나온다. 10분이면 정상에 오를 수 있다. 정상에 서면 노랗고 푸른 감귤밭과 형형색색 지붕이 아름다운 농가, 아담한 보목포구와 서귀포 앞바다에 떠 있는 섶섬이 한눈에 들어온다. 반대로 시선을 돌리면 한라산이 성큼 다가와 있다. 제지기오름을 지나면 아름다운 어촌 보목마을이다. 그다음엔 소정방폭포, 왈종미술관, 정방폭포를 지나 서귀포 시내로 들어간다. 이중섭 거리, 서귀포 매일올레시장을 지나면 이윽고 종착지인 제주올레 여행자센터에 닿는다. 여행자센터는 게스트하우스, 펍, 식당, 세미나실 등을 운영하고 있다.

📷 올레 7코스 서귀포-월평 올레

코스 제주올레 여행자센터-월평 아왜낭목 쉼터(길이 17.6km, 5~6시간 소요, 난이도 중)

상세 경로 제주올레 여행자센터→칠십리 시립공원(0.6km)→외돌개 주차장(3km)→법환 포구(8.5km)→

올래요 7 쉼터(11.1km)→월평 포구(15.7km)→월평 아왜낭목 쉼터(17.6km)

출발지 서귀포시 중정로 22

콜택시 **5.16 호출택시** 064-751-6516 **서귀포 호출** 064-762-0100 **브랜드콜** 064-763-3000 **서귀포OK** 064-732-0082

문의 064-762-2190

제주에서 가장 아름다운 산책로

사단법인 제주올레는 7코스를 가장 아름다운 올레로 꼽았다. 아름다운 해안과 정겨운 바닷가 마을을 지나는 무척 아름다운 산책로이다. 제주올레 여행자센터에서 월평마을에 이르는 17.6km 구간으로, 놀멍쉬멍 걸으면 5~6시간쯤 걸린다. 올레 여행자센터에서 출발해 천지연폭포와 칠십리 시립공원, 삼매봉을 지나면 외돌개가 나온다. 외돌개는 약 150만 년 전 분출한 용암이 바닷물에 굳어 생긴 거대한 돌기둥이다. 높이는 약 20m이다. 외돌개에서 서쪽으로 돔베낭골까지 이어진 길을 돔베낭길이라 부른다. 제주올레 서명숙 이사장이 세상에서 가장 아름다운 산책로라며 찬사를 아끼지 않은 곳이다.

돔베낭길을 지나면 올레꾼들이 가장 소중히 여긴다는 '수봉로'가 이어진다. 수봉로는 올레지기인 '김수봉'님이 삽과 곡괭이로 길을 내고 계단을 만들어 완성했다. 수봉로를 지나면 정겹고 평화로운 법환포구가 나오고 여기에서 더 가면 서건도가 나온다. 밀물 때는 섬이 되지만 썰물 때는 육지와 연결되는 제주 버전 모세의 기적이 일어나는 곳이다. 강정천을 지나고, 강정해군기지를 외면하며 길을 재촉하면 이윽고 월평에 닿는다. 제주 사람들은 월평마을을 아왜낭목이라 부른다. 외국어 같은 지명은 사실은 잎에서 윤이 나는 정원수 아왜나무의 제주 사투리이다.

📷 올레 8코스 월평-대평 올레

코스 월평 아왜낭목 쉼터-대평포구(19.6km, 6~7시간 소요, 난이도 중)

상세 경로 월평 아왜낭목 쉼터→약천사(1.2km)→대포구(3.1km)→주상절리 관광안내소(4.9km)→ 베릿내오름 입구(6.3km)→논짓물(16km)→대평포구(19.6km) 출발지 서귀포시 월평동 738

콜택시 5.16 호출택시 064-751-6516 서귀포OKOK 064-732-0082 중문 호출택시 064-738-1700

문의 064-762-2190

©제주특별자치

평화롭고 아름다운 바당 올레

월평 아왜낭목에서 대평포구에 이르는 19.6km 구간으로 어른 걸음으로 6~7시간 걸린다. 대포주상절리와 중문 해수욕장, 해안 절벽과 평화로운 포구를 지난다. 약천사를 지나 한참 걸으면 바닷가에 시멘트 기둥처럼 생긴 바 위가 촘촘히 모여 있는 절벽이 나타난다. 대포주상절리다. 주상절리란 해안으로 흘러온 용암이 바닷물에 닿아 식고 수축하면서 틈절리이 생긴 삼각 또는 육각형 돌을 말한다. 인위적으로 깎은 듯한 수직 절벽이 초록 바다와 어우러져 신비롭고 이국적인 분위기를 연출한다.

중문해수욕장과 테디베어뮤지엄, 여미지식물원, 박물관은 살아있다를 지나 얼마 후 다시 해안 길로 접어들면 예 래동의 명물 논짓물이 나타난다. 민물과 바닷물이 만나는 해안가에 검은 돌담을 쌓아 만든 사각 수영장이다. 밀 물 때는 바닷물이 들어오고 썰물 때는 민물이 고인다. 논짓물은 현지인에게 더 유명한 곳이었으나 지금은 올레 덕에 여행객들에게도 많이 알려졌다. 예래포구를 지나면 올레길은 대평마을로 접어든다. 대평마을은 중문관광 단지 서쪽 해안 마을로 원래는 제주도 사람도 잘 모르는 오지 중의 오지였다. 깎아지른 절벽 박수기정이 유명한 데, 북쪽의 군산오름 아래로 난드르넓은 벌판가 펼쳐진 이 마을은 올레 덕에 세상 밖으로 나왔다.

서귀포시 중심권 + 중문권 맛집

🍴 쌍둥이횟집 본점

📍 서귀포시 중정로62번길 14 (서귀동 496-18) 📞 064-762-0478
🕐 11:00~22:00 (첫째, 셋째 수요일 휴무) ₩ 7만원~15만원 ⓘ **주차** 전용 주차장

가성비, 비주얼 둘 다 좋다

서귀포에서 제일 유명한 횟집 가운데 하나이다. 자그마한 현지인 맛집이었으나 지금은 여행자가 더 많이 찾는다.
점심 특선으로 회덮밥정식을 1만원에 먹을 수 있지만, 메인 메뉴는 생선회다. 회를 주문하면 매생이전, 비빔국수,
전복죽이 먼저 나온다. 뒤이어 고등어회, 멍게, 낙지, 새우, 소라 등 15가지가 나무 플레이트에 정갈하게 담겨 나
온다. 화려한 색의 향연이 펼쳐져 저절로 카메라를 들게 된다. 그 사이 달걀찜과 고사리전복볶음, 물회가 올라오
고 이어서 본 메뉴인 모둠회와 초밥이 등장한다. 모둠회는 제철 생선 중심으로 황돔, 다금바리, 우럭 등으로 구성
된다. 본 메뉴가 나왔다고 끝이 아니다. 이번에는 돈가스, 고등어구이, 볶음밥, 고구마튀김, 매운탕이 연달아 올라
온다. 식사를 마칠 즈음 독특하게 팥빙수가 후식으로 나온다. 건물 맞은편에 제법 넓은 주차장이 있다.

🍽️ 혁이네수산

📍 서귀포시 동홍중앙로 8 (동홍동 147) 📞 064-733-5067

🕐 10:00~22:00 (브레이크타임 12:00~15:00, 월 2회 휴무, 바다 날씨에 따라 변동)

₩ 5만원~10만원 ⓘ 주차 길가 주차

제주고메위크 인증 맛집

여행자 횟집과 현지인 횟집이 꼭 일치하지는 않는다. 제주 사람들은 유명세가 아니라 횟감을 보고 간다. 혁이
네수산은 맛과 신선도에서 서귀포에서 손꼽히는 집이다. 제주 고메위크에서 선정한 '제주의 현지인 맛집 50'
에 당당히 들었다. 제주도에 사는 음식과 문화 전문가, 외국인이 선정했다. 회와 조림, 매운탕 등 무엇이든 맛
이 일품이다. 칼 호텔 주방장 출신이 주인인데, 계약한 낚싯배가 많아 언제나 신선한 자연산 회를 먹을 수 있
다. 계절마다 잡히는 고기가 다르므로 횟감은 주인에게 추천받는 것이 좋다.

🍽️ 삼보식당

📍 서귀포시 중정로 25(서귀동 319-8)

📞 064-762-3620

🕐 08:00~21:00(수요일 휴무)

Ⓜ 추천메뉴 해물뚝배기, 전복뚝배기, 갈치조림,
성게미역국, 옥돔구이

₩ 1만8천원~5만원 ⓘ 주차 가능

현지인이 인정하는 전복뚝배기

현지인이 알아주는 해산물 맛집이었으나 <수요미식회>에 나온 뒤로 여행자들이 더 많이 찾는다. 전복뚝배기,
갈치조림, 성게미역국, 옥돔구이 등이 맛있다. 전복뚝배기는 뒷맛이 개운하고 먹으면 먹을수록 감칠맛이 난다.
이 집은 전복뚝배기에 성게 알을 넣어준다. 성게 알은 요리를 잘해야 제맛이 나는데, 이 집 뚝배기 국물은 향긋
함과 담백함이 적절한 조화를 이루고 있어, 먹는 순간부터 바다 향이 입안 가득 퍼진다. 오분자기떡조개와 바지락,
딱새우도 푸짐하게 들어가 있다. 길 건너 우측 대각선 방향에 제주올레여행자센터가 있다.

🍴 네거리식당

◎ 서귀포시 서문로 29길 20(서귀동 320-9) 📞 064-762-5513 🕐 07:00~21:40(명절 휴무)
Ⓜ **추천메뉴** 갈칫국, 갈치구이 ₩ 1만6천원~6만6천원 ⓘ **주차** 공영주차장(서귀동 312-6)에서 도보 2분

수요미식회에 나온 갈치 음식점

네거리식당은 서귀포 갈치 맛집으로 꽤 유명한 곳이다. 예전에는 현지인이 대부분이었으나 입소문을 타다가
<수요미식회>에 나온 뒤로 여행객이 더 많이 찾는다. 워낙 살집이 좋은 갈치를 쓰기 때문에 구이나 조림 맛이
좋지만 이 집의 단연 으뜸은 갈칫국이다. 배추, 노란 호박 속살을 넣고 끓인 은빛 갈칫국 맛은 칼칼하고 시원
하고 담백하다. 살점 맛도 고소하다. 입속에 바다 향이 퍼지며 제주의 맛을 전해준다. 게다가 갈칫국은 해장으
로 제격이다.

🍴 어진이네횟집

◎ 서귀포시 보목포로 84(보목동 274-6)
📞 064-732-7442
🕐 10:00~20:00(연중무휴)
Ⓜ **추천메뉴** 자리물회, 한치물회, 자리구이, 갈치조림
₩ 1만원~5만원

백종원의 3대천왕에 나온 자리물회와 한치물회

자리돔은 섬 부근에서 잘 잡힌다. 서귀포의 섶섬, 한림의 비양도, 마라도와 가파도가 자리돔으로 유명하다. 한림
의 자리는 주로 젓갈로, 보목은 물회로, 대정은 구이용이나 강회로 많이 먹는다. 서귀포에서 보목해녀의집만큼이
나 자리물회로 유명한 집이 어진이네횟집이다. 생선이 다 그렇듯이 자리돔도 비린내가 조금 나는데, 된장과 식
초, 육지의 산초와 비슷한 제피 잎을 넣으면 비린내를 잡아주고 향도 좋아진다. 어진이네 횟집은 여행객 입맛에
맞게 고추장도 들어가 누구나 즐길 수 있다. 한치물회, 갈치조림도 맛이 좋다.

🍴 보목해녀의집

📍 서귀포시 보목포로 48 보목어촌체험안내센터(보목동 566-3) 📞 064-732-3959

🕐 10:00~20:00(연중무휴) 🅼 추천메뉴 자리물회, 한치물회, 자리구이 ₩ 1만2천원~3만원 ⓘ 주차 가능

자리물회 드세요!

물회는 제주도, 그 중에서도 서귀포의 토속음식이다. 물회 중에서 으뜸은 자리물회이다. 자리물회를 잘하기로는 단연 보목해녀의집이다. 자리돔은 몸집이 15cm 내외인 작은 물고기로 제주, 일본 남부 일대에서 주로 자란다. 제주에서 늦봄 또는 초여름부터 냉국 대용으로 먹는 음식이 자리물회이다. 가늘게 썬 자리와 제주식 된장 양념, 부추와 미나리, 풋고추, 양파, 식초 등을 물에 넣고 말아먹는 제주의 별미 중 별미이다. 한치물회와 자리구이도 맛있다.

🍴 천짓골

📍 서귀포시 중앙로41번길 4(서귀동 294-10)

📞 064-763-0399

🕐 17:10~21:30(일요일 휴무)

🅼 추천메뉴 돔베오겹살, 돔베삼겹살, 흑돼지구이

₩ 4만원~6만원 ⓘ 주차 공영주차장(서귀동 312-6)

수요미식회에 나온 제주식 돼지보쌈

제주에서는 돼지보쌈을 돔베고기라고 한다. 돔베는 제주도 사투리로 도마를 뜻하는데, 삶은 돼지고기를 도마 위에 얹어 내온다고 해서 이런 이름을 얻었다. 천짓골은 서귀포에서 돔베고기로 가장 유명한 곳이다. 솥에서 꺼낸 큼지막한 돼지고기를 바로 식탁에 내놓는데 그 자리에서 종업원이 먹는 방법을 곁들이며 고기를 직접 썰어준다. 입에 넣는 순간 지방과 살코기가 섞이며 아이스크림처럼 사르르 녹는다. 삼겹살과 오겹살 돔베고기가 있는데 오겹살을 추천한다.

🍴 뽈살집

📍 서귀포시 중정로91번길 37
📞 064-763-6860 🕐 매일 15:00~24:00
₩ 2인분 3만5천원, 4인분 5만5천원
ⓘ 주차 공영주차장 이용

도축장 직송 특수부위 고기

특수부위란 쉽게 말해 갈비, 등심, 삼겹살처럼 우리가 흔히 먹는 부위를 뺀 나머지를 통틀어 부르는 말이다. 뽈살집에 선 천겹살, 비단살, 눈썹살, 뽈살, 꽃살, 돈새살 등 여섯 가지 특수부위가 모둠으로 나온다. 부위별 양이 많지 않아 특수 부위 전문점에선 대개 이렇게 나온다. 제주도 도축장에서 직송해 고기가 싱싱하다. 청정 지역에서 자란 덕에 고기 맛 이 적당히 고소하다. 달걀찜과 김치찌개가 기본 반찬에 포 함되어 더욱 좋다. 워낙 인기가 많아 저녁 시간엔 20~30분 기다려야 한다. 제주시 한림읍에 지점이 있다.

🍴 제주부싯돌

📍 서귀포시 중정로91번길 58 📞 064-733-0033 🕐 11:00~21:00(브레이크타임 15:00~17:00, 첫째·셋째 일요일 휴무)
Ⓜ 추천메뉴 보말칼국수 세트, 오리고기 ₩ 1만원~6만원 ⓘ 주차 가게 앞, 매일올레시장 공영주차장

레전드 오브 보말죽과 보말칼국수

제주부싯돌은 오리고기 전문 식당이다. 메인 음식이 생요리와 오리주물럭이다. 그런데 이 집을 유명하게 한 것 은 오리보다 보말죽과 보말칼국수다. 단언컨대 다른 보말죽이나 보말칼국수 식당은 제주부싯돌의 상대가 되 지 않는다. 오리 한 마리에 소주 한잔하며 배를 채운 후 보말칼국수, 또는 보말죽을 먹으면 그 고소함과 진한 맛 에 감탄이 절로 나온다. 보말죽과 보말칼국수 단품도 판매한다. 먹어보지 못한 사람은 있어도, 한 번만 먹은 사 람은 없다는 바로 그 맛이다.

🍽 이치진

📍 서귀포시 대청로 37 안채 101호(강정동 208-5 안채 101호) 📞 064-738-1105
🕐 17:00~24:00(일요일 휴무) ₩ 3만원부터 ⓘ **주차** 길가 주차

줄 서서 먹는 삿포로식 양고기

서귀포 신시가지 월드컵 경기장 인근에 있는 양고기
전문점이다. 흔히 '징기스칸'이라 부르는 삿포로식 양
고기 숯불구이 전문점이다. 양고기를 양파, 파, 채소와
함께 구워 먹는다. 이치진은 외관과 인테리어부터 일
본 음식점 분위기가 난다. 고기를 주문하면 두툼한 양
고기가 나오는데 제주 근고기 만큼 두껍다. 잘 달궈
진 석쇠에 직원이 고기를 정성스레 구워준다. 고기 맛
이 고소하면서도 달콤하다. 양갈비와 양등심이 주메
뉴다. 일본식 오뎅탕, 양갈비 라면도 판매한다. 인기가
좋아 예약은 필수다.

🍽 문치비

📍 서귀포시 신서로32번길 14(강정동 172-2)
📞 064-739-2560 🕐 매일 16:00~24:00 ₩ 2만원~4만원 ⓘ **주차** 길가 주차

인심 좋은 근고기 맛집

근고기란 한 근으로 썰어 덩어리째 내오는 제주식 돼지고기이다. 강정동 월드컵경기장 근처에 있는 문치비는 서
귀포에서 이름난 근고기 식당이다. 덩어리 고기가 나오는 순간 너무 커 입이 떡 벌어진다. 고기 두께가 여자 팔목
정도여서 굽는 게 만만치 않지만, 다행히 이 집은 직원이 직접 노릇노릇하게 구워준다. 예약하면 초벌구이를 해
준다. 근고기는 멜젓 소스에 찍어 먹어야 제맛이 난다. 고소한 고기 맛에 짠맛이 보태어지면 간이 기가 막히게 좋
아진다. 서귀포 구시가지 엠스테이호텔 근처에 지점이 있다.

🍴 상록식당

📍 서귀포시 토평로 24 (토평동 1310-20) 📞 064-762-4974
🕐 11:00~21:00 (화요일 휴무) ₩ 2만원~3만원 ⓘ 주차 가능

40년 넘버 원 양념삽겹살

상록식당은 서귀포시 동북쪽 토평사거리 근처에 있는 40년 맛집이다. 제주도에 40년 맛집은 많지 않다. 그만큼 오랜 시간 맛으로 인정받았다는 뜻이다. 이 집 삼겹살은 비주얼부터가 남다르다. 삼겹살을 양념에 절여 내오는 게 아니라, 양념을 듬뿍 얹어 내온다. 신선한 고기 육즙에 이 집 특유의 양념이 어우러져 기막힌 맛을 낸다. 연탄불에 구워 먹는데 그 맛이 상상 이상으로 고소하고 부드럽다. 서귀포 시내에서 조금 떨어져 있지만, 식당은 놀랍게도 늘 붐빈다. 8시 이후에 가면 빈자리가 없을 수 있으니 잊지 마시길!

🍴 소반

📍 서귀포시 중동로 23(서귀동 260-26) 📞 064-732-2528 🕐 11:00~15:00(토, 일 휴무)
Ⓜ 추천메뉴 커플정식, 소반정식 ₩ 2만원 안팎 ⓘ 주차 길가 주차

손맛과 정성이 돋보이는 백반집

서귀포를 여행하다 집밥이 그리워지면 주저 말고 '소반'으로 가시라. 소반은 서귀포 시민회관 뒤편 주택가에 있다. 가정집을 리모델링하여 차린 가정식 백반집으로 반찬도 다양하고 맛이 좋기로 소문이 난 음식점이다. 열 가지 남짓한 밑반찬과 돼지고기볶음, 신선한 상추와 깻잎, 고추, 당근이 함께 나온다. 야채는 모두 토평동 텃밭에서 유기농으로 재배한 것이다. 된장, 고추장, 청국장은 주인의 친정어머니가 직접 담근 명품이다. 예약은 필수이다.

🍽 오는정김밥

📍 서귀포시 동문동로 2(서귀동 254-6) 📞 064-762-8927 🕐 09:00~19:00(브레이크타임 13:00~14:30, 일요일 휴무)
Ⓜ **추천메뉴** 오는정김밥, 참치김밥, 멸치김밥 ₩ 1만원 이내

서귀포의 마약 김밥

김밥이 맛집이라니! 제주 맛집으로 김밥을 추천하면
은근히 구박을 준다. 하지만 이 집 김밥을 먹어보면
생각이 달라진다. 처음엔 그냥 김밥이네 하다가, 씹
으면 씹을수록 표정이 환해지고 꿀꺽 삼키고 난 뒤
에는 감탄사를 내뱉게 되는 곳이다. 30년 전통을 자
랑하는 곳으로 서귀포 사람들에게는 오래전부터 소
문이 자자하다. 재료를 기름에 튀겨 만드는데, 그 맛
이 너무 맛있고 독특해서 마약 김밥이라 불린다. 포
장만 가능한데 두 줄 이상 주문해야 한다. 주문은 1시
간 전에 예약 필수.

🍽 중문고등어쌈밥

📍 서귀포시 일주서로 1240 📞 064-738-2457 🕐 09:00~21:00 휴무 연중무휴
₩ 묵은지 고등어쌈밥+돌솥밥 17,000원, 옥돔구이+전복돌솥밥 30,000원 ⓘ **주차** 주차장 있음

돌솥밥과 묵은지 고등어조림

중문관광단지 맛집의 주 고객층은 관광객이다. 1년에 천만 명 이상이 제주를 방문한다. 이들 중 많은 사람이 호텔
과 리조트가 몰려 있는 중문에 머문다. 숙박시설이 많은 중문의 맛집에 여행자들이 많은 건 당연하고 자연스럽다.
중문고등어쌈밥은 관광객에게 특화된 맛집이다. 여행객들에게 고등어쌈밥을 푸짐하고 깔끔하게 대접한다. 주차
장이 따로 있어서 주차하기도 편하다. 묵은지고등어조림, 돌솥밥, 옥돔구이의 정갈한 조합으로 여행객을 대접한
다. 2023년 TV 프로그램 <토요일은 밥이 좋아>에 등장하여 그 맛을 인정받았다.

🍽 숙성도 중문점

📍 서귀포시 일주서로 966(색달동 2123)
📞 064-739-5213 🕐 매일 12:00~22:00
🅼 추천메뉴 숙성흑돼지, 숙성목살, 동치미열무국수
₩ 3만원~5만원 ⓘ 주차 가능

육질과 풍미가 남다른 숙성 흑돼지

새롭게 떠오르는 흑돼지 전문점이다. 깐깐하게 선별
한 흑돼지를 30일간 숙성도만의 특유한 과정으로 숙
성시킨다. 단일 숙성이 아닌 교차로 숙성하는데, 영하
1도 염수에서 침지 숙성을 시켜 고기가 수분을 충분히
머금게 한다. 이후 드라이에이징이라고 부르는 건조
숙성 과정을 다시 거친다. 이렇게 하면 육즙이 고기 안
에 단단하게 저장되어 육질이 쫄깃하고 풍미가 강해
진다. 메뉴는 흑돼지앞다리살, 흑삼겹살, 뼈등심, 동치
미열무국수 등이 있다. 가게에서 숙성되는 모습을 직
접 볼 수 있어 더 신뢰가 간다.

🍽 칠돈가 중문점

📍 서귀포시 중문관광로 8(색달동 2312-1) 📞 064-738-1191 🕐 매일 13:00~21:50 (쉬는 시간 15:30~17:00)
₩ 5~7만원 ⓘ 주차 전용 주차장

흑돼지 근고기 전문점

중문관광단지에 있는 이름난 흑돼지 근고기 전문 음식점이다. 근고기는 두툼한 돼지고기를 사람 수가 아니라
무게 단위인 '근'으로 판다고 해서 붙여진 이름이다. 제주도 특유의 판매 방식이다. 칠돈가는 제주도 여러 곳에
지점을 두고 있는데, 이 가운데 중문점이 제일 인기가 많다. 고기를 직원이 직접 구워주기에 편안하게 식사에 집
중할 수 있어서 좋다. 고기 굽는 직원의 손길에서 전문가 향기가 느껴진다. 육즙이 살아있는 데다가 살코기에 비
계가 적절하게 붙어 있어서 맛이 쫀득한 듯 부드러워 씹는 즐거움이 크다.

🍴 고집돌우럭 중문점

📍 서귀포시 일주서로 879 (색달동 2351)
📞 064-738-1540
🕐 10:00~21:30 (휴식 시간 15:00~17:00)
₩ 2만4천원부터 ⓘ 주차 전용 주차장

해녀 가족이 하는 우럭 맛집

중문에서 가장 이름난 맛집 가운데 하나이다. 물질 경력 60년이 넘은 해녀와 어부 남편이 아들, 며느리와 같이 운영한다. 손님에게 갓 지은 밥을 대접하고, 싱싱한 제주산 재료만 사용하며, 눈으로 먹는 즐거움도 크다는 원칙을 지키며 장사하고 있다. 네가지 종류 런치 세트와 알뜰 상차림 메뉴의 인기가 가장 좋다. 우럭조림, 옥돔구이, 낭푼밥양푼밥을 기본으로 하고 가격이 올라가면 전복새우우럭조림, 제주뿔소라미역국, 물회 등으로 바뀌거나 추가된다. 제주시 탑동광장과 함덕 해수욕장 서쪽에 지점을 두고 있다.

🍴 색달식당 중문본점

📍 서귀포시 색달중앙로 23 (색달동 2276-5) 📞 064-738-1741 🕐 매일 11:00~20:50 (브레이크타임 15:00~17:00)
₩ 1만5천원~16만원 ⓘ 주차 전용 주차장

어마어마한 통갈치 즐기기

중문관광단지뿐 아니라 제주도에서도 손꼽히는 통갈치 음식 전문점이다. 색달식당에서는 두 번 놀란다. 입이 떡 벌어지는 통갈치조림 크기 한번 놀라고, 자꾸 손이 가는 음식 맛에 또 한 번 놀란다. 대표 메뉴는 통갈치조림과 문어통갈치조림이다. 통갈치조림에는 통갈치, 성게미역국과 공깃밥이 같이 나온다. 가격은 2인분에 6만원, 4인분 10만원이다. 문어통갈치조림엔 통갈치, 문어, 성게미역국, 돌솥밥이 같이 나온다. 2인분 10만원, 4인분에 16만원이다. 단품 메뉴로 전복돌솥밥, 옥돔구이, 고등어구이, 성게미역국이 있다.

🍽 제주오성식당

📍 서귀포시 중문관광로 27 (색달동 2507-1)
📞 064-739-3120
🕐 09:00~21:00(브레이크타임 15:10~16:30)
₩ 1만5천원~11만원 ⓘ **주차** 전용 주차장

50년 다 된 갈치조림 맛집

중문관광단지에 있는 전통의 갈치조림 맛집이다. 중
문에서는 드물게 50년 역사를 헤아린다. 가성비와 가
심비 둘 다 만족시키는 맛집으로 인기가 좋다. 대표 메
뉴는 통갈치조림과 통갈치구이이다. 메뉴는 통갈치조
림또는 통갈치구이, 전복뚝배기, 성게미역국, 오분자기돌
솥밥으로 구성된다. 갈치가 튼실하고 간도 잘 맞아 인
기가 좋다. 오성정식도 인기 메뉴인데, 갈치와 흑돼지,
오분자기 등 제주도 음식을 두루 즐길 수 있어서 좋다.
고등어쌈밥도 많이 찾는다. 그 밖의 메뉴로는 갈치정
식, 고등어구이, 전복구이, 옥돔구이가 있다.

🍽 가람돌솥밥

📍 서귀포시 중문관광로 332 (대포동 747-3) 📞 064-738-1200
🕐 매일 08:00~21:00(브레이크타임 16:00~17:00) ₩ 1만8천원~2만5천원 ⓘ **주차** 전용 주차장

고소하고 담백한 전복돌솥밥

식당 이름에서 알 수 있듯이 돌솥밥 전문점이다. 정갈하고 담백한 맛에 반해 여러 번 찾는 여행자가 많다. 특히
아이 동반 여행자들에게 인기가 많은 맛집이다. 인기가 가장 많은 메뉴는 전복돌솥밥이다. 마가린과 양념장을
넣고 비벼 먹으면 정말 맛있다. 미역국을 비롯한 반찬도 정갈하고 맛이 좋다. 밥도 맛있지만, 마지막에 쓱쓱 긁
어먹는 누룽지도 맛이 좋다. 전복성게돌솥밥, 영양돌솥밥, 오분자기돌솥밥, 해물한치돌솥밥도 있다. 돌솥밥이
전문이지만 성게미역국, 갈치와 고등어조림, 통갈치구이도 즐길 수 있다.

🍴 오전열한시

📍 서귀포시 상예로 248 (상예동 1765-1)

📞 010-5496-5576, 070-8813-5576

🕙 10:00~17:00(수요일 휴무) ₩1만5천원

ⓘ 주차 전용 주차장

게 눈 감추듯, 전복볶음밥과 육쌈동치미국수

서귀포시 상예동 중문관광단지 북쪽에 있는 퓨전 한식
집이다. 육쌈동치미국수, 전복볶음밥, 간장새우밥. 메
뉴는 단 세 개로 단출하다. 육쌈동치미는 국수에 돼지
고기 수육을 올려 먹는 음식이다. 고기국수의 퓨전화
다. 시원하고 칼칼한 육수, 부드러운 소면, 쫄깃한 수육
의 조화가 남다르다. 전복비빔밥은 시각적 즐거움까지
주는 메뉴이다. 작은 전복, 전복 내장 밥, 크림수프가
어우러진 모습이 조형미까지 느껴져 보는 즐거움을 준
다. 맛도 좋다. 한국의 맛과 서양의 맛이 입안에서 조화
롭게 융합한다. 전용 주차장을 갖추고 있다.

🍴 국수바다 본점

📍 서귀포시 일주서로 580 📞 064-739-9255

🕙 08:00~20:00 (연중무휴) ₩8천원~2만원 ⓘ 주차 전용 주차장

진하고 시원한 고기국수

중문골프장 북쪽에 있는 국수 맛집이다. 더본호텔제주와 숙성도 중문점에서 가깝다. 고기국수, 비빔국수, 회국
수, 밀면이 대표 메뉴이다. 세트 메뉴도 있는데, A세트는 회국수, 고기국수, 수육, 왕만두 2개로 구성돼 있고, B
세트를 시키면 고기국수, 비빔국수, 아강발새끼 돼지 족발을 일컫는 제주어, 왕만두 2개가 나온다. 2인이 먹기에 적당
하다. 고기국수는 국물이 진하면서도 시원하다. 국수와 수육의 조합도 남다르다. 4인용 한상차림도 있는데, 성
게미역국, 회국수, 고기국수, 몸국, 수육, 왕만두 4개가 나온다.

🍽 제주 운정이네

📍 서귀포시 중산간서로 726 (중문동 1239-5)

📞 064-738-3883

🕙 10:00~21:00(브레이크타임 16:00~17:00, 연중무휴)

₩ 2만원~10만원 ⓘ **주차** 전용 주차장

정갈하고 푸짐한 비주얼 맛집

중문관광단지 북쪽 중산간서로에 있다. 몇 년 전부터 비주얼 맛집으로 여행자들에게 인기를 끌고 있다. 대표 메뉴는 해물통갈치구이, 해물통갈치조림, 전복뚝배기, 고등어조림이다. 해물통갈치구이와 해물통갈치조림은 2인 세트 메뉴이다. 통갈치와 옥돔구이, 전복, 돌솥밥, 미역국에 갖가지 반찬이 나온다. 해물통갈치조림에는 문어가 추가된다. 음식의 양과 품질, 그리고 그릇과 플레이팅까지 평이 좋은 편이다. 다만 가격이 비싸다는 평가가 많다. 중문관광단지에서 조금 떨어진 것도 단점이다.

🍴 중문수두리보말칼국수

📍 서귀포시 천제연로 192 (중문동 2056-2)

📞 064-739-1070

🕐 영업시간 08:00~17:00 (첫째·셋째·다섯째 화요일 휴무)

₩ 1만원 안팎 ⓘ 주차 이면도로 주차

줄 서서 먹는 보말칼국수

중문관광단지에서 이름난 보말칼국수 맛집이다. 성게전복죽과 물만두도 판매한다. 오전 일찍부터 문을 열어 아침 식사하기 좋다. 보말은 고둥을 뜻하는 제주어이다. 미네랄이 많기로 유명하다. 톳을 넣어 만든 면에 100% 보말 육수를 사용해 칼국수를 만든다. 면발은 쫄깃하고 국물은 걸쭉하고 시원하다. 칼국수를 먹었는데 건강보양식을 먹은 느낌이 든다. 대부분 줄을 서서 기다려야 한다. 손님이 많을 땐 30분 남짓 기다려야 한다. 주차장이 따로 없다. 중문사거리 부근 이면도로에 주차하자.

🍴 제주김만복 서귀포점

📍 서귀포시 월드컵로 117 (강정동 428-4) 📞 064-796-8582

🕐 09:00~20:00(재료 소진시 조기 마감, 연중무휴) ₩ 1만원 안팎 ⓘ 주차 전용 주차장

담백하고 깔끔한 전복 김밥

제주김만복은 전복 김밥으로 유명세를 얻었다. 지금은 제주도 동서남북에 모두 지점을 냈을 만큼 인기가 많다. 서귀포점은 서귀포시 강정동에 있다. 서귀포버스터미널과 월드컵경기장에서 차로 남쪽으로 2분 거리다. 메뉴는 무척 다양하다. 주먹밥, 뚝배기전복밥, 뚝배기전복죽, 미역국밥, 해물라면, 우동, 오징어무침 등이 있다. 더치커피, 댕귤차, 댕귤에이드, 오미자에이드도 판매한다. 가게에 테이블도 몇 개 있으나 손님들 대부분은 테이크아웃을 한다. 맛은 대체로 담백하고 깔끔하다. 호불호가 별로 없는 맛이다.

코우

◎ 제주 서귀포시 신중로13번길 3-5(강정동 146-4) ☎ 064-739-0789
⏱ 17:30~24:00(일요일 휴무) ₩ 2만원부터 ⓘ 주차 길가 주차

롯데호텔 셰프 출신이 운영하는 이자카야

강정동 서귀포 신시가지 월드컵 경기장 근처에 있는 이자카야이다. 서귀포시 제2청사 서쪽 대신중학교 앞에 있다. 서귀포에서 가장 유명한 이자카야 중 한 곳으로, 주인은 롯데호텔 일식 셰프 출신이다. 간판과 인테리어 소품에서 일본 선술집 분위기가 느껴진다. 테이블이 7개만 있고 늘 만원이어서 예약을 하고 찾는 게 좋다. 주방이 바 형식의 오픈 주방이어서 요리하는 모습을 볼 수 있다. 참치, 한치, 돔 등 숙성시킨 회 세트를 추천한다. 해장 내장으로 만든 소스에 횟감을 찍어 먹는 맛이 일품이다. 스시, 나베, 깐풍기도 정말 맛있다.

사우스바운더 브루어리 & 펍

◎ 제주 서귀포시 예래로 33(상예동 584-2)
☎ 064-738-7536
⏱ 16:30~01:00(연중무휴)
₩ 2만원부터
ⓘ 주차 가능

수제 맥주에 취하고, 제주에 취하고

중문에 있는 수제 맥주 전문점이자 양조장이다. 특급 호텔 셰프 출신 권상원 대표와 중문에서 수제 맥줏집을 운영했던 허진성 대표가 의기투합하여 만들었다. 가게로 들어가면 양조장 시설이 보인다. 추천 맥주는 샤크 비어 shark beer와 썸비어ssum beer이다. 둘 다 에일 맥주로 쌉쌀한 홉에 향긋한 과일 향이 난다. 기분 때문인지 끝 맛이 귤 맛 같기도 하다. 안주로는 모슬포 마늘로 만든 알리오 올리오, 한치를 이용한 해산물 스파게티, 구좌읍 양파를 튀긴 양파링, 제주산 닭을 이용한 치킨 등이 있다.

서귀포시 중심권+중문권 카페

더클리프

📍 서귀포시 중문관광로 154-17(색달동 2950-4) 📞 064-738-8866

🕐 일~금 10:00~01:00 토 10:00~02:00(식당은 매일 11:30~22:00) ₩ 1만원부터 ① 주차 가능

석양의 낭만 속으로

바람처럼 밀려오는 파도, 바람 따라 흔들리는 야자수, 광염 소나타 같은 석양, 감미로운 음악, 달콤하고 쌉싸래한 칵테일. 하와이의 해변 풍경을 떠올리겠지만 이곳은 서귀포 중문해수욕장 옆에 있는 라운지 바 더클리프이다. 바다가 보이는 언덕에서 석양을 감상하며 낭만의 칵테일을 마시고 싶다면, 당신은 퍼시픽랜드 더클리프로 가야 한다. 야외 테라스가 압권이다. 푹신한 의자는 모두 바다를 향해 있다. DJ는 멋진 음악을 틀어준다. 이효리의 남편 이상순이 이곳에서 디제잉을 한 적이 있다. 칵테일 옆에 놓고 당신은 그저, 남태평양의 어느 섬에 있는 기분을 맘껏 즐기면 된다.

바다다

◎ 서귀포시 대포로 148-15(대포동 2380) 📞 064-738-2882 ⏰ 10:00~18:00(연중무휴) ₩ 1만원부터 ⓘ 주차 가능

지중해 휴양지 같은 오션뷰 낭만 카페

아무것도 하지 않고 제주의 푸른 바다를 하염없이 바라보고 싶다면 서귀포시 중문에 있는 '바다다'로 가자. 바다다는 중문과 서귀포 지역 오션 뷰 카페의 큰 형 같은 존재다. 이 지역에 오션 뷰 카페가 인기를 끄는데 큰 역할을 한 까닭이다. 서귀포와 중문에 바다 전망 카페가 속속 등장하면서 지금은 예전에 비해 못하지만 그래도 명성은 쉬이 사라지지 않는다. 좁은 골목길을 지나면 이윽고 넓은 야외 공간과 푸른 바다가 영화처럼 펼쳐진다. 우리나라가 아니라 지중해의 어느 휴양지에 온 것 같아 마음이 한껏 설렌다. 조금 더 여유를 즐기고 싶다면 선베드에 누워보자. 하늘, 햇살, 바람, 바다. 당신은 제주의 자연을 다 품을 수 있다.

바다바라 카페

◎ 서귀포시 중문관광로72번길 29-51 📞 0507-1335-8884 ⏰ 09:00~18:00(라스트오더 17:30) 휴무 연중무휴
₩ 멜론·초당옥수수 카페라테 8,500원, 아메리카노 7,000원, 라테 8,000원
ⓘ 주차 입구 주차장 인스타그램 https://www.instagram.com/bada_bara

오션 파노라마 뷰

제주에 여행 오면 꼭 해야 할 일이 있다. 오션 뷰 카페에서 쉼표 같은 시간을 보내는 일이다. 대자연을 마주할 때 느끼는 그 힐링의 순간은 돈 주고도 살 수 없다. 중문을 여행 중이라면 바다바라 카페를 추천한다. 중문색달해수욕장 언덕 위, 제주올레 8코스가 지나는 길목에서 남태평양을 내려다보고 있는데, 제주도 오션 뷰 카페 중에서도 전망이 손에 꼽힌다. 파노라마 오션 뷰를 감상하며 멜론카페라테와 스르르 녹는 베이커리를 즐겨보자. 이쪽 끝에서 저쪽 끝까지 오로지 푸른 바다만 있는 풍경. 바다바라에서 마음껏 남태평양을 담아보자.

☕ 테라로사커피 중문 에코 라운지 DT점

◎ 서귀포시 일주서로 1166 📞 1668-2764 ⏰ 09:00~20:00(라스트오더 19:30) 휴무 연중무휴
₩ 아메리카노 5,300원, 카페라테 6,000원, 드립커피 6,000원~8,000원대 ⓘ **주차** 주차장 있음(드라이브 스루 이용 가능)

테라로사가 작정하고 만든 프리미엄 플래그 숍

이미 스페셜티 커피의 대명사가 된 테라로사커피가 서귀포 중문에 프리미엄 숍 '에코라운지 DT점'을 오픈했다!
SK렌터카와 협업하여 친환경 전기차 충전 인프라를 갖추었고, 테라로사 커피점 중 유일하게 드라이브 스루 서
비스도 운영중이다. 또 유명 화가인 서상익 화백의 '폐기의 초상들'과 같은 작품도 감상할 수 있으며, 2층엔 문화
예술 도서를 열람하고 구매도 할 수 있는 서점까지 갖추었다. 테라로사만의 드립커피를 즐기며 이색 문화공간을
즐겨보자. 이곳이 바로 테라로사커피의 프리미엄 플래그 숍이다!

☕ 서울앵무새 제주점

◎ 서귀포시 색달중앙로 162 📞 0507-1333-1940 ⏰ 09:00~20:00(연중무휴) ₩ 커피 6,000원부터
베이커리 4,000원부터 ⓘ **주차** 전용 주차장 **홈페이지** https://smartstore.naver.com/seoul_angmusae
인스타그램 https://www.instagram.com/seoul_angmusae

야크마을에 문 연 디저트 카페

유명 아웃 도어 브랜드 사주가 고향인 제주에 이색적인 마을 하나 만들었다. 회사 이름을 따서 '야크마을'이라 불
리는데, 이곳에 서울의 유명 디저트 카페 서울앵무새가 입점했다. 서울앵무새는 천연 식재료로 만든 다양한 베
이커리와 디저트로 유명한데, 제주점에서는 한라봉이나, 제주 당근, 제주 녹차와 홍차 등 제주산 식재료를 활용
한 메뉴를 즐길 수 있다. 서울앵무새의 시그니처인 앵무새라테, 서울라테도 즐겨보자. 겨울엔 이곳에서 눈 덮인
영실 계곡과 한라산 정상이 보인다. 마치 히말라야 산장에 앉아 있는 느낌이다.

☕ 제주에인감귤밭

◎ 서귀포시 호근서호로 20-14
📞 0507-1320-3593 🕐 10:00~18:00(일요일 휴무)
Ⓜ 추천메뉴 라봉퐁당에이드, 청귤퐁당에이드
ⓘ 주차 가능

감귤청 만들기 체험도 재밌다

서귀포시 신시가지와 구시가지 사이, 호근동에 있는
귤밭 카페이다. 귤 창고를 개조해서 빈티지 느낌이 물
씬 난다. 귤밭에, 귤 창고에, 아마도 제주 감성이 흐르
는 가장 제주다운 카페가 아닐까 싶다. 라봉퐁당에이
드, 청귤퐁당에이드, 아인슈페너, 카페라테 등 메뉴들
이 다 맛있다. 토스트도 먹을 수 있다. 카페를 이용하
는 손님은 감귤밭에 무료로 입장할 수 있고, 포토존 이
용도 할 수 있다. 한라봉 감귤청 만들기 체험 프로그램
도 운영한다. 세 병을 만드는데 50분 남짓 걸린다. 네
이버에서 예약할 수 있으며, 비용은 24,000원이다. 반
려동물을 동반할 수 있다.

☕ 카페록키

◎ 서귀포시 일주동로 9117 📞 010-9048-6450 🕐 12:00~21:00
Ⓜ 추천메뉴 블루베리빙수, 하겐다즈녹차빙수, 밀크티빙수 ₩ 19,000원 ⓘ 주차 전용 주차장

인생 빙수를 먹고 싶다면

인생 빙수를 맛보고 싶다면 서귀포로 가야 한다. 블루베리빙수 안에 숨은 치즈케이크를 한입 베어 물면 지금까
지 먹은 모든 빙수를 잊게 된다. 그렇다고 양이 적은 것도 아니다. 조금 과장하면 한 끼 식사 대용으로 먹어도 될
정도다. 녹차빙수와 초코브라우니의 조합은 또 어떤가? 쿠키는 또 어떻고? 이런 곳이 자꾸 알려지게 되면 맛이
변할까 조바심이 나지만, 그래도 이 정도 맛이면 같이 즐겨야 한다. 서귀포 신시가지 남동쪽 법환동에 있다. 휴양
지 감성 카페로 유명한 하라케케에서 자동차로 3~4분 거리에 있다.

☕ 하라케케 HARAKEKE

📍 서귀포시 속골로 29-10 16호
📞 010-6237-0878 🕐 09:00~21:00
Ⓜ **추천메뉴** 아메리카노, 블루레몬에이드, 선셋모히토, 디저트
₩ 7천원~1만5천원 ⓘ **주차** 전용 주차장

최강 뷰, 휴양지 감성 수영장 카페

누가 이곳을 서귀포라고 생각할까? 열이면 열 모두, 하와이나 남국의 휴양지를 떠올리지 않을까? 하지만 하라케케는 서귀포에 있다. 서귀포시 구시가지와 신시가지 사이 호근동 해안 가까이에 있다. 하라케케는 최강의 휴양지 감성 카페이다. 이국적인 야자수, 따사로운 햇살, 얼굴을 스치는 미풍, 휴양지 감성 물씬 풍기는 벤치와 수영장. 블루레몬에이드와 모히토와 딱 어울리는 풍경이다. 이곳은 카페가 아니라 리조트 같고, 부티크 호텔 같다. 게다가 제주에서도 뷰가 가장 아름답다는 올레 7코스를 온전히 품고 있다. 하라케케는 뉴질랜드에서 자라는 화장품 원료로 사용하는 보습성 강한 식물이다. 그러고 보니, 뉴질랜드 남섬 어딘가에 와 있는 듯하다. 남국의 휴양지 감성을 듬뿍 받고 싶다면 하라케케로 차를 돌리자. 아쉽게도 반려동물은 함께 할 수 없다.

🫖 허니문하우스

📍 서귀포시 칠십리로 228-13 📞 070-4277-9922 🕐 09:30~18:30
Ⓜ 추천메뉴 아메리카노, 바닐라라테 ₩ 1만원
ⓘ 주차 전용 주차장 인스타그램 @honeymoonhouse_official

대통령별장에서 즐기는 지중해풍 낭만

파란 하늘과 흰 구름, 높은 야자수 나무 사이로 보이는 하얀 바다, 그리고 새하얀 건물들. 마치 남유럽의 지중해에 와 있는 기분이 든다. 풍경이 얼마나 아름다운지 그 옛날 이승만 대통령이 제주에 들렀다가 한눈에 반해 이곳에 별장을 지어놓았다. 이 별장이 4.19혁명 이후에 민간으로 소유권이 넘어가면서 호텔이 되었고, 그 후 주인이 여러 번 바뀌어 지금은 카페로 운영되고 있다. 아름다운 경관 덕분에 예전의 명성을 되찾아가고 있다. 1980년대, 허니문하우스는 지중해 여행지 같은 광고 촬영지로 유명세를 타면서 제주도 여행의 필수코스가 되었다. 테라스 앞으로 넓은 바다가 펼쳐지고, 동양에서 유일하게 바다로 바로 떨어지는 정방폭포가 근처에 있다. 한국건축업계의 거장 김중업 선생이 설계한 소라의 성 건물도 주변에 있다. 심지어 제주 올레 6코스까지 이곳을 지난다. 위치가 그야말로 금상첨화이다.

베케

◎ 서귀포시 효돈로 54
✆ 064-732-3828
◷ 10:00~18:00(화요일 휴무)
ⓘ 주차 가능

핑크뮬리와 정원 식물이 가득한

서귀포시 효돈동에 있는 가드닝 카페이다. 카페 주변으로 정원 식물과 핑크뮬리가 어우러져 있어서 마치 식물원에 온 듯한 느낌이 든다. 방송인 김나영의 소개로 더 유명해졌다. 바깥 풍경을 감상하기 좋게 테이블을 창가에 바 형식으로 만들었다. 정원수, 양치식물, 이끼 식물이 가득해 넓은 창문으로 바라보는 바깥 풍경이 더없이 싱그럽고 매력적이다. 차를 마시며 창밖을 바라보기만 해도 힐링이 되는 기분이 든다. 오후엔 스프링클러가 돌아가는데 물안개가 피어올라 신비롭기까지 하다. 포토존이 많아 인생 사진 찍기 좋다. 다양한 커피와 라임 에이드, 오미자 에이드, 사과 주스 따위를 마실 수 있다. 카페 뒤편엔 온실이 있는데 제주의 토착 식물을 키워 판매하고 있다. 한두 시간 싱그러운 창밖을 보며 힐링을 하고 싶다면 베케로 가도 좋겠다.

🍵 테라로사 서귀포점

📍 서귀포시 칠십리로658번길 27-16(하효동 1306-1)

📞 064-648-2760 🕐 09:00~21:00(연중무휴)

Ⓜ 추천메뉴 핸드드립 커피, 에스프레소

₩ 5천원~1만원 ⓘ 주차 가능

카페가 귤밭 안으로 들어왔다

강릉에서 불기 시작한 테라로사의 바람이 서울, 부산을 거쳐 제주도까지 건너왔다. 몇 해 전 쇠소깍 근처에 문을 연 테라로사는 늘 문전성시를 이룬다. 강릉도 그렇지만 주황색 벽돌 건물이 인상적이다. 벽돌 건물은 이제 테라로사의 상징 이미지로 자리를 잡았다. 인테리어는 다른 테라로사와 특별히 다를 것이 없다. 하지만 장소성은 확실히 차별화되어 있다. 테라로사 서귀포점은 자연 속으로 들어가 있다. 카페 주위는 온통 귤밭이다. 농원에도 테이블이 놓여 있다. 귤밭에서 커피를 마시고 있으면 낭만과 설렘을 동반한 만족감이 영혼까지 스며드는 기분이 든다. 종류가 많지는 않지만 디저트도 즐길 수 있다. 매장에서 원두를 구매할 수 있다.

☕ 게우지코지

📍 서귀포시 보목포로 177 (하효동 1371)

📞 064-763-5555 🕐 매일 08:30~20:00

ⓘ 주차 전용 주차장

<이태원 클라쓰>를 촬영한 오션 뷰 카페

보목포구와 쇠소깍 사이에 있는 베이커리 카페다. 들어가는 길이 좁아 잘못 찾아온 것 같단 느낌이 들 때쯤 마음을 안심케 하는 신식 건물 몇 채가 눈에 들어온다. 펜션을 함께 운영하고 있어 건물 뒤편으로 주차장이 넓은 편이다. 빵 굽는 냄새를 따라 들어가면 카페가 나온다. 최근 이곳에서 드라마 <이태원 클라쓰> 촬영을 하기도 했다. 바다 바로 앞에 있어 1층도 오션 뷰이고, 2층으로 가면 창밖은 온통 파랑이다. 날씨가 좋으면 정원에 앉아 시원한 바람과 햇살을 즐길 수 있다. 1층에는 독립적인 공간도 있어 아이와 함께 앉아도 소음에 크게 신경 쓰지 않아서 좋다. '게우지코지'는 툭 튀어나온 암석 지형이 전복 내장게웃을 닮았다 해서 지어진 제주말 지명이다. 카페 앞에 게우지코지 전망대와 바닷가로 내려갈 수 있는 계단이 있다.

유동커피

◎ 서귀포시 태평로 406-1(서귀동 581-4) ☎ 064-733-6662
ⓒ 08:00~22:00(매월 20일은 19:30까지, 연중무휴) ₩ 6천원 내외 ⓘ **주차** 이중섭거리 주차장 이용

커피 맛이 좋기로 소문이 자자하다

서귀포의 몽마르트르 언덕, 이중섭거리에서 커피 맛이 좋기로 정평이 났다. 서귀포 출신 바리스타가 운영하는 카페로, 맛으로 차별화하여 여행객과 현지인에게 두루 많은 사랑을 받고 있다. 상호를 주인 이름에서 따왔을 만큼 커피 맛에 대한 자부심이 대단하다. 블렌딩 커피가 여러 종류인데, 진한 맛이 느껴지는 초콜릿 계열 커피와 산미 중심 커피, 헤이즐넛 등이 있다. 취향에 따라 커피 맛을 달리해 준다. 커피를 잘 모른다면 안내를 받자. 이색 메뉴로 붕어 모양 아이스크림으로 만든 다금바리빙수도 있다.

 플레이 커피 랩

◎ 서귀포시 서문로28번길 2(서귀동 305-15)
☎ 064-762-6661
ⓒ 11:00~22:00(연중무휴)
Ⓜ **추천메뉴** 카페라테, 크림라테, 인생모카
₩ 1만원 내외
ⓘ **주차** 중앙로터리 공영주차장
(천지 공영주차장, 중앙로79번길 6)

서귀포의 옛 흔적을 담은 카페

서귀포의 서홍동과 천지동은 오래된 주거지역으로 옛 서귀포의 모습을 많이 간직하고 있는 동네이다. 이곳에 아주 멋스러운 카페 '플레이 커피 랩'Play coffee lap이 문을 열었다. 가게 내외부에는 먼저 있던 가게 흔적이 아직도 남아 있다. 그런데 멋지다. 어떤 인테리어도 시간이 만들어낸 멋스러움을 넘어서지는 못하는 것 같다. 플레이 커피 랩은 서귀포 출신 제주 토박이 청년이 운영한다. 그는 WSBC월드 슈퍼바리스타 챔피언십 최종전까지 진출한 실력 있는 전문 바리스타이다. 주인도 멋지고 카페도 멋스럽다.

☕ 봉주르 마담

◎ 서귀포시 대청로 33(강정동 208-4)
☎ 064-739-2900
🕐 매일 09:00~21:00(빵 소진 시 일찍 마감)
ⓘ **주차** 길가 주차

호텔 출신 파티세가 만드는 프랑스 빵

봉주르 마담은 프랑스 전통 빵 맛을 느낄 수 있는 곳으로, 강정동 서귀포 신시가지에 있다. 짙은 푸른색과 금색 인테리어부터 프랑스 스타일이다. 가게로 들어가면 고소한 빵 냄새가 코를 즐겁게 한다. 제일 유명한 빵은 18세기 프랑스 보르도 지방 아농시아드 수도원에서 만들기 시작한 까넬레다. 프랑스 풀빵으로 불리는데, 나무처럼 짙은 갈색의 까넬레를 황동 틀에서 구워낸다. 겉은 바삭하고 속은 우유처럼 부드럽다. 한입 베어 물면 안에 갇혀 있던 바닐라 향이 입안 가득 퍼진다. 사르르 녹는 초콜릿 크루아상, 버터 브레첼 등도 손님들이 즐겨 찾는다. 호텔 출신 파티세가 만드는 빵과 디저트를 맛보러 서귀포 신시가지로 가자.

PART 7

서귀포시
서부권

대정읍·안덕면

촘말로 아꼽

[정말로

신창풍차해안

신창리

김대건신부
표착기념성당

낙천리

환상숲
곶자왈

용수리

차귀도

자구내포구

고산리유적

한경면

청수곶자왈

제주평화
박물관

산양큰엉곶

제주곶자
도립공

구분오름

고산평야

수월봉

1132

무릉리

신평리

제주고로

미쁜제과

보름이
오름

영락리

1120

돌고래 구경

추사유
고을

인스밀

대정읍

산방식당

옥돔식당

올랭이와 물¬

대정오일장

홍성방

미영이네식당

덕승식당

모슬포항

운진항
(마라도·가파도
여객선)

서귀포시 서부권 지도

한라산아래
첫마을

1115

1116

바램목장
위이

서광리

동광리

오설록티뮤지엄

제주신화월드

동광IC

방주교회

본태박물관

제주항공우주
박물관

뽀로로앤타요
테마파크

수풍석
뮤지엄

제주순메밀
막국수

안덕면

상천리

소인국
테마파크

한와담
제주점

헬로키티
아일랜드

카멜리아힐

세계자동차 &
피아노박물관

풀베개

1136

1135

서광춘희

피규어뮤지엄
제주

제주유리박물관

1136

화순곶자왈

춘심이네
본점

마노르블랑

1132

군산오름

더리트리브

중문

예래동

산방산
탄산온천

산방산

중앙식당

대평리

산방굴사

화순별곡

까사디노아

사계생활

올레 10코스

박수기정과
대포포구

원앤온리

휴일로

용머리해안

카페 루시아

사계해안

형제해안도로

마라도 여객선

송악산 둘레길

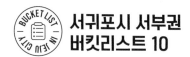

서귀포시 서부권
버킷리스트 10

MUST GO

01
오설록에서 이국적인 차밭 구경하기

차밭 풍경은 언제 봐도 이국적이다. 초록의 물결도 아름답지만 잘 다듬어진 차밭 이랑의 조형미도 은근히 가슴 설레게 한다. 게다가 서정시 같은 나무 한 그루가 차밭 풍경을 완성해준다. 녹차로 만든 디저트도 즐기자.

02
카멜리아 동백수목원 산책하기

겨울이 되면 더 아름다워지는 곳이다. 11월부터 4월 초까지 붉은 동백꽃이 피고 지기를 반복한다. 동백꽃은 떨어져도 아름답다. 초여름 수국도 사무치게 아름답다. 이제, 당신이 카메라를 들 차례다.

03
이타미 준과 안도 다다오 건축 투어

안덕면엔 예술품 대신 물과 바람과 돌을 전시하는 미술관이 있다. 수풍석미술관이다. 제주의 자연이 곧 예술인 셈이다. 재일교포 이타미 준이 설계했다. 근처 방주교회도 그가 설계했다. 안도 다다오가 설계한 본태미술관도 둘러보자.

04
신비한 자연 체험, 용머리해안과 산방산

용머리해안은 180만 년 전 바닷속에서 화산이 폭발할 때 올라온 기묘하고 거대한 암벽이다. 높이는 20m, 용트림하듯 뻗은 암벽 길이는 무려 600m이다. 높이 395m인 산방산은 거대한 종 모양 화산체이다. 산에 오르면 아름다운 경치에 넋을 잃게 된다.

05
산방산 탄산온천에서 피로 풀기

우리나라에서 가장 남쪽에 있는 온천이다. 노천탕과 실내 온천, 온천 수영장을 갖추고 있다. 산방산을 바라보며 온천욕을 즐길 수 있다. 온천욕을 하며 제주도의 멋진 풍경을 감상하는 기분이 특별하다.

06
노을해안로에서 돌고래 구경하기
TV 프로그램 <바퀴 달린 집>에서 영화배우 공효진이 돌고래를 보고 더불어 환호하던 장면을 기억하는가? 제주 서부에서 돌고래를 보고 싶다면 대정읍 노을해안로로 가자. 영락리방파제와 CU서귀영락해안도로점 앞바다는 돌고래가 자주 나타나는 곳이다.

07
형제해안로에서 드라이브 즐기기
형제해안도로는 송악산 아래에서 안덕면 사계포구까지 3km 남짓 이어진다. 푸른 바다와 형제섬, 산방산까지 품으며 낭만 드라이브를 즐길 수 있다. 초여름이라면 산방산 밑 사계리 수국길까지 내리 달리자.

MUST EAT

01
최고의 방어회 즐기기
매년 11월에 모슬포에서는 방어 축제가 열린다. 대정 앞바다의 자리돔을 먹고 자란 방어가 토실토실하다. 최고 방어회를 먹고 싶다면 '올랭이와 물꾸럭'이라는 식당으로 가자. 제주 대표로 <한식대첩>에 나온 맛집이다.

02
오션 뷰 카페에서 커피 마시기
서귀포 서부를 여행하다 커피가 그리우면 안덕면의 오션 뷰 카페로 가자. 마노르블랑에선 꽃밭 너머로 바다가 보이고, 대평마을의 카페 루시아와 휴일로에선 바다가 더 가까이 다가온다. 산방산 옆 원앤온리도 기억하자. 푸른 바다에 넋을 잃게 될 것이다.

MUST BUY

01
취향 저격 기념품 사기
디자인 소품이나 디자인이 뛰어난 기념품을 사고 싶다면 안덕면 사계생활로 가자. 제주 관련 책과 디자인 제품, 제주 작가들이 만든 일러스트와 다양한 기념품을 판매하고 있다. 소장하고 싶은 매거진 <iiin>도 살 수 있다.

오설록티뮤지엄

📍 서귀포시 안덕면 신화역사로 15(서광리 1235-1)
📞 064-794-5312 🕐 09:00~19:00

이국적인, 너무나 이국적인 풍경

제주도는 중국의 윈난, 인도의 다르질링, 일본의 후지산과 더불어 세계 8대 녹차 산지로 꼽힌다. 서광다원, 도순다원, 한남다원, 돌송이차밭, 신흥차밭, 서귀다원…… 제주도에는 열 손가락에 다 꼽을 수 없을 만큼 많은 차밭이 있다. 그중에서 대표적인 곳이 오설록 뮤지엄이 있는 서광다원이다. 제주 서부의 중산간은 차 재배에 적합한 기후지만 돌이 많아 30년 동안 개간하여 만들었다. 2000년대 초반만 해도 이 일대에는 관광지가 없는 중산간 지대라 찾는 사람이 많지 않았다. 하지만 오설록티뮤지엄이 개방된 뒤 지금은 제주도의 손꼽히는 명소로 자리 잡았다. 오설록티뮤지엄에는 차의 역사, 다기 등이 한눈에 보기 좋게 전시되어 있다. 카페에서는 녹차 아이스크림과 다양한 녹차를 맛볼 수 있고, 차와 기념품도 살 수 있다. 뮤지엄 전망대에 오르면 녹차 밭과 한라산 그리고 제주 남서부 일대를 한눈에 조망할 수 있다. 기다림 나무도 기억하자. 오설록 최고 촬영 명소이다. 이니스프리 제주하우스 점이 뮤지엄 옆에 있다.

📷 제주항공우주박물관

📍 서귀포시 안덕면 녹차분재로 218(서광리 산39)　📞 064-800-2000

🕐 09:00~18:00(셋째 월요일 휴관, 셋째 월요일이 공휴일이면 다음날 휴관)　₩ 8천원~1만원

아이들의 항공과 우주 놀이터

하늘과 우주에 관심이 많은 아이와 함께 가면 멋진 선물이 될 것이다. 항공역사관에서는 하늘을 향한 인류의 상상과 도전의 역사를 26대의 실제 항공기, 기체 구조와 비행 원리 체험을 통해 배울 수 있다. 레오나르도 다빈치의 '헬리콥터 비행 장치', 라이트 형제의 플라이어 3호를 실물 복원한 전시물, 다양한 전투기, 비행기 엔진 등을 직접 살펴볼 수 있다. 천문우주관에서는 동양과 서양의 천문학 역사, 우주개발 역사, 태양계와 은하계, 137억 년이나 이어진 우주 생성의 신비를 공부할 수 있다. 망원경 등 관측 장비의 발전상, 우리나라의 우주 기술, 태양계의 구조, 혜성과 소행성, 별과 은하계, 더 나아가 우주 전체 구조에 대해 보고 느끼며 공부할 수 있다. 테마관에서는 우주와 우주 여행에 관한 5D 입체 영상 시청과 중력 가속도 체험 등을 할 수 있다. 야외 박물관에선 전투기, 수송기, 정찰관측기, 훈련기, 수륙양용기 등 실물 항공기 13대를 전시하고 있다. 대형 수송기와 헬리콥터 등 일부 항공기는 조종석 탑승 체험을 할 수 있다.

📷 제주곶자왈도립공원

📍 서귀포시 대정읍 에듀시티로 178 (보성리 산1) 📞 064-792-6047 🕐 3~10월 09:00~18:00, 11~2월 09:00~17:00(마감 2시간 전까지 입장) ₩ 입장료 500원~1,000원 ⓘ 주차 전용 주차장

겨울에도 푸른 신비의 숲

세월에 장사 없다. 용암도 세월을 비껴가지 못했다. 시간이 지나면서 용암이 쪼개져 바위가 되고 자갈이 되었다. 그 위에 흙과 낙엽이 쌓였다. 이 황무지 같은 땅에 나무, 이끼, 양치식물, 덩굴식물이 뒤섞여 자라 원시림이 되었다. 이 숲을 제주어로 곶자왈이라 부른다. 곶은 '숲'을, '자왈'은 자갈이라는 뜻이다. 곶자왈은 지하에 빗물을 저장하는 동시에 특이하게도 돌 틈으로 미세한 지열이 올려보낸다. 그리하여 습하면서 따뜻한 독특한 식생대가 만들어졌다. 이런 까닭에 세계에서 유일하게 한대식물과 난대식물이 같이 자란다. 세계 어디에도 없는 신비한 숲이다. 곶자왈을 산책한다는 건 제주의 신비로운 내면으로 한 걸음 더 들어왔다는 걸 의미한다. 제주곶자왈도립공원은 산책로가 잘 조성돼 있다. 산책로는 모두 5개로, 걷기 편한 데크 길도 있고, 울퉁불퉁한 돌길도 있다. 테우리길을 포함한 5개 코스는 서로 만나기도 한다. 시간이나 취향에 맞춰 걸으면 된다. 곶자왈 숲길을 걸으면, 마치 영화 <아바타> 속 숲에 들어온 것 같다. 곶자왈을 조감할 수 있는 숲속 전망대에도 올라보자.

제주신화월드

◎ 서귀포시 안덕면 신화역사로304번길 38 ☎ 1670-1188 ⏰ 10:00~20:00

스릴과 물놀이를 동시에

신화월드는 호텔과 리조트, 놀이공원과 워터파크가 있는 복합테마파크이다. 대표 놀이 공간은 아이들이 더 좋아하는 신화테마파크와 신화워터파크이다. 신화테마파크는 제주에 하나밖에 없는 놀이동산이다. 롤러코스터, 정글 고대 도시, 캐릭터가 가득한 라바 어드벤처 빌리지 등 최신 놀이기구가 있다. 스릴과 VR 체험, 게임, 퍼레이드와 쇼 등을 즐길 수 있다. 신화워터파크는 파도 풀, 어린이 전용 풀장, 워터 슬라이드, 소금방·황토방·불가마를 갖춘 찜질방 등을 갖추고 있다. 워터파크에 3,000명까지 동시에 수용할 수 있다. 점검 기간엔 1개월 정도 휴장한다.

헬로키티 아일랜드

◎ 서귀포시 안덕면 한창로 340 (상창리 1963-2) ☎ 064-792-6114 ⏰ 09:00~18:00 ₩ 9천원~1만4천원 ① **주차** 전용 주차장

아이들의 천국

언제나 밝고 상냥한 여자아이, 엄마가 만들어준 애플파이와 피아노 치는 것을 좋아하고, 쌍둥이 동생인 미미를 아껴주는 마음씨 착한 아이. 헬로키티를 간단히 소개하면 이렇다. 헬로키티아일랜드는 40년 역사의 캐릭터 헬로키티의 모든 것을 만날 수 있는 곳이다. 7세 이하 여자아이들이 특히 좋아하는데, 부모들이 아이들 사진 찍어주기 여념이 없다. 스탬프 찍으러 다니는 재미도 쏠쏠하다. 3D 극장에서 영상도 감상할 수 있다. 2층의 헬로키티 카페에서 키티가 그려진 달콤한 디저트도 즐겨보자.

📷 세계자동차 & 피아노박물관

📍 서귀포시 안덕면 중산간서로 1610 (상창리 2065-4)
📞 064-792-3000 🕐 09:00~18:00 (연중무휴)
₩ 1만원~1만3천원 ⓘ **주차** 전용 주차장

빈티지 자동차와 유명 작곡가의 피아노

서귀포시 안덕면 상창리에 있다. 자동차박물관은 2008년에, 피아노박물관은 2019년에 오픈했다. 자동차박물관에서는 1900년대 초부터 현대에 이르기까지 각 시대를 대표하는 자동차 100여 대를 구경할 수 있다. 시대에 따라 자동차 디자인이 변화하는 모습을 보는 재미가 쏠쏠하다. 피아노박물관은 로댕이 조각한 하나뿐인 진귀한 피아노부터 베토벤, 쇼팽, 하이든 등 위대한 음악가들이 사랑했던 피아노 등 300년에 걸친 특별한 피아노를 만날 수 있다. 어린이는 지휘 체험, 피아노 연주 체험, 어린이 무료 교통 체험, 사슴과 토끼 등 동물 먹이 주기 체험도 더불어 할 수 있다. 키덜트의 천국인 피규어뮤지엄 제주, 동백수목원 카멜리아힐, 헬로키티 아일랜드가 가까이 있다. 시간 여유가 있다면 같이 둘러보아도 좋겠다.

 # 카멜리아힐

📍 서귀포시 안덕면 병악로 166(상창리 271) 📞 064-800-6296

🕐 **겨울** 08:30~17:00 **봄·가을** 08:30~17:30 **여름** 08:30~18:00 ₩ **어른** 1만원 **청소년** 8천원 **어린이** 7천원

꽃길만 걷게 해줄게

겨울이 되면, 하얀 눈이 내리면 더 아름다워지는 곳이다. 제주 서부 내륙 서귀포시 안덕면에 있다. 꽃과 정원, 특히 동백이 아름다워 제주도의 많은 수목원 중에서 몇년 째 방문 순위 1위를 달리고 있다. 11월이면 하나 둘 피기 시작하여 이듬해 4월까지 분홍, 선홍, 붉은 동백꽃이 피고 지기를 반복한다. 특히 눈 내린 하얀 숲 속에서 붉게 핀 동백의 아름다움은 가슴을 깊이 파고든다. 동백은 마치 눈물을 흘리듯 봉오리를 뚝뚝 떨구며 스러져간다. 핑크빛 동백꽃잎이 지면서 만드는 꽃잎 터널은 아름다움의 극치를 보여준다. 나무에도 붉은 꽃, 땅에도 동백꽃이다. 동백꽃 터널에서는 누구나 저절로 카메라를 꺼내게 된다.

카멜리아힐은 겨울에만 빛나는 곳이 아니다. 봄에는 벚꽃나무가, 여름에는 치자, 수국이 만개한다. 특히 5월 중순 이후부터 6월까지 피는 수국이 무척 아름답다. 하양, 연보라로 우아하게 피는 수국은 당신까지 우아하게 만들어 준다. 카페에서 동백오일, 에코백, 디자인 소품을 비롯한 다양한 기념품과 제주도를 담은 여행 책도 구매할 수 있다.

📷 뽀로로 앤 타요 테마파크

📍 서귀포시 안덕면 병악로 269(상창리 79)

📞 064-742-8555 🕐 10:00~18:00(연중무휴)

놀이기구부터 뽀로로 퍼레이드까지

뽀로로에 타요까지! 아이들에겐 천국 같은 곳이다. 뽀로로 앤 타요 테마파크는 아이들에게 친근한 뽀로로와 타요 캐릭터를 기본으로 하는 어린이 전용 놀이 공간이다. 테마파크는 크게 실내와 실외로 나누어져 있다. 야외에는 관람차, 바이킹, 타요와 뽀로로의 집, 식물과 나무로 만든 타요 버스, 캐릭터 미로 등이 있다. 실내는 회전목마, 작은 바이킹, 기차, 후름라이드, 짐볼, 미끄럼틀, 미니 트램펄린, 물놀이 시설 등으로 구성되어 있다. 또 뽀로로의 싱어롱 공연, 뽀로로 퍼레이드도 구경할 수 있다. 부대시설로 포토존, 푸드코트와 기념품 가게 등이 있다. 뽀로로 앤 타요 테마파크를 제대로 즐기려면 키가 100cm를 넘어야 한다. 그보다 작은 아이들도 즐거워하지만, 이용할 수 있는 놀이기구가 적은 편이다. 5~6세 아이들이 가면 가장 좋아할 곳이다. 입장료가 비싸다는 후기가 많은 편이다.

©송인희

📷 본태박물관

📍 서귀포시 안덕면 산록남로 762번길 69 📞 064-792-8108
🕐 10:00~18:00 ₩ 1만원~2만원

본래의 아름다움을 담은 건축

본태박물관의 본태本態는 본래의 형태를 의미한다. 즉 사람과 자연, 예술 작품이 품고 있는 본래의 아름다움을 추구하는 미술관인 셈이다. 세계적인 건축가 안도 다다오가 설계했다. 노출 콘크리트 기법은 안도 다다오 건축의 상징이 되었다. 본태박물관도 노출 콘크리트 기법으로 지은 건축물이다. 차이가 있다면 여기에 한국의 전통 담장을 보태어 건축물의 숨결과 표정이 한결 풍부해졌다는 점이다. 본래의 아름다움을 추구하는 박물관의 지향점이 재료 본래의 숨결을 중요하게 여기는 다다오의 건축 철학과 잘 들어맞았다는 생각이 든다. 그는 대지의 경사진 성격을 거스르지 않고 건축물을 앉혔다. 또 박물관에 빛과 물의 요소를 끌어들였다. 박물관뿐 아니라 마당, 그리고 조각 공원에서 자연의 아름다움과 재료 본연의 물성이 조화롭게 만나는 장면을 감동적으로 확인할 수 있다.

수풍석 뮤지엄 비오토피아

◎ 서귀포시 안덕면 산록남로 762번길 79(상천리 791)
☏ 010-7145-2366
🕐 여름 10:00, 16:00, 가을~봄 14:00, 15:30(예약 필수, 하루 2회 선착순 10명, 관람료 1만5천원~3만원)
ⓘ **관람객 집결지** 디아넥스 호텔 주차장 만남의 장소에서 셔틀버스로 이동
☰ www.biotopiamuseum.co.kr

예술품 대신 제주의 자연을 전시하는 미술관

TV 광고에 자주 나오는 미술관이자 아름답기로 소문난 제주도의 대표적인 현대 건축물이다. 바람의 건축가 이타미 준. 재일 동포인 그의 본명은 유동룡1937~ 2011이다. 그는 일본 귀화를 거부하고 일정 기간마다 외국인 등록을 위해 열 손가락의 지문을 찍었다. 말년에 그는 제주에서 대표작을 쏟아내었다. 수풍석미술관은 예술 작품을 전시하지 않는다. 제주의 물과 바람과 돌을 전시한다. 예술 작품이 아니라 제주의 자연을 전시한다는 발상이 놀랍다. 한번 더 생각하면 화산이 만든 제주의 자연이 그만큼 독특하고 아름답다는 뜻이리라.

돌박물관은 녹슨 컨테이너처럼 생긴 철제 건축물이다. 시간과 계절에 따라 변하는 것들과 변하지 않는 돌의 대비를 보여준다. 돌의 섬 제주도와 참 잘 어울리는 박물관이다. 풍미술관은 목재 건물이다. 매일, 매시간 바람이

스치고 지나간 나무 건축엔 바람의 흔적이 지금도 쌓이고 있다. 더불어 태양의 흔적도 '퇴색'으로 보여준다. 풍미술관에선 처마 밑에 드리우는 그림자마저 하나의 작품이 된다. 물미술관은 천장이 둥글게 뚫린 타원형 건축물이다. 텅 빈 박물관 안에 물이 차 있다. 제주의 물과 하늘과 땅의 아름다움을 보여준다. 물미술관에선 고개를 들어 하늘을 감상하기도 하고, 고개를 내려 물에 비친 하늘을 감상할 수도 있다. 비가 오는 날에는 빗소리가 박물관 안에 가득 찬다.

수풍석 뮤지엄은 안덕면 상천리의 전원주택 단지인 '비오토피아' 안에 있다. 사유지이기 때문에 함부로 들어갈 수 없다. 하루 두 차례 정해진 장소디아넥스 호텔 주차장에 집결하여 셔틀버스로 이동한다. 큐레이터의 설명을 들으며 약 1시간 동안 감상할 수 있다. 예약제로 운영한다. 방문을 원하는 사람은 홈페이지에 접속하여 예약하면 된다.

📷 방주교회

📍 서귀포시 안덕면 산록남로 762길 113(상천리427) 📞 064-794-0611
🕐 08:00~19:00(10월~4월 09:00~18:00,
내부 개방 시간 평일과 공휴일은 09:00~17:00, 토요일은 13시까지, 일요일은 13:00~17:00)

노아의 방주를 오마주하다

방주교회는 노아의 방주에서 영감을 얻은 건축물이다. 수풍석뮤지엄, 본태박물관과 아주 가까운 거리에 있다. 수풍석미술관과 마찬가지로 재일교포 이타미 준이 설계했다. 이타미 준은 노아의 방주처럼 교회를 물에 떠 있는 배 모양으로 만들었다. 물을 담은 연못이 교회를 둘러싸고 있다. 바람 부는 날에는 연못이 파도처럼 물결치고, 방주교회는 마치 바다를 항해하는 배를 상상케 한다. 실제로 정면에서 바라보면 교회 모습이 머리를 치켜들고 바다를 항해하는 뱃머리를 연상시킨다. 날씨가 맑은 날에는 교회가 연못에 선명하게 비친다. 물에 비친 교회 모습이 무척 아름답다. 날이 흐리거나 비가 오는 날에는 분위기가 사뭇 차분하고 운치가 넘친다. 아마 당신도 저절로 생각이 깊어질 것이다.

📷 바램목장

📍 서귀포시 안덕면 신화역사로 611(동광리 259-3) 📞 010-2098-6627
🕐 10:00~18:00(10월 12일~2월은 17:00까지, 우천 시 휴무)
₩ 1만원 내외 ⓘ 주차 가능 인스타그램 @baalamb_jeju(휴무공지)

아이들이 더 좋아하는 먹이주기 체험

양과 염소 체험 목장이자 카페이다. 3천원~5천원을 내면 녀석들에게 줄 먹이를 내어준다. 먹이를 들고 가면 넓은 초원에서 풀을 뜯거나 놀이를 하던 녀석들이 용케도 알아차리고 다가온다. 양들은 즐겁게 먹이를 먹는 일에 집중한다. 순하디 순하지만, 먹이가 떨어지면 섭섭하게도 금세 모른척 하고 돌아가 버린다. 한꺼번에 다 퍼 주고 아쉬워하지 말고 조금씩 아껴서 먹이를 주자.

카페는 목장이 잘 보이는 곳에 있다. 커피나 음료, 디저트를 시키면 목장 입장료는 무료이다. 1인 1메뉴를 주문하는 것이 원칙이다. 카페에 앉아 양과 염소가 평화롭게 노니는 초원을 바라보는 것도 퍽 낭만적이다. 아이와 함께 오는 손님이 많지만 목장의 낭만을 즐기러 어른끼리 오는 사람도 많다.

©송인희

📷 돌고래 구경

영락리방파제 ⊙ 서귀포시 대정읍 무릉리 3783-3 CU서귀영락해안도로점 ⊙ 서귀포시 대정읍 노을해안로 288

돌고래와 함께 춤을

TV 프로그램 <바퀴 달린 집>의 '시즌 1'을 기억하는가? 게스트로 나온 영화배우 공효진이 성동일을 비롯한 출연자들과 돌고래를 보고 더불어 환호하던 장면을 기억하는가? 김녕항이 제주 동부의 돌고래 관광 명소라면, 서부에서는 단언컨대, 대정읍이다. 신창풍차해안에서 자동차를 타고 남쪽으로 13분, 모슬포항에서 서북쪽으로 해안도로를 따라 12분 남짓 올라간 지점. 내비게이션에 영락리방파제서귀포시 대정읍 무릉리 3783-3 또는 CU서귀영락해안도로점서귀포시 대정읍 노을해안로 288을 검색하고 출발하자. 어디서 출발하든 바다를 옆에 두고 달리는 도로를 따라가면 된다. 고기가 잘 잡히기로 유명해 낚시꾼들이 선호하는 곳이다. 해안 풍경은 매혹적이다. 도로 이름도 낭만적인 노을해안로이다. 돌고래는 파도가 잔잔하고 바닷물이 만조일 때 잘 나타난다. 적으면 네댓마리, 많을 때는 열 마리 넘는 돌고래 가족이 놀며 헤엄치며 해안 가까이 지나간다. 항상 만날 수는 없지만, 기다리는 즐거움이 특별하다. 행운을 빌며 노을해안로로 가자.

📷 추사유배지

📍 서귀포시 대정읍 추사로 44(안성리 166-1) 📞 064-710-6803
🕐 09:00~18:00(월·1월1일·설날·추석 휴관) ₩ 무료

천하 명작 세한도가 이곳에서 탄생했다

추사유배지는 김정희가 유배 생활을 하던 곳이다. 1848년 김정희1786~1856는 안동 김 씨의 패권 정치를 비판한 윤 상도의 배후로 지목되어 제주도로 유배를 당했다. 추사는 대정의 칼바람을 맞으며 겨울을 보내고 있었다. 그는 한 양에서 조금씩 잊혀가고 있었다. 아끼는 제자 이상적1804~1865 정도만 옛정 그대로 대해주었다. 세한연후 지송백 지후조야歲寒然後 知松柏之後彫也. 뭇 나무들이 잎을 다 떨군 한겨울이 돼서야 청청한 소나무와 잣나무의 일관됨을 뒤 늦게 깨닫는다는 뜻이다. 추사는 논어 〈자한〉 편에 나오는 이 구절을 화제 삼아 이상적에게 줄 그림을 그렸다. 제 자의 지조와 스승의 마음을 담은 그림을 우리는 이렇게 부른다. 세한도!

추사기념관 추사의 정신을 담다

추사유배지엔 세한도의 집을 꼭 닮은 건축물이 있다. 비움과 절제의 건축가 승효상이 설계한 '추사기념관'이다. 추사의 고독한 삶을 건축으로 풀어놓은 듯, 세한도를 그리던 순간의 추사의 감정이 느껴진다. 승효상은 '추사에 대한 외경심을 드러낼 수 있다면 감자 창고라 불려도 자랑스럽 겠다.'고 말했다. 추사의 일생과 그의 작품을 관 람할 수 있다.

📷 대정오일장

◎ 서귀포시 대정읍 신영로 36길 65(하모리 1089-20)
◷ 매일 09:00~17:30 ⓘ **장날** 끝자리 1일, 6일

흥정도 하고 제주의 속살도 보고

대정오일장은 모슬포오일장이라 부르기도 한다. 제주 서부 지역에서 규모가 제일 크다. 한림오일장도 제법 규모가 있지만 대정오일장에는 미치지 못한다. 모슬포 항구 인근에서 열리는 오일장답게 항해 준비를 하는 선원들과 멀리 가파도, 마라도에서 장을 보러 온 사람들이 자주 찾는다. 근처 바다와 농장에서 수확한 싱싱한 해산물과 제철 과일과 채소가 시장에 활기를 불어넣어준다. 특히 대정 앞 바다에서 잡은 은갈치와 자리돔의 신선함은 더 이상 말이 필요 없다. 모슬포 음식점에서 냉동 수산물로 요리해 내놓으면 곧 망한다는 말이 있을 정도이다. 이것저것 먹는 즐거움도 크다. 떡볶이, 순대, 도넛, 호떡 등 먹을거리도 제법 다양하다. 지갑을 여는 재미가 쏠쏠하다. 1일과 6일에 장이 서는데, 31일 오일장이 열리면 1일은 건너뛴다.

📷 산방산 탄산온천

📍 서귀포시 안덕면 사계북로 41길 192(사계리 981) 📞 064-792-8300
🕐 실내 온천 06:00~23:00 노천탕 10:00~22:00 찜질방 06:00~22:00 ₩ 5천원~1만3천원

제주 풍경을 감상하며 온천욕을 즐기자

제주도는 화산섬이니 일본처럼 온천이 많을 것 같지만 사실은 그렇지 않다. 일본은 마그마가 지표면 가까이에서 활동하지만, 제주도는 마그마가 땅속 깊숙이 있어서 지표면 가까이에 있는 지하수를 덥힐 수 없는 까닭이다. 지질 조건이 불리함에도 다행스럽게 제주도에서도 온천이 발견되었다. 우리나라에서 가장 남쪽에 있는 온천 제주 산방산 탄산온천이다. 신비로운 산방산을 배경으로 자리 잡고 있어서 주변 풍경이 절경이다. 노천탕과 온천 수영장도 갖추고 있다. 산방산탄산온천은 지하 600m에서 온천수를 뽑아 올린다. 노천탕에선 산방산과 제주의 멋진 남부 풍경을 감상하며 온천욕을 즐길 수 있다. 실내 온천탕에서도 제주의 자연을 눈에 넣을 수 있다. 게다가 탄산온천은 피부와 혈압 조절에 좋다. 여행의 피로를 풀며 색다른 제주를 경험하고 싶다면 잊지 말고 산방산탄산온천으로 가시길.

송악산 둘레길

📍 서귀포시 대정읍 송악관광로 421-1 (상모리 165) ⓘ **주차** 전용 주차장

서부 최고의 전망, 바다를 다 품어라

바람이 많은 제주에서도 바람의 고향이라 불리는 곳이 있다. 제주도 서남쪽 끝에 있는 송악산이다. 아기 봉우리가 99개여서 일명 99봉이라 불리기도 하고, 파도가 절벽에 부딪혀 물결이 운다고 하여 '절울이오름'이라고도 한다. 해발 104m 주봉을 중심으로 넓은 초원지대가 펼쳐져 있으며, 바다에서 보면 거대한 성 같다. 세상의 끝 같은 이곳에 서면 광대한 태평양을 짜릿한 기분으로 바라볼 수 있다. 약 20분이면 정상까지 오를 수 있다. 정상엔 웅장한 분화구가 큰 입을 벌리고 있다. 분화구 둘레는 400m, 깊이는 무려 69m이다. 크고 깊은 분화구를 보고 있으면 장엄함을 넘어 숭고함마저 느껴진다. 6년 동안의 자연휴식제를 시행했으나, 2021년 8월부터 탐방로 1코스, 제1전망대, 탐방로 2코스는 다시 개방됐다. 송악산 둘레길도 정상 못지않은 풍경을 보여준다. 사계 바다, 형제섬, 산방산, 가파도 그리고 저 멀리 마라도까지 제주 남부의 고품격 풍경이 한눈에 들어온다. 송악산 둘레길은 올레 10코스의 일부이다.

©제주특별자치

 # 형제해안도로

◎ 서귀포시 대정읍 형제해안로 322(상모리 179-4)

태평양, 야자수, 낭만의 드라이브

송악산을 내려오면 서귀포 쪽으로 멋진 드라이브코스가 펼쳐진다. 형제해안도로이다. 송악산 아래 산수동이항 부터 안덕면 사계 포구까지 약 3km 남짓 이어진다. 서부에서는 애월해안로와 더불어 쌍벽을 이루는 드라이브 코스이다. 도로에서 보이는 형제섬에서 따와 도로 이름을 지었다. 중간중간 가로수로 심은 야자수가 이국적인 풍경을 연출해준다. 형제해안로에서 꼭 들러야 할 곳이 있다. 사계 발자국화석 발견지와 사계해변이다. 발자국 화석 발견지엔 사람, 사슴, 코끼리, 새 발자국이 또렷이 남아 있다. 구석기시대 화석으로 인류 발자국은 아시아에 서 유일하다. 사계해변은 해안도로 옆에 있는 고운 모래밭이다. 해안도로 옆으로는 솜이불보다 푹신한 모래밭 이 펼쳐져 있고, 푸른 바다는 마치 정지해 있는 것처럼 고요하다. 형과 아우처럼 마주 보고 서 있는 형제섬을 눈 에 담으며 차를 몰다 보면 박하사탕을 먹은 것처럼 마음이 저절로 상쾌해진다. 만약 초여름이라면 사계리 수국 길까지 달려보자. 보랏빛 수국이 환상적이다.

📷 용머리해안

📍 서귀포시 안덕면 사계리 산 16 📞 064-760-6321(방문 전 전화 확인)
🕐 09:00~17:00(만조 및 기상 악화 시 통제) ₩ 성인 1천원~2천원

바다에서 솟아오른 기묘하고 거대한 암벽

서귀포시 안덕면 산방산 아래에 있다. 바닷속으로 들어가는 용을 닮았다고 하여 용머리해안이라고 부른다. 육지에서 바라보면 그저 평범한 해안가 땅이지만 좁은 통로를 따라 바다 쪽으로 내려가면 시루떡처럼 층층이 쌓인 거대한 암벽이 나온다. 약 180만 년 전 화산이 수중에서 폭발하면서 바닷속에서 올라온 바위가 바람과 파도에 깎이면서 층층 암벽으로 변했다. 밑에서 올려다보면 마치 거친 돌이 꿈틀거리며 살아 움직이는 것 같아 입이 다물어지지 않는다. 자연과 시간의 힘이 경외감마저 드는 암벽 풍경을 만든 것이다. 암벽 높이는 20m 안팎이며 길이는 무려 600m이다. 조선 말 자연 암벽에 인간의 스토리가 보태어졌다. 1653년 네덜란드의 상인 하멜의 난파선이 이곳에 불시착한 것이다. 용머리해안 초입의 하멜기념관에서 그때의 스토리를 들을 수 있다. 입장료를 내면 산방산, 용머리해안, 하멜기념관을 모두 구경할 수 있다.

©제주특별자치도청

📷 산방산과 산방굴사

📍 서귀포시 안덕면 사계리 산 16
🕐 매일 09:00~18:00(입장 마감은 일몰 시간에 따라 변동)

유채꽃, 마라도, 그리고 태평양까지

옛날 사냥꾼이 한라산으로 사냥을 나갔다. 그는 실수로 사냥감 대신 산신의 엉덩이를 활로 쏘고 말았다. 산신은 노발대발하며 봉우리 하나를 뽑아 내던졌다. 봉우리는 서남쪽으로 날아가 사계 해안가에 떨어졌다. 전설에 따르면 산방산은 이렇게 해서 생겼다.

해발 395m인 산방산은 거대한 종 모양 화산체이다. 산을 오르다 보면 치성을 드릴 수 있는 장소가 여럿이다. '사랑 기원의 장소'도 있다. 산방굴사는 해발 150m 지점에 있다. 영주십경 중 제8경으로 대접받고 있다. 산방산에 오르면 아름다운 경치에 넋을 잃게 된다. 유채꽃밭과 하멜기념관, 손톱만한 집들과 바다로 들어가는 용머리해안이 제일 먼저 시야에 들어온다. 뒤이어 형제섬과 송악산, 그리고 저 멀리 가파도와 마라도가 손에 잡힐 듯 다가온다. 그리고 그랑블루. 푸른 태평양이 당신 앞에 장엄하게 펼쳐진다.

📷 박수기정과 대평포구

◎ 서귀포시 안덕면 창천리 914-5

한 땀 한 땀 조각한 것처럼 신비롭다

대평마을은 군산의 화산 활동으로 흘러내린 용암이 굳어져 만들어진 넓은 들판 위에 자리 잡은 마을이다. 예전에는 '용왕 난드르'라 불렀는데, 이는 제주도 방언으로 '넓은 들'을 뜻한다. 뒤로는 군산이 마을을 가리고, 앞으로는 태평양이 자리한 지리적 조건 탓에 예전에는 거의 알려지지 않은 곳이었다. 대평마을은 제주에서도 손꼽힐 만한 비경을 품고 있다. 으뜸 비경은 단연 박수기정이다. 박수기정은 제주어로 '물이 많은 바위'라는 뜻이다. 대평포구에 가면 박수기정을 가까이서 볼 수 있다. 100m 높이의 수직 절벽은 마치 인위적으로 한 땀 한 땀 조각한 것처럼 신비롭다. 아주 좁은 돌길을 따라 15분 정도 오르면 박수기정 정상에 오를 수 있다. 오르는 길에 군산과 대평마을이 한눈에 들어오고 저 멀리 한라산까지 조망할 수 있다. 박수기정도 아름답지만, 대평포구에서 바라보는 석양도 아름답다. 수평선 너머로 저무는 붉은 태양에 비친 박수기정, 안덕, 산방산 풍경이 신비롭기 그지없다. 주변에 카페가 많아 여유롭게 앉아 아름다운 대평마을의 풍경을 마음속에 담아보기 좋다.

📷 군산오름

📍 서귀포시 안덕면 창천리 564 ⓘ **등반 시간** 10분

제주 서남부의 비경을 품다

군산오름군산은 서귀포시 안덕면에 있다. 제주 서남부에서 송악산, 산방산과 더불어 인기가 많은 오름이다. 해발 높이는 334m이고, 순수 오름 높이 280m이다. 1007년고려 목종 7년 화산이 폭발했을 때 상서로운 산이 솟아났다 하여, 서산이라 부르기도 했다. 오래전부터 군산오름 정상은 명당으로 알려져, 가뭄이 들었을 때 이곳에서 기우제를 지냈다. 군산은 오름 가운데 드물게 자동차로 정상 바로 아래까지 갈 수 있다. 입구가 세 군데인데 어느 곳에서든 10분이면 정상에 오를 수 있다. 탐방로를 따라 트레킹을 즐기기 좋다. 작은 초원 같은 정상에는 뿔 모양 바위가 있다. 바위에 서서 북쪽을 보면 한라산이 그림처럼 펼쳐져 있고, 남쪽으로 시선을 돌리면 서귀포에서 대정읍의 송악산에 이르는 아름답고 가슴 설레게 하는 해안선이 두 눈 가득 들어온다. 한눈에 담기에 해안선이 너무 길다. 천천히 고개를 돌리며 태평양과 맞닿은 해안 풍경을 마음에 담아보자. 편의시설로 주차장과 화장실을 갖추고 있다.

올레 10코스 화순-모슬포 올레

코스 제주올레 공식 안내소-하모체육공원(길이 15.6km, 5~6시간 소요, 난이도 중)

상세 경로 제주올레 공식 안내소→화순금모래해수욕장(0.1km)→사계포구(4km)
→송악산 주차장(6.9km)→송악산 전망대(8.9km)→섯알오름 화장실(11.4km)
→하모해수욕장(13.8km)→하모체육공원(15.6km)

출발지 서귀포시 안덕면 화순리 776-8

콜택시 안덕 택시 064-794-6446 안덕 개인호출택시 064-794-1400

모슬포 호출택시 064-794-5200

문의 064-762-2190

출발
제주올레공식안내소

화순금모래
해수욕장

산방연대

사계포구

도착
하모체육공원

사계화석발견지

하모
해수욕장

섯알오름

송악산 주차장

해송길

송악산 전망대

제주 서부 절경을 그대 품 안에

제주의 올레길은 모두 425km에 이른다. 정식 코스 21개와 부속 코스 5개를 합해 모두 26개 코스가 있다. 서부 지역에도 몇 개의 코스가 있는데 그중에 최고로 꼽히는 것은 10코스이다. 10코스 화순-모슬포 올레는 화순금모래 해수욕장에서 모슬포 하모체육공원까지 이어진다. 길이는 15.6km로 약 5~6시간 걸리는 코스이다. 화순에서 산 방산과 송악산 지나 대정읍 하모리까지 이어지는 이 코스는 올레길로 지정되기 전부터 아름다운 길로 정평이 나 있었다. 해안도로에서 산방산은 물론 마라도와 가파도를 볼 수 있고, 송악산도 오를 수 있다. 용천수를 이용한 야외 수영장까지 있는 화순해수욕장은 여름철 물놀이에 제격이다.

서귀포시 서부권 맛집 ——————

🍴 홍성방

📍 서귀포시 대정읍 하모항구로 76(하모리 938-4) 📞 064-794-9555 🕐 매일 09:00~21:00
Ⓜ **추천메뉴** 해물짬뽕, 하얀해물짬뽕, 고기짬뽕, 해물짜장 ₩ 9천원부터
ⓘ **주차** 홍마트 앞 공영주차장 이용(하모항구로 70-2, 하모리 772-12)

짬뽕 위에 해물이 산처럼 쌓였다

모슬포항 입구에 있는 짬뽕 전문점이다. 휴일에 홍성
방을 찾았다면 대부분 번호표를 받고 기다려야 한다.
주요 메뉴는 해물짬뽕, 하얀해물짬뽕, 고기짬뽕, 해물
짜장, 해물볶음밥, 칠리새우 등이다. 바닷가 중국집이
라 해산물이 신선하고 음식 맛도 깊다. 홍성방에서 가
장 유명한 메뉴는 해물짬뽕이다. 일단 비주얼이 남다
르다. 해물이 산처럼 쌓여 나온다. 특히 커다란 꽃게 한
마리가 통째로 기세 당당하게 팔을 벌리고 있다. 홍합,
오징어, 새우 등 갖가지 해산물도 가득하다. 제주시 이
도2동에 지점이 있다.

🍴 옥돔식당

📍 서귀포시 대정읍 신영로36번길 62(하모리 1067-23) 📞 064-794-8833 🕐 11:00~16:00(수요일 휴무)
Ⓜ **추천메뉴** 보말전복손칼국수 ₩ 1만2천원 ⓘ **주차** 대정오일시장 주차장 이용(신영로36번길 65)

노벨문학상 수상자도 반한 보말전복손칼국수

보말칼국수는 제주 미식 여행에서 빠뜨릴 수 없는 토
속 음식이다. 보말은 바다에서 나는 고동으로 해초를
먹고 자라 육지 것과는 달리 향이 좋고 맛이 진하다. 식
당 이름 때문에 옥돔 요리가 주 메뉴인가 착각하기 쉽
지만, 이 집은 보말전복손칼국수만 판다. 노벨문학상
수상자인 프랑스 소설가 르 클레지오Jean Marie Gustave
Le Clezio가 극찬한 맛집이다. 이 집 칼국수 국물의 비밀
은 보말 내장이다. 주문이 들어올 때마다 보말 내장을
터뜨려 국물을 우려낸다. "재게 재게 도올리지 맙써"빨
리 달라고 하지 마세요라는 문구가 가게 한쪽에 크게 걸려있
다. 칼국수를 먹는 순간 기다림은 감사함으로 바뀐다.
그러니 절대 재촉하지 말자.

🍴 올랭이와 물꾸럭

📍 서귀포시 대정읍 신영로 93-5 (하모리 920-5)

📞 064-794-5022

🕐 매일 17:00~21:00(라스트오더 19:00)

₩ 예산 4만원~6만5천원 ⓘ **주차** 전용 주차장

한식대첩에 나온 방어와 문어 요리

올랭이와 물꾸럭은 오징어와 문어라는 뜻이다. 방어, 오리와 문어 음식으로 제법 이름이 나 있었으나 <한식대첩>에 제주도 대표로 나온 뒤 더 유명해졌다. 이 집의 방어 요리는 꽤 독특하다. 별미인 볼살, 식감이 일품인 날개살, 오독오독 씹히는 배꼽살, 고기 버금가는 등심살과 뱃살 등 여섯 가지 회와 머리와 내장을 이용한 맑은지리탕, 부드러우면서 매콤한 방어찜, 묵은지로 국물을 낸 찌개와 머리 구이가 쉴 새 없이 상에 오른다. 오리문어탕도 추천한다. 방어 철이 아닐 때 선택하기 좋은 음식이다. 방어 시즌엔 예약은 필수이다.

🍴 미영이네식당

📍 서귀포시 대정읍 하모항구로 42 (하모리 770-29) 📞 064-792-0077

🕐 11:30~22:00 (수요일 휴무) ₩ 6~8만원 ⓘ **주차** 가게 앞 주차장

고소하고 담백한 고등어회

모슬포항 바로 앞에 있다. 고등어회와 탕을 한 번에 맛볼 수 있어서 좋다. 점심과 저녁 무렵엔 줄이 설 만큼 현지인과 여행자에게 두루 인기가 많다. 고등어는 비리다는 선입관이 있는데 이 집 고등어회는 그렇지 않다. 김에 참기름을 두른 밥과 고등어회, 채소 무침을 올려 먹으면 고소한 맛이 아주 좋다. 채소 무침이 느끼함을 잘 잡아준다. 회가 나오고 조금 지나면 고등어탕이 나온다. 색깔은 희멀겋다. 하지만 청양고추를 넣어 맛이 적당히 칼칼하고 개운하다. 여름에는 물회와 쥐치조림을, 겨울에는 방어도 즐길 수 있다.

🍽 덕승식당

📍 서귀포시 대정읍 하모항구로 66 📞 064-794-0177
🕐 10:00~20:40(브레이크타임 15:30~16:30, 화 휴무)
₩ 1만원~2만5천원 ⓘ 주차 가능

모슬포의 갈치와 우럭조림 맛집

모슬포 항구 앞에는 크고 작은 생선 요릿집이 많다. 덕
승식당은 그중에서 터줏대감 같은 존재다. 주인이 직
접 바다에 나가 잡은 생선만 사용한다. 식당 이름의 '덕
승'도 주인장의 배 '덕승호'에서 따왔다. 덕승식당은 조
림으로 유명하다. '오늘의 특선 요리'로 매일 조림이 바
뀌는데, 잡아 오는 생선에 따라 메뉴가 결정되기 때문
이다. 그날 잡은 생선에 고춧가루와 간장을 넉넉히 넣
은 양념장으로 조림을 만든다. 갈치조림과 우럭조림이
특히 맛있다. 매운탕과 구이, 물회도 맛있다. 도보 5분
거리에 2호점이 있다.

🍽 산방식당

📍 서귀포시 대정읍 하모이삼로 62(하모리 864-3) 📞 064-794-2165
🕐 11:00~18:00(수요일 휴무) 🅼 추천메뉴 밀면, 수육 ₩ 9천원~2만원 ⓘ 주차 가능

기다리다 먹는 제주 최고 밀면

대정읍에 있는 밀면집이다. 밀면은 밀가루와 전분을 같이 넣고 반죽하여 만든 국수이다. 한국 전쟁 때 이북에서
피난온 사람들이 냉면 대용으로 만들어 먹었다. 밀면은 부산 향토 음식이지만 산방식당은 '제주식 밀면'으로 소
문난 집이다. 40년 동안 밀면만 고집하고 있다. 점심시간에는 자리가 없어 번호표를 받고 기다려야 할 정도이
다. 즉석에서 뽑은 쫄깃한 면과 시원한 얼음 육수가 조화를 이룬 맛이 아주 좋다. 특히 입속에서 사르르 녹는 수
육을 같이 먹으면 세상 어느 음식 부럽지 않다. 가끔 부산 친구들이 여행을 오는데 이 집으로 안내하면 다들 엄
지손가락을 치켜세운다. 제주시 이도2동제주소방서 뒤편에 2호점을 오픈하였다.

🍴 춘심이네 본점

📍 서귀포시 안덕면 창천중앙로24번길 16 (창천리 160-4)
📞 064-794-4010
🕐 11:00~20:20 (브레이크타임 15:30~17:00, 연중무휴)
₩ 예산 7만원~14만원 ⓘ **주차** 전용 주차장

줄 서야 먹는 갈치 맛집

갈치조림, 통갈치구이. 제주도에서 요즘 대세는 통갈
치 음식이다. 몇 년 전부터 인기를 끌더니 이제는 권역
별로 줄 서는 갈치 맛집이 최소 한두 군데는 있기 마련
이다. 춘심이네 본점은 서귀포 서부에서 가장 인기가
많은 갈치 맛집이다. 대표 메뉴는 갈치조림과 통갈치
구이이다. 갈치구이는 직원이 먹기 좋게 가시를 발라
준다. 고소한 게 그냥 먹어도 좋지만, 양파랑 같이 먹으
면 더 맛있다. 갈치조림도 구이 못지않게 맛이 좋다. 멸
치볶음, 메추리알, 김치전 등 같이 나오는 반찬도 맛있
는데 조금 단 게 단점이라면 단점이다.

🍴 산방산초가집

📍 서귀포시 안덕면 화순해안로 189 📞 064-792-0688
🕐 11:00~20:00(브레이크타임 15:30~17:00, 목요일 휴무) Ⓜ **추천메뉴** 초가집밥상, 전복해물전골
₩ 30,000원~45,000원(2인 기준) ⓘ **주차** 가게 앞 갓길 주차 **인스타그램** @sanbangsan_chogajib

바다 향 그윽한 해산물밥상

산방산 근처에 있는 맛집이다. 정성스럽고 정갈한 음식을 먹을 수 있다. 식당 이름을 딴 초가집밥상이 대표 메뉴
이다. 초가집밥상은 전복해물전골이 메인인 해산물 정식이다. 전복죽, 전복회, 전복구이, 딱새우장, 고등어구이,
그리고 기본 밑반찬을 곁들여 낸다. 전복회는 오독오독 씹히고, 해물전골은 칼칼해서 좋다. 고등어구이는 유난히
고소해 입이 즐겁다. 전복해물전골은 초가집밥상에 나오는 전골보다 해산물이 더 풍성하다. 전복과 문어, 고등어
등을 추가할 수 있다. 칼국수면 또는 라면 사리를 추가하면 더 배불리 먹을 수 있다.

🍽 까사디노아

📍 서귀포시 안덕면 대평로 42 (창천리 901-1) 📞 064-738-1109

🕚 11:30~17:00(수요일 휴무) ₩ 2~3만원 ⓘ **주차** 대평포구에 주차

제주에서 즐기는 정통 이탈리아 피자

서귀포가 숨겨놓은 보물 같은 마을 대평리에 있다. 이탈리아 상공회의소가 인증한 레스토랑으로, 방송인 알베르토가 추천한 곳이다. 로마식 피자인 '핀샤'를 맛볼 수 있는 곳으로 유명하다. 피자 반죽을 밀가루, 쌀가루, 콩가루로 만들어 겉은 바삭하고 속은 촉촉하다. 주요 메뉴는 알오리지네, 라 모르따짜, 라 클라시카, 라 파르미자나 인 베르데이다. 그중에서 가지 피자인 라 파르미자나 인 베르데는 가지와 치즈 그린 페스토의 조합의 환상적이다. 피자 크기가 작은 편이다. 여럿이 가면 다양한 피자를 주문해 먹을 수 있어서 좋다.

🍽 한와담 제주점

📍 서귀포시 안덕면 녹차분재로 44-7 📞 064-792-6578

🕚 11:30~15:00, 17:00~22:00(화요일 휴무) ⓘ **주차** 가능

한우와 와인과 담소가 있는 곳

한남동의 이름난 고깃집이 제주도에 내려왔다. 한와담 제주점은 제주영어교육도시, 오설록티뮤지엄, 신화월드에서 가깝다. 분위기가 좋고, 직원이 직접 고기를 맛있게 구워준다. 한와담은 숙성 한우 전문점이다. 고기 맛이 가장 좋다는 섭씨 1.2도에서 21일 동안 숙성한다. 대표 메뉴는 갈비, 등심 같은 한우 고기이지만 궁중갈비탕, 남도 김치찌개, 깍두기 볶음밥, 얼큰 한우탕 같은 사이드 메뉴도 맛이 뛰어나다. 한와담은 한우와 와인과 담소가 있는 곳이라는 뜻이다.

🍴 중앙식당

📍 서귀포시 안덕면 화순로 108(화순리 1077-1) 📞 064-794-9167 🕐 06:00~20:00(둘째·넷째 목요일 휴무)
Ⓜ️ **추천메뉴** 성게보말국, 전복뚝배기 ₩ 9천원~4만원 ⓘ 주차 가능

성게보말국과 전복뚝배기 맛집

현지인들이 꼽는 안덕 최고의 맛집 가운데 하나이다. 안덕
우체국과 마주 보고 있다. 성게미역국도 제주 음식이지만
성게보말국도 마찬가지다. 제주에서 보말이라 부르는 바
다고둥을 성게, 미역과 함께 넣고 끓인 게 성게보말국이다.
임시 건물처럼 보이는 외관이지만 문을 열고 들어가면 대
부분 손님으로 가득하다. 점심시간이나 저녁 시간에는 줄
서서 기다리는 게 다반사이다. 한치물회, 전복물회, 갈치구
이, 갈치조림, 해물된장찌개 등도 하나같이 맛이 좋다. 식신
들이 선정하는 우수레스토랑으로 인증받았다.

🍴 서광춘희

📍 서귀포시 안덕면 화순서동로 367(서광리 141-10) 📞 064-792-8911
🕐 11:00~20:00(휴식 시간 16:00~17:30, 화요일 휴무)
Ⓜ️ **추천메뉴** 성게라멘, 성게비빔밥, 꼬치커틀릿
₩ 1만원~1만8천원 ⓘ 주차 가능

성게라멘

성게라면과 성게비빔밥이 맛있다

안덕면 서광마을은 평지로 이루어진 아름다운 동네이다. 이곳에 서광춘희가 있다. 마을 이름에 알렉상드르 뒤
마의 희곡이자 베르디의 오페라 라트라비아타의 한국 공연 이름이기도 한 '춘희'를 더해 상호를 지었다. 포도호
텔 전 지배인과 한복디자이너 차이 킴이 공동 주인이다. 서광춘희 메뉴는 마스터셰프 코리아의 우승자이자 제
주의 이름난 맛집 '아루요'의 김승민 셰프의 레시피로 만든 것이다. 춘희면이라 불리는 성게라멘과 꼬치커틀릿
이 이 집의 유명 메뉴이다.

🍴 한라산아래첫마을

📍 서귀포시 안덕면 산록남로 675 (광평리 211) 📞 064-792-8259

🕐 10:30~18:30 (11~3월은 10:30~18:00, 브레이크타임 15:30~16:00, 월요일 휴무)

₩ 예산 1만원~2만원 ⓘ 주차 전용 주차장

최초 메밀 재배지에서 먹은 메밀국수

한국 최대 메밀 생산지는 어디일까? 이효석의 소설 〈메밀꽃 필 무렵〉 때문에 평창이라고 짐작하겠지만, 놀랍게도 사실은 제주도이다. 그 덕에 제주는 오래전부터 메밀로 만든 향토 음식이 발달했다. 대표적인 음식이 빙떡, 메밀조배기, 메밀묵이다. 메밀 음식을 정말 맛있게 즐길 수 있는 곳이 안덕면 광평리에 있는 한라산아래첫마을이다. 한라산아래첫마을 영농조합에서 운영하는 제주메밀식당이다. 족은대비오름과 이웃한 이 마을은 해발 500m에 자리 잡고 있으며, 제주에서 메밀을 최초로 재배한 마을이다. 마을 주민들이 재배한 메밀로 직접 제분하고 제면한 메밀면을 사용한다. 그래서 더욱 믿음이 간다. 가장 인기가 많은 음식은 메밀물냉면이다. 메밀 향이 가득한 메밀면과 오랜 시간 우려낸 한우 육수의 조합이 특별하다. 맛이 깔끔하고 풍미가 깊다. 이외에 메밀비빔면, 고사리육개장, 꿩메밀만두 등도 인기 메뉴이다.

🍽️ 제주순메밀막국수

📍 서귀포시 안덕면 녹차분재로 60

📞 064-738-1109

🕐 월 07:00~24:00, 화~토 00:00~24:00(24시간 운영), 일 00:00~21:00(둘째·넷째 월요일 휴무)

₩ 1만1천원~4만원

제주에 왔다면 메밀국수는 꼭 한 번

제주는 국내 최대 메밀 생산지다. 메밀은 제주 농경신 자청비 신화에 등장할 정도로 예로부터 제주인의 삶과 밀접한 곡물이다. 제주에 왔다면 메밀 음식은 한 번은 꼭 맛보기를 추천한다. 서귀포시 서부권에서 가기 좋은 맛집으로 제주순메밀막국수가 있다. 100% 제주 순 메밀만 사용하여 국수를 만들어 맛이 아주 담백하다. 이곳의 대표 메뉴는 들기름 막국수다. 방앗간에서 직접 짠 들기름을 이용해 만든다. 담백한 제주 메밀면과 고소한 들기름을 잘 비벼 먹으면 입속에서 풍미가 춤을 춘다. 자극적이지 않아 더욱 좋다. 비빔면을 좋아하는 이라면 명태회막국수를 선택해 보자. 담백한 메밀면, 쫄깃한 명태회, 적당히 맵고 단 소스의 조화가 끝내준다. 이외에도 수육, 해물찜닭 등도 맛볼 수 있다. 24시간 운영하며 실내 공간이 넓어 기다리지 않고 이용하기 좋다.

🍽 제주고로

📍 서귀포시 대정읍 서삼중로 94

📞 0507-1312-9080 ⏱ 11:00~15:30(수 휴무)

ⓘ **주차** 길가 주차

카페 같은 일본 가정식 맛집

대정읍 서북쪽 무릉리에 있는 일본 가정식 맛집이다. 무릉초등학교 근처 길가에 있는데, 오픈하자마자 조금씩 입소문이 나더니 지금은 여행자들 사이에서 혼밥과 혼술하기 좋은 집으로 꽤 알려졌다. 제주고로는 카페 같은 감성 맛집이다. 오래된 주택을 리모델링하였는데, 타일로 장식한 외관부터 세련되고 감성적이다. 음식점 내부 는 분위기가 깔끔하고 따뜻하다. 아담하지만 오픈 주방이라 시야감이 제법 시원하다. 야외에도 테이블이 있어 서 날이 따뜻한 날엔 맥주를 곁들이기 좋다. 대표 메뉴는 아보카도 참치덮밥, 아보카도 마구로동, 연어덮밥, 딱 새우 크림 우동, 흑돼지 버섯 크림 우동 등이다. 모든 메뉴가 정갈하고 맛이 좋다. 딱새우 크림 우동은 조금 매콤 하다. 제주고로의 '고'는 '두드리다'는 의미이고, '로'는 '길'이라는 뜻이다.

☕ 원앤온리

◎ 서귀포시 안덕면 산방로 141 📞 064-794-0117 🕐 매일 09:00~19:00 🅿 주차 가능

뒤엔 산방산, 앞엔 푸른 바다

서귀포시 안덕면 산방산 아래에 있는 카페이다. 원앤온리의 가장 큰 장점은 입지다. 뒤로는 산방산이 병풍처럼 카페를 감싸주고, 고개를 돌려 앞을 보면, 저기 바다가 푸른 융단처럼 펼쳐진다. 그리고 파릇파릇 잔디가 자라는 넓은 마당엔 남국에 온 듯 이국적인 야자수가 풍경을 완성해준다. 서귀포 서부에서 풀베개와 더불어 큰 인기를 끌고 있다. 풀베개가 사계절 제주 감성이 흐르는 아늑한 분위기로 손님의 마음을 흔든다면 원앤온리는 감각적인 건축과 모던하면서도 따뜻한 인테리어로 여행자를 불러들인다. 봄, 가을엔 2층 테라스에서 햇빛과 풍경을 더불어 즐기기 좋다. 송악산, 추사유배지, 산방산, 산방산탄산온천을 여행 중이라면 원앤온리를 기억하자. 커피, 밀크티, 말차 라테, 칵테일, 동백을 닮은 케이크 등을 즐길 수 있다.

☕ 마노르블랑

📍 서귀포시 안덕면 일주서로2100번길 46 📞 064-794-0999 🕐 매일 09:00~18:30(주문 마감 18:00)

🍽 **추천메뉴** 아메리카노, 스무디 ₩ 7,000~9,000원 ⓘ **주차** 전용 주차장 **기타** 반려동물 동반가능

꽃의 향연, 사계절 매혹적인 정원 카페

안덕면 덕수리 산방산 가는 길에 있다. 식물원 같은 정원과 새하얀 카페 건물이 어우러져 이국적인 분위기가 난다. 눈을 남쪽으로 돌리면 산방산과 사계 바다가 손에 잡힐 듯 다가온다. 하지만 멋진 전망은 마노르블랑의 두 번째 매력이다. 가장 큰 매력은 2천 평이 넘는 넓은 정원이다. 봄에는 유채, 여름엔 수국, 가을엔 핑크뮬리, 겨울엔 동백이 꽃의 향연을 펼친다. 산방산과 푸른 바다가 멀리서 정원 카페의 풍경을 완성해준다. 음료 가격이 일반 카페보다 다소 비싼 편이지만, 입장료가 포함되어 있어 정원을 자유롭게 이용할 수 있다.

☕ 화순별곡

📍 서귀포시 안덕면 화순해안로 62 📞 0507-1345-7438

🕐 11:00~18:00(화요일 휴무) ⓘ **주차** 해수욕장 주차장 이용

마음이 따뜻해지는 카페

오래된 민가를 개조한 브루잉 커피 전문점으로, 제주 올레 10코스가 지나가는 화순금모래해수욕장 뒤에 있다. 해수욕장 뒤편 아담한 마을 초입에 있다. 가는 길도, 카페도 민가처럼 편안하고 아기자기해 이웃집에 놀러 가는 기분이 든다. 커피는 다양한 종류의 싱글 빈과 블렌딩 빈을 선택할 수 있으며, 잎 차도 정성스레 내려준다. 혼자여도 좋고, 둘 셋이어도 좋다. 차분한 음악을 들으며 도란도란 이야기 나누기 그만이다. 카페 안쪽 방에는 무아상점이라는 빈티지 스토어가 있다.

☕ 카페루시아 본점

📍 서귀포시 안덕면 난드르로 49-17 📞 064-738-8879 🕐 매일 10:00~21:00
Ⓜ 추천메뉴 카페라테, 젤라토, 앙버터, 소금빵 ₩ 6,000~8,000원 ⓘ 주차 전용 주차장 인스타그램 @lucia8003

박수기정과 푸른 바다를 그대 품 안에

안덕면의 해변 마을 대평리에 있다. 제주 올레 9코스가 끝나고 10코스가 시작되는 곳이다. 북쪽으로 군산오름이 버티고 있고, 남으로는 푸른 바다여서 오랫동안 오지였으나 올레길 덕에 세상에 알려지기 시작했다. 유명세를 타면서 분위기 좋은 카페도 제법 생겼다. 그중 하나가 카페 루시아 본점이다. 기암절벽 박수기정과 바다를 조망할 수 있어 더욱 특별하다. 게다가 봄이면 유채가 주변을 노랗게 물들인다. 키 큰 야자수와 눈앞으로 펼쳐진 푸른 바다, 노란 파도처럼 물결치는 유채꽃, 그리고 초록의 들까지, 설렘 가득한 풍경이 가득하다.

☕ 휴일로

📍 서귀포시 안덕면 난드르로 49-65
📞 010-7577-4965 🕐 09:00~21:00(라스트 오더 20:30)
Ⓜ 추천메뉴 휴라테, 마당라테, 음료, 한라산케이크
₩ 1인 7,000원~10,000원 ⓘ 주차 전용 주차장
기타 반려동물은 야외만 가능(목줄, 배변 봉투 준비), 루프톱은 17세 이상 가능 인스타그램 hueilot

절경이란 절경은 다 품었다

카페 휴일로는 제주도 서남쪽을 대표하는 군산오름에 폭 안겨 있다. 눈앞은 망망한 대해, 태평양이다. 오른쪽엔 기묘한 박수기정 절벽이 서 있고, 왼쪽으로는 범섬이 시선 속으로 들어온다. 그뿐이 아니다. 카페 부지가 압도적이다. 넓은 정원과 잔디밭, 야외 벤치, 잘 꾸며놓은 포토존. 뭘 더하려 해도 더할 게 없다. 시그니처 메뉴는 한라산을 본떠 만든 케이크이다. 라테, 카푸치노, 아메리카노, 에스프레소 등 커피 종류도 제법 다양하다. 카페 앞으로 제주올레 9코스가 지난다. 대평포구는 올레 9코스의 종점이자 10코스의 시작점이다.

☕ 풀베개

📍 서귀포시 안덕면 화순서서로 492-4 📞 064-792-2717
🕐 10:00~20:00 ⓘ 주차 가능

제주 감성을 깊이 느낄 수 있는

이름부터 자연의 향기가 느껴지는 카페이다. 서귀포시 안덕면의 전통 가옥을 개조해 카페로 만들었다. 빈티지한 느낌을 살리기 위해 내부는 리모델링하면서도 외부는 최소한으로 손을 댔다. 제주 분위기를 그대로 살린 점이 매력적이다. 본관과 분관으로 나누어져 있는데, 통유리창을 통해 제주 풍경이 그대로 실내로 들어온다. 어느 계절에 가도 제주 감성을 고스란히 느낄 수 있다. 오션 뷰 카페, 한라산 전망 카페, 귤밭 카페 등 아름다운 제주 풍경을 감상할 수 있는 카페가 많지만, 풀베개는 이와는 다른 또 하나의 제주, 이를테면 제주의 햇살, 바람, 동백의 낙화, 마당의 고요, 새가 지저귀는 소리를 빠짐없이 체험할 수 있다. 아늑한 카페에서 제주 분위기를 마음껏 감각하고 싶다면 안덕으로 가자. 커피와 음료, 디저트를 즐길 수 있다.

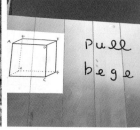

☕ 더리트리브

📍 서귀포시 안덕면 화순로 67(안덕면 화순리 241)
📞 010-5712-8112
🕐 10:00~19:00(둘째·넷째 목요일 휴무) ⓘ 주차 가능

제주 감성이 돋보이는 귤밭 옆 카페

TV 프로그램 <무한도전>에서 이효리가 무도 멤버들에게 요가를 전수해주던 곳을 기억하는가? 널찍한 공간, 시원한 창문 그리고 곳곳에 서 있던 식물들. 그곳이 바로 카페 더리트리브. 제주의 오래된 상가를 개조해 만들었는데, 지금도 그때의 흔적이 곳곳에 남아있다. 한쪽에는 오래된 소품을 판매하는 숍도 있다. 카페는 귤밭과 이웃해있다. 큰 창문 밖으로 귤밭이 한눈에 들어와 제주다움을 느끼기에 더없이 좋다. 직접 로스팅하는 커피 맛도 일품인데 특히 쫀득한 거품 맛이 특별한 카페라테의 인기가 제일 좋다.

☕ 인스밀

📍 서귀포시 대정읍 일과대수로27번길 22 📞 0507-1352-5661
🕐 4~10월 10:30~20:30 11월~3월 11:30~18:30(연중무휴) ⓘ 주차 가능

제주 감성이 스민 빈티지 카페

제주 서부의 카페 중 대표적인 핫플레이스이다. 제주 출신 인테리어 디자이너 문승자와 그의 고향 친구들이 오래된 곡물창고를 빈티지 카페로 탈바꿈시켰다. 곡물창고를 최대한 살리려고 애쓴 점이 인상적이다. 곡물창고에서 쓰던 물건들을 세련되게 재배치하였는데, 익숙한 듯 새롭고 매력적이다. 인테리어 소품부터 테이블까지 공동 주인들의 손길이 세심하게 느껴진다. 옥상에 오르면 시원한 제주 바다가 보이고 정원으로 가면 야자수가 손님을 반긴다. 제주의 감성이 스민 인스밀에선 시간이 구름처럼 느리게 흐른다.

미쁜제과

📍 서귀포시 대정읍 도원남로 16(신도리 2349-13)

📞 070-8822-9212 🕐 09:00~20:00 ⓘ 주차 가능

인기 절정의 한옥 빵집

대정읍 신도리에 있는 미쁜제과는 요즘 서귀포 서부에서 가장 핫한 베이커리이다. 빵이나 음료도 맛이 좋기로 평이나 있지만 무엇보다 건물 자체로 명성을 제대로 얻고 있다. 건물이 멋스러운 한옥이다. 한옥에서 파는 빵 맛은 어떨까? 한옥 안으로 들어가면 화려한 빵이 두 눈을 사로잡고 코끝을 간지럽힌다. 프랑스 유기농 밀가루만 사용해 빵을 만든다. 3~7일 자연 숙성한 천연발효종으로 빵을 만들기 때문에 몸에 좋은 건 당연하다. 빵뿐만 아니라 토끼 모양 귀가 달린 레빗 케이크, 요거트 머랭 쿠키, 감귤주스, 제주말차주스 등도 인기가 좋다. 빵집이 해안도로와 이웃해있어서 멀리 바다가 보인다. 넓은 잔디밭에 나무 의자, 나무다리, 그네 등이 있어서 야외에서 놀기도 좋다. 빵집에 들른 후 노을해안로 드라이브를 즐기기 좋다. 화산 교과서로 불리는 수월봉에서 가깝다.

위이

◎ 서귀포시 안덕면 신화역사로 682번 길 12
☎ 010-9249-5881 ⏰ 매일 10:00~21:00(라스트오더 19:45) ₩ 1만6천원부터

브런치 카페이자 와인 전문점

안덕면 중산간 동광리에 있는 브런치 카페이다. 위이wiee는 와인Wine의 영문 알파벳 'wi'와. 커피Coffee의 'ee'를 조합하여 상호를 지었다. 옛 제주 건물을 모던하게 리모델링했다. 메인 메뉴로는 홍가리비 오일 파스타, 떡갈비식 미트볼 그라탱 등이 있다. 브런치 메뉴로는 양송이 앙쿠르트 수프, 터키쉬 에그, 프렌치토스트, 새우 오픈 샌드위치를 판매한다. 어느 하나 맛없는 메뉴가 없다. 이 집의 또 다른 매력은 전망이다. 푸른 초원 위에 솟은 듯한 산방산 풍경이 평화롭고 아름답기 그지없다. 특히 해가 질 때는 영화의 한 장면 같다.

사계생활

◎ 서귀포시 안덕면 산방로 380(사계리 2819-1) ☎ 064-792-3803 ⏰ 10:00~18:00 ₩ 5천원부터

커피도 마시고 기념품도 사고

매거진 <iiin>을 만드는 '제주상회'가 운영하는 문화 프로젝트 공간이다. 서귀포시 안덕읍 사계리의 농협 건물을 수리하여 사용하고 있다. 1층은 카페와 기념품 가게이다. 다양한 기념품과 제주 관련 책, 디자인 제품, 제주 작가들의 작품 등을 전시 판매하고 있다. 커피를 마시며 전시 상품들을 구경할 수 있어서 좋다. 2층에서는 제주를 주제로 다양한 전시를 선보이고 있다. 또 사계 마을에 머무르며 작업을 하고 싶은 이들을 위한 협업 공간으로 활용하기도 한다. 사계생활엔 농협 시절의 흔적이 곳곳에 남아있어 흥미롭다. 1층 카페의 라운지 바는 은행 창구 테이블을 그대로 사용하고 있고, 2층 전시실은 옛 금고를 그대로 쓰고 있다.

서귀포시
동부권

성산읍·표선면·남원읍

서귀포시 동부권 지도

안돌오름

송당리

백약

에코랜드

절물자연휴양림

교래자연
휴양림

산굼부리

1112

97

보롬왓

사려니숲길
주차장

목장카페
드르쿰다

목장카페
밭디

물찻오름

붉은오름

사려니숲길
붉은오름 입구
주차장

대록산

따라비오름

사려니숲길

유채꽃프라자

1131

유채꽃 축제장
(조랑말 체험공원)

녹산로
(유채꽃 도로)

가시리

1118

자연사

나목도식당

가시식당

1115

메밀밭에가시리

신흥리

1136

휴애리 자연생활공원

남원읍

알맞은시간

1132

동백포레스트

제주동백수목원

세러데이아일랜드

카페 이피엘
(EPL)

위미동백
군락지

마르레

섬소나이 위미점

모노클제주

남원포구

서연의집

위미항

와랑와랑

남원큰엉 한반도숲

비자림

제주레일바이크

용눈이오름

6

금백조로

카페 오른

두산봉(2km)

복자씨
연탄구이

성산읍

플레이스
캠프제주

도렐 제주 본점

맛나식당

성산포항
(우도행
여객선)

오르다
성산포해녀물질공연장

등경돌식당

성산일출봉

광치기
해변

유채꽃단지
(성산포 JC공원)

경미네집

빛의벙커

서귀피안
베이커리

신양섭지
해수욕장

해왓

가시아방국수

아쿠아플라넷제주

유민미술관

섭지코지

수산리

1119

혼인지

온평리

온평포구

1136

을민속마을

삼달리

제주 올레 3코스

카페 아오오

김영갑 갤러리
두모악

아줄레주

신풍목장

신천목장

제주허브동산

표선해수욕장

제주민속촌

화리

광어다 표선본점

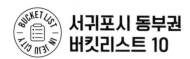

서귀포시 동부권 버킷리스트 10

MUST GO

01
성산 일출봉 오르기

동부 제일의 절경이다. 육지가 아니라 바다에서 화산이 폭발하여 일출봉이 생겨났다. 8만여 평의 사발 모양 분화구가 장관이다. 정상에서 바라보는 동부의 오름 군락과 한라산 풍경도 환상적이다.

02
빛의 벙커에서 미디어아트 감상하기

요즘 제주에서 가장 핫한 곳 가운데 하나이다. 미디어아트 기술을 활용하여 음악과 함께 만든 모네, 르노아르, 샤갈의 영상전을 열고 있다. 벙커 모든 공간에 작품을 투사한다. 그림이 생동감 있게 펼쳐져 입이 떡 벌어진다.

03
섭지코지와 제주 바닷속 즐기기

섭지코지는 일출봉과 더불어 동부의 핵심 명소이다. 바다와 초원, 말과 바람이 어우러져 가장 제주다운 풍경을 연출해준다. 섭지코지가 지상의 아름다움을 보여준다면, 아쿠아플라넷은 제주 바다의 아름다움을 보여준다. 해녀들의 물질 시연도 구경할 수 있다.

04
중산간 꽃밭에서 인생 사진 찍기

서귀포시 동부의 중산간 평원 보롬왓에 가면 색채의 향연이 펼쳐진다. 청보리, 메밀꽃, 라벤더, 수국, 다시 메밀꽃, 맨드라미. 봄부터 가을까지 형형색색 꽃들이 저절로 카메라를 들게 한다. 보롬왓은 제주어로 '바람의 언덕'이라는 뜻이다. 이름도 아름다운 보롬왓으로 가자.

05
녹산로에서 드라이브 즐기기

녹산로는 표선면 가시리 사거리에서 조천읍 교래리 비자림로의 제동목장 교차로까지 이어진다. 유채와 벚꽃이 함께 피는 풍경이 장관이다. 4월 초 조랑말체험공원에서 유채꽃 축제가 열린다.

06
동백꽃 아래에서 인생 샷 찍기

제주도에서 동백이 가장 아름다운 곳이다. 12월부터 2월까지 물감을 풀어놓은 듯 천지가 붉게 변한다. 동화의 나라에 와 있는 것처럼 신비롭고 몽환적이다. 포즈만 취하면 인생 사진이 나온다. 동백수목원과 동백포레스트가 쌍벽을 이룬다.

07
혼인지 수국과 한반도 숲에서 인생 사진을

혼인지는 형형색색 피어나는 수국 명소이다. 6월 초중순에 절정을 이루는데, 잔디밭과 산책로를 따라 핀 보랏빛 수국이 황홀경을 선사한다. 봄부터 가을 사이에 제주를 여행한다면 남원큰엉의 한반도 숲으로 가자. 그야말로 핫한 인생 샷 명소이다.

MUST EAT

01
고기국수와 흑돼지 맛집 투어

성산읍의 가시아방국수는 고기국수의 신흥 강자이다. 성산읍의 복자씨연탄구이는 바다를 감상하며 흑돼지를 즐길 수 있는 맛집이다. 풍경뿐 아니라 고기 맛도 훌륭하다. 표선면 가시리의 가시식당과 나목도식당은 두루치기와 몸국의 진수를 보여준다.

02
서귀포 동부의 카페 투어

커피 맛이 좋은 도렐 제주 본점, 일출봉과 우도를 품은 인생 사진 성지 해일리 카페, 풍경이 환상적인 초대형 스튜디오 카페 드르쿰다인 성산, 포르투갈에 온 듯한 아줄레주, 영화 건축학개론의 무대 서연의 집. 어디를 가든 제주 감성에 흠뻑 빠져들 것이다.

03
수제 맥주 축제 즐기기

플레이스캠프 제주는 숙박하지 않아도 즐거움이 넘치는 곳이다. 특히 여름에 열리는 맥주 축제 '짠'이 유명하다. 더부스, 세븐브로이, 구스아일랜드, 브루클린 브루어리…… 50여 종의 수제 맥주를 마음껏 마실 수 있다.

📷 두산봉

📍 서귀포시 성산읍 시흥리 산1-5 ⓘ **주차** 오름 초입에 제주올레 안내소가 있다. 이곳에 차를 세울만한 작은 공간이 있다.

동쪽 최고 전망 명소

두산봉은 노랗고 푸른 밭과 제주 동쪽 바다, 우도와 성산일출봉을 한 시야에 담을 수 있는 오름이다. 올레 1코스 시작점인 시흥초등학교를 출발해 잠시 밭담 길을 걷다 보면 두산봉(말미오름) 입구에 다다른다. 동쪽 끝에 있어 말미(尾)라는 별명을 얻었다. 순수 높이가 101m에 지나지 않고, 오르는 길도 완만해 큰 어려움 없이 정상에 오를 수 있다. 15분 내외면 전망대에 도착한다. 들이는 수고는 적지만 정상 풍경은 압도적이다. 섭지코지, 성산일출봉, 우도와 종달리 해안을 파노라마 뷰로 감상할 수 있다. 오름 아래로는 오밀조밀, 마치 대지 예술처럼 아름다운 푸른 밭이 한눈에 내려다보인다. 경계선처럼 보이는 밭담을 기준으로 짙은 푸른색이면 당근밭이고 조금 연한 푸른색이면 무밭이다. 두산봉의 안쪽에는 2차 분화로 생겨난 '새끼' 화산 알오름(말산뫼)이 있다. 두산봉이 낳은 '알'과 같다고 해서 붙은 이름이다. 두산봉과 알오름 사이는 환상적인 숲길이다. 내친김에 알오름까지 걸어보자.

주특별자치도청

📷 성산일출봉

📍 서귀포시 성산읍 일출로 284-12(성산리 114)

세상에서 가장 아름다운 일출

화산은 제주의 어머니다. 화산이 폭발하지 않았다면 신비롭고 매혹적인 제주도는 존재할 수 없었다. 일출봉도 화산이 만들었다. 약 90만 년 전이었다. 바다 깊은 곳에서 마그마가 물 위로 솟구쳤다. 화산 폭발이 어찌나 컸던지 바다 위로 잠실종합운동장보다 몇 배가 큰 분화구가 생겼다. 분화구의 넓이는 무려 8만 평이다.

일출봉은 오름이나 한라산과 달리 마그마가 땅이 아니라 바닷물 속에서 분출하여 생긴 수성 화산체이다. 생성 당시엔 본섬과 떨어진 섬이었다. 오랜 시간을 두고 모래와 자갈이 쌓이면서 본토와 이어지게 되었다. 정상까지는 20분 남짓이면 오를 수 있다. 정상에서 바라보는 분화구는 신비롭고, 장엄하다. 분화구 안은 넓은 풀밭인데 예전엔 이곳에서 말을 키웠다. 바위 봉우리 아흔아홉 개가 분화구를 근위병처럼 감싸고 있다. 멀리서 보면 생김새가 성처럼 보여 '성산'이라는 이름을 얻었다. 정상에 서면 우도와 제주 동부 오름의 멋진 풍경이 한눈에 들어온다. 성산포에서 우도로 가는 배를 탈 수 있다.

📷 성산포해녀물질공연

📍 서귀포시 성산읍 일출로 284-34 📞 064-783-0959, 1135 🕐 매일 13:30, 15:00(1일 2회 공연/공연시간 확인 후 방문)
₩ 무료 ⓘ **주차** 성산일출봉 주차장((서귀포시 성산읍 성산리 1)

우뭇개 해안서 펼쳐지는 해녀 물질공연

성산포해녀물질공연장은 성산 어촌계 소속 해녀들이 물질을 시연하는 공연 프로그램이다. 성산일출봉 매표소에서 무료탐방 코스 쪽으로 이동하다 보면 '우뭇개' 해안에 다다른다. 바로 이곳에서 해녀들이 물질하는 과정을 공연으로 볼 수 있다. 물질은 해녀들이 바다에 들어가 전복, 소라, 해조류 등을 채취하는 일련의 과정을 일컫는다. 공연은 어촌계 소속 해녀 100여 명이 10개 조를 편성해 매일 오후 1시 30분과 3시 두 차례에 걸쳐 진행한다. 유네스코 인류무형문화유산으로 등재된 해녀들의 물질 과정 전체를 설명하고 해녀와의 기념촬영 등을 할 수 있는 특별한 경험을 선사한다. 물질공연은 제주인의 삶을 그대로 반영한 데다 다른 지역에서는 보기 어려운 공연이라 꾸준히 인기를 끌고 있다. 해녀들이 물질할 때 내는 독특한 숨소리를 숨비소리라 부른다. 힘든 물질을 하며 해녀들이 내는 생명의 소리다. 공연 관람이 소멸 위기에 놓인 해녀 문화의 보존과 전승에 큰 힘이 될 것이다.

📷 광치기 해변

📍 서귀포시 성산읍 고성리 224-33(성산포 JC공원)

용암이 만든 해안 절경

광치기 해변은 성산일출봉을 가장 드라마틱하게 조망할 수 있는 곳이다. 해변에서 보는 일출봉의 일출은 정말 장관이다. 광치기 해변은 성산일출봉이 탄생할 당시의 용암이 식어 만들어낸 특유의 화산 지질이다. 썰물 때 그 속살을 자세히 들여다볼 수 있는데, 바닷속 넓은 평원은 마치 여러 겹의 시루떡을 쌓아 놓은 것 같다. 물이 빠져나가면 굽이굽이 물길이 생기고, 곳곳에 있는 웅덩이엔 작은 연못이 들어선다. 여기에 동터오는 하늘과 일출봉이 더해지면 아름다움을 넘어 신비롭기까지 하다. 일출 무렵 광치기 해변 바위에 서 있다면 마치 원시의 자연을 보고 있는 착각이 들 것이다. 봄이면 해안 사구를 따라 유채꽃이 만발하여 장관을 이룬다. 조랑말을 타고 해안을 돌아보는 투어도 가능하다. 시간 여유가 있다면 광치기 해안에서 가까운 오조리 해안 습지도 둘러보자. 제주도의 이름난 철새 도래지로 탐조객들의 발길이 이어진다.

📷 플레이스캠프 제주

📍 서귀포시 성산읍 동류암로 20 📞 064-766-3000 ☰ www.playcegroup.com

축제, 공연, 영화가 끊이지 않는다

성산일출봉 부근에 있는 플레이스캠프 제주는 숙소지만 숙소를 넘어서는 공간이다. 'Not Just a Hotel'이라는 슬로건이 그 사실을 말해주고 있다. 플레이스 캠프 제주는 트렌디한 복합문화 공간을 지향하고 있다. 235개 객실 중에는 책 200여 권으로 꾸민 '문학과지성사' 룸이 인상적이다. 호텔 중앙에 커다란 광장이 있는데, 이곳에서는 정기적으로 플리마켓Flea market, 벼룩시장과 공연이 열린다. 여름에는 맥주 페스티발 '짠'이 광장에서 열린다. 짠 페스티벌에서는 전 세계 50여 종의 수제 맥주를 마음껏 마실 수 있다. '더부스 브루잉', 대통령이 선택한 맥주 '세븐브로이', 뉴욕을 마시다 '브루클린 브루어리', 시카고에서 온 최고의 맥주 '구스 아일랜드' 등이 매년 여름 맥주 마니아들을 불러 모은다. 플레이스 캠프 안에는 레스토랑, 카페와 베이커리도 9개가 있다. 커피 맛과 분위기가 좋기로 유명한 카페 & 베이커리 도렐, 낮에는 분식점이었다가 밤에는 선술집으로 변모하는 폼포코 등이 대표적이다. 숙박을 하지 않아도 즐거움이 넘치는 곳, 플레이스 캠프 제주엔 365일 여행자의 발길이 끊이지 않는다.

📷 섭지코지

📍 서귀포시 성산읍 고성리 62-3

아, 이곳에 오래 머물고 싶다

섭지코지를 보지 않고 제주를 보았다고 할 수 있을까. 섭지코지! 왠지 지명만 듣고도 묘하게 끌리는 느낌이 든다. '섭지'는 좁은 땅, '코지'는 곶의 제주어이다. 하늘과 바람과 풍경이 만나 한없는 평화를 자아내는 곳, 어디로 눈을 돌려도 시린 바다가 넘실대고, 초원에선 조랑말이 한가로이 풀을 뜯는다. 저 너머로는 성산일출봉과 몽글몽글 솟은 오름, 그리고 바다 건너 우도까지 한눈에 다가온다.

섭지코지는 이른 새벽, 일출 시각에 맞춰 가는 게 가장 좋다. 환상 풍경은 새벽에 일어나는 수고로움조차 감사하게 만든다. 붉은 빛무리는 초원과 서걱거리는 억새, 그리고 끝없이 펼쳐진 바다를 황홀하게 비추며 평생 잊을 수 없는 장관을 연출해준다. 섭지코지 정문에서 이어진 산책로도 좋지만 휘닉스 제주 쪽에서 이어진 산책로가 더 좋다. 붉은 화산 송이가 깔린 산책로를 따라 억새와 야생화를 즐기다 언덕에 오르면 갑자기 와락 펼쳐지는 풍경에 눈이 저절로 시원해진다. 협자연대와 등대길도 추천한다.

📷 아쿠아플라넷 제주

📍 서귀포시 성산읍 섭지코지로 95(성산읍 고성리 127-1) 📞 1833-7001
🕐 09:30~18:00(17:00 매표 마감), 연중무휴 ₩ 42,400(성인 종합권) ☰ www.aquaplanet.co.kr/jeju/

제주 바다를 통째로 옮겨놓은 듯

아이들과 여행한다면 아쿠아플라넷을 코스에 넣는 것도 좋을 것이다. 매머드 급의 수족관과 다채로운 수중 공연으로 가족 여행지로 제격이다. 입구부터 대형 전망 창을 통해 펼쳐지는 섭지코지와 성산일출봉의 풍광이 보는 이를 압도한다. 천정에 떠 있는 대형 가오리를 올려다보는 순간 어른들의 마음까지 설레게 된다. 바닥에서 천정으로 이어진 투명 터널 관을 쉴 새 없이 오가며 말 그대로 춤을 추는 댄싱 물범도 놓칠 수 없는 구경거리다. 정어리 떼와 상어가 머리 위로 휙휙 지나가는 수중 터널은 너무 짧게 느껴질 정도로 환상적이다.

그러나 아쿠아플라넷의 백미는 지하 1층의 대형 수족관이다. 상어부터 돌고래, 바다코끼리, 가오리, 다양한 열대어와 토종 어류까지 헤아릴 수 없는 어종을 구경할 수 있다. 특히 해녀들의 물질 시연은 전국의 아쿠아리움을 통틀어 이곳에서만 볼 수 있다. 가로 23미터 세로 8.3미터에 이르는 초대형 메인 수조 앞에 서 있으면 마치 바닷속에 있는 듯한 느낌을 받는다. 추가 티켓이 필요한 오션아레나 공연도 볼 만하다. 수중 발레 공연도 멋지지만, 특히 물개 체험과 돌고래 쇼 앞에서는 아이들의 함성이 끊이질 않는다.

📷 유민미술관

📍 서귀포시 성산읍 섭지코지로 107 📞 064-731-7791 🕐 09:00~18:00(화 휴무)
₩ 성인 12,000원 어린이·청소년 9,000원 ⓘ 주차 전용 주차장

국내 유일 아르누보 유리공예 미술관

제주도의 동쪽 끝 섭지코지에 있다. 한 아르누보 공예예술품 전문 미술관으로,
세계적인 건축가 안도 다다오가 설계했다. 아르누보는 새로운 예술을 뜻하는 프
랑스어다. 19세기 말에서 20세기 초까지 세계적으로 일어났던 공예·디자인 운동
을 말한다. 에밀 갈레와 돔 형제, 외젠 미쉘, 르네 랄리크 등 주로 자연주의적인 소재
와 영감을 표현한 프랑스 낭시 지역 아르누보 작가들의 작품 50여 점을 감상할 수 있다.
미술관은 제주의 자연과 지형적 특징을 콘셉트로 야외 정원을 비롯해 영감의 방, 명작의 방, 아르누보 전성기의
방, 램프의 방 등 4개의 전시실을 갖췄다. 특히 입구에 설치된 샤이닝 글라스가 인상적이다. 미러 글라스로 제작
돼 비추는 기능과 빛나는 기능을 동시에 갖췄다. 들어오는 빛이나 보는 각도에 따라 풍광과 글라스의 색깔이 변
해 신비로운 느낌을 준다. 샤이닝 글라스 앞에서 사진을 찍으면 섭지코지 등대와 안도 타다오가 설계한 글라스
하우스를 한 프레임에 담을 수 있다.

📷 빛의 벙커

📍 서귀포시 성산읍 서성일로 1168번길 89-17 A동 📞 1522-2653
🕐 10:00~18:20(입장 마감 17:30) ₩ 예산 1만원~1만8천원

놀랍고 감동적이다, 모네·르누아르·샤갈

요즘 제주에서 최고의 핫 플레이스는 단연 '빛의 벙커'이다. 이곳은 전시장인데, 이름에서 알 수 있듯 벙커에 만들어졌다. 제주 성산읍에 있는 이 벙커는 넓이가 약 1천평이고, 높이는 6m에 이른다. 현재 고흐와 그의 친구 고갱의 작품 전시와 모네와 르누아르, 샤갈의 입체 영상전에 이어 폴 세잔과 칸딘스키의 미디어아트 전시가 열리고 있다. 프랑스 회사 컬처스페이스가 개발한 미디어아트 기술을 활용하여 음악과 함께 만든 영상 75개를 100대의 프로젝트로 벙커 모든 공간에 투사하는 전시다. 전시는 입을 떡 벌어지게 만든다. 컴컴한 벙커 안으로 들어가면 아무 소리가 들리지 않다가 갑자기 대가들의 그림이 마치 살아있는 것처럼 영상으로 나타난다. 벽, 천장, 바닥 모두 영상이다. 마치 그림 안으로 들어온 것 같은 착각이 든다. 아름다운 음악 소리와 영상이 함께 해 더욱 몽환적이다. 영상 길이는 30분이지만 시간은 금세 지나간다. 제주 동부를 찾았다면 절대 놓치지 말아야 할 곳이다.

©이다해

📷 혼인지

📍 서귀포시 성산읍 혼인지로 39-22(온평리 1693) 📞 064-710-6798 🕐 매일 08:00~17:00

수국 명소에서 인생 사진을

혼인지는 탐라의 삼신인三神人 고·양·부의 혼인 설화가 서린 곳이다. 세 신인이 세 처녀를 만나 연못 혼인지에서 결혼하고 아이를 낳고 농사를 짓기 시작했다. 혼인지는 제주 연못의 백미 가운데 하나이다. 특히 붉은 연꽃이 청초하고 아름답다. 연못에서 이어진 산책로를 따라가면 자그마한 천연동굴이 나온다. 이름은 신방굴인데, 세 신인이 혼례를 치른 뒤 첫날밤을 보낸 곳이다. 결혼 스토리 때문일까? 혼인지에서 지금도 간혹 전통 혼례가 열린다. 여행객들은 전화 또는 휴대전화로 최소 하루 전까지 예약하면 혼례복을 입고 전통 혼례 체험을 할 수 있다. 매년 10월 혼인지 축제 기간에는 혼인 설화 재현 행사와 제주의 전통 혼례를 시연하는 행사가 열린다. 여행자에게 혼인지는 삼신인 설화나 전통 혼례보다 벚꽃과 수국 명소로 더 유명하다. 봄 벚꽃도 유명하지만, 형형색색 피어나는 매혹적인 수국 명소로 더 많이 알려져 있다. 수국은 6월에 초중순에 절정을 이룬다. 잔디밭과 돌담 아래, 산책로를 따라 핀 보랏빛 수국이 황홀경을 선사한다.

📷 신풍목장

신풍목장 📍 서귀포시 성산읍 일주동로 5417(신풍리 33) 📞 010-6623-3322(신풍승마장)
신천목장 📍 서귀포시 성산읍 일주동로 5419(신천리 36)

여름엔 푸른 초원, 겨울엔 귤빛 향연

신풍리 해변에 펼쳐진 신풍목장과 신천목장은 푸른 초원에서 말과 소가 뛰노는 모습과 제주 동부의 아름다운 바다까지 감상할 수 있는 이국적인 곳이다. 초원 앞에 끝없이 펼쳐진 바다 덕분에 눈 맛이 시원해 제대로 여행을 즐기고 있는 듯한 기분이 든다. 새싹이 돋는 봄과 풀이 무성한 여름만 아름다운 것은 아니다. 겨울이 오면 광활한 목초지에는 놀랍게도 오렌지빛 향연이 펼쳐진다. 목초지에 말리는 귤껍질이 가득한데 멀리서 보면 그 모습이 거대한 대지예술 같다. 옥빛 바다 앞에 펼쳐진 주황의 물결을 보려고 일부러 겨울에 찾는 여행객이 늘고 있다.

신천목장과 신풍목장은 표선과 성산 사이의 일주도로에서 찾아 들어가면 된다. 신천목장은 탐방객을 위해 목장 출입로를 개방해 놓았는데, 온평리 해안으로 가는 길로 접어들면 바다목장에 이른다. 길 오른편엔 신천목장 돌담이 왼편엔 신풍목장 돌담이 서로 마주하고 있다. 돌담 너머로 풀 뜯는 신풍목장의 조랑말과 신천목장의 소 떼를 함께 볼 수 있다. 여유롭게 목장길 산책을 즐기다 말을 타고 색다른 산책을 해보고 싶다면 신풍목장의 승마장을 이용하면 된다.

©이다해

📷 휴애리자연생활공원

📍 서귀포시 남원읍 신례동로 256
📞 064-732-2114 🕐 09:00~19:00(입장 마감 하절기 17:30, 동절기 16:30)
₩ 성인 1만3천원 청소년 1만1천원 어린이 1만원

매화, 수국, 감귤, 핑크뮬리, 동백

서귀포시 남원읍 신례리 중산간에 있는 체험 공원이다. 휴애리에선 사계절 내내 꽃과 감귤을 주제로 한 체험 축
제가 열린다. 2월~3월엔 봄을 여는 매화 축제가 열린다. 매화정원과 매화 올레길을 산책하며 봄을 만끽할 수 있
다. 4월부터 7월까지는 공원이 수국 꽃밭으로 변한다. 하양, 보라, 붉은 수국이 너무 매혹적이어서 저절로 카메라
를 들게 된다. 8~9월엔 어린이를 대상으로 청귤 따기 체험 프로그램을 운영한다. 9월부터 11월까지는 핑크핑크
한 핑크뮬리 축제가 열린다. 그리고 11월~12월엔 애기 동백 축제가 열린다. 추운 겨울 홀로 붉게 빛나는 동백은 몽
환적인 풍경을 연출해준다. 그 모습이 너무 아름다워 포토존으로 달려가지 않을 수 없다. '흙돼지야 놀자, 거위야
놀자' 프로그램도 재밌다. 흙돼지를 구경하며 거위의 공연을 관람할 수 있고, 직접 먹이 주기 체험에도 참여할 수
있다. 사계절 즐거움이 넘치는 곳, 여기는 휴애리이다.

📷 제주동백수목원

📍 서귀포시 남원읍 위미리 929-2 📞 064-764-4473

🕐 09:00~17:00(12월~2월, 개화 시기에 조금 유동적) ₩ 입장료 5천원~8천원

겨울 내내 붉음, 신비롭고 몽환적이다

동백은 겨울의 여왕이다. 제주도에선 어디서든 동백을 볼 수 있다. 그중에서도 가장 아름다운 곳을 한 곳 꼽으라
면 남원읍 위미리의 제주동백수목원을 맨 앞자리에 놓겠다.

주차장에 차를 세우고 돌담길을 따라 농원 진입로로 들어서면 동글동글 푸른 솜사탕처럼 생긴 동백나무가 시선
을 잡아당긴다. 5m가 넘는 애기동백나무 백여 그루가 농원을 가득 채우고 있다. 유럽의 정원수처럼 잘 가꾸어 놓
아 그 모습이 한없이 이국적이다. 12월부터 2월까지 동백농원은 일부러 물감을 풀어놓은 듯 천지가 붉게 변한다.
동화의 나라에 와 있는 것처럼 신비롭고 몽환적이다. 어디서, 어떤 앵글로 사진을 찍어도 그대로 '인생샷'이 된다.
천천히 거닐며 모델처럼 멋진 포즈도 취해보고, 여유롭게 동백의 아름다움에 젖어들자. 어느 순간, 당신의 마음
도 저절로 깊어져 한껏 붉게 물들 것이다.

📷 동백포레스트

📍 서귀포시 남원읍 생기악로 53-38 📞 0507-1331-2102 🕐 매일 09:00~17:30
₩ 입장료 성인 6천원, 어린이·제주도민 4천원, 7세 이하 유아 무료(반려견 10㎏이하 입장 가능) ⓘ **주차 가능**

환상 동화 속으로 들어온 듯하다

11월부터 2월까지, 동백포레스트엔 붉은 동백이 몽환적으로 피어난다. 둥글게 잘 가꾼 동백이 마치 붉은 풍선 같다. 매표소로 가면 티켓 대신 동백꽃을 닮은 스티커를 준다. 이윽고 안으로 들어가면 하얀 벽에 오렌지빛 기와지붕을 이고 있는 카페 동백포레스트가 나타난다. 건물이 지중해의 작은 별장을 옮겨온 듯 매력적이다. 이름은 카페이지만 사실은 건물 전체가 포토존이다. 1층은 3면으로 큰 창을 낸 포토존이다. 창문이 곧 액자가 된다. 2층으로 오르면 전망대이다. 멋진 동백숲 파노라마를 즐길 수 있다. 1층 포토존에서도, 2층 전망대에서도 카메라 셔터를 누르면 그대로 작품이 된다. 카페 밖 하얀 의자도 멋진 포토존이다. 촬영을 마쳤다면 동백숲을 산책할 차례다. 나무에도 꽃, 바닥에도 꽃이다. 마치 환상 동화 속으로 들어온 기분이 들어 콩닥콩닥 가슴이 뛴다. 아마도 오래 황홀경에서 빠져나오지 못할 것이다.

📷 녹산로

📍 서귀포시 표선면 녹산로 381-15(가시리 3149-33)

유채와 벚꽃이 같이 피는 환상 풍경

서귀포시 표선면 가시리 사거리에서 제주시 조천읍 교래리 제동목장 입구 교차로까지 이어지는 도로다. 길이는 약 10km이다. 용담해안로, 비자림로, 애월해안로, 해맞이해안로, 금백조로, 1100도로……. 제주도엔 드라이브 코스로 이름난 도로가 많다. 녹산로도 이들 도로에 뒤지지 않는다. 특히 봄철엔 녹산로 앞에 제주의 모든 도로가 고개를 숙인다. 3월 말과 4월 초에 렌터카로 제주도를 여행한다면 녹산로를 방문 1순위로 올려놓아야 한다. 도로 양옆으로 유채꽃과 벚꽃이 같이 피는데 그 모습이 환상적이다. 땅엔 노란 유채꽃, 하늘엔 새하얀 벚꽃! 당신은 창문을 열고 감탄사를 쏟아낼 것이다. 그러다가 흥을 참지 못하고 차에서 내려 카메라를 들게 될 것이다. 4월 초 녹산로 옆 조랑말체험공원에서 열리는 유채꽃 축제에 참여한다면 금상첨화가 아닐까 싶다.

📷 유채꽃프라자

📍 제주 서귀포시 표선면 녹산로 464-65 📞 064-787-1665 🕐 매일 09:00~17:30 ₩ 없음

사시사철 아름다운 가시리!

우리나라에서 가장 이쁜 마을을 하나 꼽으라면, 단연코 나는 가시리 마을을 떠올릴 것이다. 가시리의 봄은 유채
꽃과 벚꽃이 만발한 녹산로로, 여름은 푸르른 녹음으로, 가을은 온 세상을 뒤덮은 억새로, 겨울은 쇠보름소바람과
눈꽃으로 아름다우니 사시사철 아름다운 마을인 셈이다. 아름다운 마을 가시리 사람들이 녹산로 한가운데에 유
채꽃 프라자를 열었다. 유채꽃 프라자는 복합문화공간으로 저렴하게 차도 마실 수 있고, 전망대에 올라 가시리
의 아름다운 풍광 곳곳을 두 눈 가득 담을 수 있는 곳이다. 가시리 마을은 제주에서도 인적이 드문 중산간 마을이
다. 예술인 마을 또는 몇몇 맛집으로 알려지기도 했지만, 유명해지기 시작한 것은 마을에서 유채꽃을 파종하면
서부터. 가시리 '녹산로 유채꽃길'은 봄철 제주 여행의 대명사가 되었다. 물론 가시리는 유채꽃만 유명한 게 아
니다. 가을에 녹산로 입구에 있는 따라비 오름의 억새가 만발하여 바람에 춤을 추기 시작하면 꽃이 주는 아름다
움과 또 다른 멋을 제공한다. 유채꽃 프라자는 아름다운 가시리의 모든 걸 보여주는 곳이다.

📷 보롬왓

📍 서귀포시 표선면 번영로 2350-104(표선면 성읍리 3229-4) 📞 064-742-8181
🕐 09:00~18:00(1월 5일~2월 28일 휴무) ₩ 성인·중고생 6천원 경로·제주도민 5천원 초등학생 4천원

환상 꽃밭, 제주도의 후라노

바람 부는 제주에는 돌도 많지만, 당신의 눈을 매혹할 멋진 꽃밭도 많다. 보롬왓도 그 중 한 곳이다. '보롬'은 제주
어로 바람을 뜻하고, '왓'은 밭과 언덕을 말하는 제주 사투리다. 표준어로 풀면 '바람이 부는 언덕'이라는 의미다.
보롬왓엔 늘 색채의 향연, 꽃 사태가 벌어진다. 청보리, 메밀꽃, 라벤더, 수국, 다시 메밀꽃⋯⋯. 봄부터 가을까지
아름다운 꽃이 당신의 눈을 매혹한다. 보롬왓에서는 1년에 두 번 메밀꽃 축제를 연다. 5월과 9월을 기억하자. 소
금을 뿌린 듯, 설탕을 뿌린 듯, 봄과 가을마다 표선의 중산간 마을은 순수의 시대로 돌아간다. 먹을거리 축제, 음
악 공연, 인형극 등도 함께 열린다. 가을이 무르익으면 당신은 조바심을 낼지도 모르겠다. 하지만 보롬왓은 '그
대, 걱정하지 말아요' 하고 말한다. 왜냐하면, 11월에도 메리골드와 맨드라미가 넓은 들판에 가득 피어나기 때문
이다. 겨울이 다가오고 있다. 당신은 다시 조바심이 날 것이다. 그래도 걱정할 필요 없다. 왜냐하면, 겨울은 눈꽃
이 가득 피어나니까! 눈이 쌓인 넓은 들판은 설국이고, 그대로 겨울 왕국이다.

📷 제주허브동산

📍 서귀포시 표선면 돈오름로 170
📞 064-787-7362~3 🕐 매일 09:00~22:00
₩ 성인·청소년·어린이 1만5천원

낮엔 허브와 꽃, 밤엔 빛의 향연

다양한 허브 식물, 야생화, 핑크뮬리……. 150종이 넘는 허브와 다양한 꽃이 자라는 각양각색의 정원이 인상적이다. 산책로를 따라 다양한 정원과 작은 동산을 구경하는 재미가 쏠쏠하다. 2천여 평의 감귤 체험 농장도 있다. 상시 크리스마스 포토존, 홍학 포토존, 하트 언덕길, 귀신의 숲……. 허브동산엔 포토존이 정말 많다. 그래서일까? 꽃과 정원, 사진 찍기 좋아하는 여성 여행자가 많이 찾는다. 허브동산의 밤은 낮보다 더 아름답다. 밤마다 넓은 정원이 형형색색 조명으로 가득 차 낮보다 더 화려한 풍경을 연출해준다. 300만 개 조명이 건물 외벽에 빛을 비추는 미디어 파사드가 더해지면 더욱 황홀하고 신비롭다. 제주도에서 손꼽히는 야경 명소이다. 여행자들이 멋진 야경을 배경으로 인생 사진을 찍는다. 아로마 황금 족욕, 아로마테라피, 비누 만들기 체험 등도 할 수 있다. 허브동산 안에 숙박시설도 있다. 침실에서 일출과 바다, 한라산을 조망할 수 있다.

📷 표선해수욕장

📍 서귀포시 표선면 표선리 40 ⓘ 주차 전용 주차장

동남부 최고 해변

표선해수욕장은 제주도 동남부에서 가장 인기가 많은 해변이다. 표선해비치해변으로 부르기도 하는데, '해비치'
란 해가 비친다는 뜻이다. 바다가 육지로 쑥 들어온 곳에 있는 데다가 모래가 바다 멀리까지 쌓여 평균 수심이 낮
고, 파도가 높지 않다. 이런 까닭에 백사장 길이보다 폭이 더 넓은 독특한 형태를 띤다. 길이는 약 200m이지만,
폭은 300m가 넘는다. 경사가 거의 없어 백사장 멀리까지 나가도 물이 깊지 않다. 밀물 때엔 마치 호수처럼 물이
들어와 무척 아름답다. 썰물 때 물이 빠지면 둥글고 너른 백사장이 돋보인다. 해안선을 따라 산책로를 잘 조성해
놓아 이 길을 걸으며 바다를 즐기는 사람이 많다. 표선해수욕장 바로 북쪽엔 조용한 소금막해변이 있다. 검은 용
암이 두 해변의 경계이다. 시간 여유가 있다면 올레 3코스를 거슬러 소금막해변까지 산책을 해도 좋겠다. 표선해
수욕장은 제주 올레 3코스의 종착점이자 4코스의 출발점이다. 매년 7월 말~8월 초에 표선리 청년회가 주관하는
표선백사대축제가 열린다. 당케포구, 제주민속촌, 해비치리조트가 가까이에 있다.

📷 제주민속촌

📍 서귀포시 표선면 민속해안로 631-34(표선리 40-1)

📞 064-787-4501

🕐 08:30~19:00(겨울 08:30~18:00, 폐장 1시간 전 매표 마감, 연중무휴)

₩ **성인** 1만5천원 **경로** 1만3천원 **청소년** 1만2천원 **어린이** 1만1천원

제주의 옛 생활을 구경하자

옛날 제주 사람들은 어떻게 살았을까? 제주의 옛 문화와 삶, 전통이 궁금하다면 제주민속촌으로 가자. 아이들과 함께 가면 더 좋을 것이다. 제주민속촌은 표선면 해안가 낮은 산과 산 사이 평지에 있다. 산촌, 중산간, 어촌, 무속 신앙촌, 관아의 전통 가옥을 옮겨와 복원해 놓았다. 가옥 100여 채, 공예방, 전시관, 미로 동산, 드라마 세트장, 대장금 미니 테마파크 등이 있다. 돌담 너머 소담하게 핀 동백과 마당에 큼지막하게 달린 샛노란 하귤나무5월 전후 수확하는 귤나무. 쓴맛과 신맛이 난다., 그리고 현무암으로 쌓아 올린 초가와 그 옛날 탐라 사람들의 지혜가 담긴 생활 소품을 정겹게 만날 수 있다. 민속 장터와 민속 공연도 열린다. 두세 시간 일정으로 관람하길 추천한다.

📷 성읍민속마을

📍 서귀포시 표선면 성읍정의현로 22길 9-2(표선면 성읍리 987)

📞 064-710-6797 ₩ 무료

ⓘ 문화관광해설사 무료 운영(예약·문의 064-787-7914)

제주 사람들은 어떻게 살았을까

성읍민속마을은 관람용 민속촌이 아니라 실제로 제주 사람들이 전통을 지키며 사는 곳이다. 마을에 가면 꼭 볼 곳이 두 군데 있다. 첫 번째는 남문 앞을 지키는 돌하르방이다. 푸짐하고 인상 좋고 익살스럽고 조금 험악하고…… . 다들 표정이 살아있어서 실감 나고 퍽 인상적이다. 돌하르방은 이 마을의 수호신이다.

두 번째로 보아야 할 것은 정의읍성 관아 일관헌현무암으로 벽을 쌓은 제주 기와집의 특성을 잘 보여준다. 옆에 있는 안할망 신당이다. 관아 옆에 신당이라니. 권세 높은 현감도 읍민이 신앙처럼 받드는 안할망의 위세를 저버리긴 쉽지 않았던 모양이다. 성읍민속마을엔 수백 년이 넘는 고목이 마을 곳곳에 있다. 돌과 나무와 올레길이 어우러져 있어서 산책을 즐기기 아주 좋다. 문화관광해설사의 동행을 요청하면 원하는 시간만큼 설명을 듣고 대화를 나누며 성읍마을의 매력을 속속들이 느낄 수 있다.

📷 따라비오름

📍 서귀포시 표선면 가시리 산 62 ⓘ 등반 시간 30분

억새, 그리고 뒤태가 아름다운

따라비342m는 가을이 오면 아름다움의 절정을 보여준다. 온산을 억새가 뒤덮는다. 억새는 육지에서도 볼 수 있지만 제주의 억새는 유독 아름답다. 바람 때문이다. 바람에 흔들리는 모습을 세심하게 살피면 아름다운 곡선을 그리며 부는 바람의 모습까지 볼 수 있다. 따라비에 오르면 누구나 탄성을 지른다. 정상은 온통 억새밭이다. 억새들이 산 어깨부터 작은 파도처럼 밀려오다가 정상에 이르러서는 거대한 파도가 되어 온통 산을 뒤덮는다. 따라비에는 분화구가 세 개인데 분화구마다 억새가 가득 차 파도처럼 일렁인다. 마치 오름 전체가 흔들리고 있는 것처럼 보인다. 아마 그즈음 당신 마음도 덩달아 물결치고 있을 것이다.

따라비의 참모습을 보려면 새끼오름이 있는 북쪽으로 가야 한다. 길을 따라 5분 정도 걸어가서 뒤를 돌아보라. 세 개의 분화구가 곡선을 만들어 내며 이리저리 흘러 다닌다. 바람 따라 춤추는 봉우리 풍경에 감탄을 금할 수가 없다. 그제야 당신은 왜 따라비를 다랑쉬와 더불어 오름의 여왕이라 부르는지 알게 될 것이다. 사람에게는 '내면'이라는 게 있다. 따라비오름은 시간을 들여 살펴야 하는 사람의 내면과 같다. 따라비는 겉모습뿐 아니라 내면까지 우아하고 아름답다.

📷 백약이오름

📍 서귀포시 표선면 성읍리 산 1 ⏱ 등반 시간 30분 대중교통 211, 212번 버스 탑승

치유의 산

금백조로는 제주도 내륙의 최고 드라이브 코스이다. 동부의 많은 오름과 초록 카펫처럼 우아한 드넓은 들판까지 만날 수 있다. 금백조로의 원래 이름은 '오름사이로'이다. 수많은 오름 사이에 있는 길이라 붙여진 이름이다. 지금은 이 도로 부근 송당마을의 신화 속 인물 이름을 따서 금백조로라 부르고 있다. 이 멋진 도로를 따라가면 백약이오름에 이른다. 백약이오름은 백 가지 약초가 자란다고 해서 얻은 이름이다. 뿌리풀, 절굿대, 잔대, 둥굴레, 고사리삼, 병풀, 제주 피막이풀, 엉겅퀴 등이 뒤섞여 자란다. 얼핏 보면 들풀 같지만 사실은 약초이다.

백약이의 높이는 356.9m이다. 입구에서 30분이면 정상에 오를 수 있다. 봉우리 세 개와 깊이 49m의 분화구, 그리고 초원을 연상케 할 만큼 넓은 능선둘레 1500m이 차례로 시야에 잡힌다. 능선은 백약이의 보물이다. 분화구를 한 바퀴 돌면 한라산의 고혹스러운 자태부터 동부 오름군의 그림 같은 풍경, 끝없이 펼쳐진 들판, 성산일출봉과 바다 건너 우도까지 모두 눈에 넣을 수 있다. 이처럼 호사스러운 능선 트레킹이 또 있을까 싶다. 백약이는 약초뿐 아니라 멋진 풍경으로 마음까지 평화롭게 해준다. 이래저래 치유의 산이다.

📷 김영갑 갤러리 두모악

📍 서귀포시 성산읍 삼달로 137 📞 064-784-9907
🕐 3~6월·9~10월 09:30~18:00 7월~8월 09:30~18:30 11월~2월 09:30~17:00(수요일, 신정·설날·추석 당일 휴무)
₩ 성인 5,000원 청소년·어린이·도민 3,000원 ⓘ 주차 전용 주차장

제주를 사랑한 작가의 숨결

사진작가 김영갑(1957-2005)은 제주에 흘려 반평생을 제주의 바람과 구름과 함께 흘러가다 제주 품에 안긴 사진 작가다. 부여 태생이지만 제주도에 매료되어 아예 섬에 정착했다. 한라산과 중산간, 오름과 바다, 들녘과 구름, 억새와 소나무 숲, 노인과 해녀 등 제주의 모든 것들이 그의 표현 대상이었다. 자신만의 독특한 기법으로 제주의 외로움과 평화를 렌즈에 담았다. 안타깝게도 그는 2005년부터 루게릭병을 앓다 6년의 투병 생활 끝에 48세의 젊은 나이로 생을 마감했다. 두모악은 루게릭병이 그를 찾아왔을 때 손수 꾸미기 시작한 공간이다. 스스로 일군 공간에서 마지막 숨을 다하고 그의 유해는 이곳에 뿌려졌다. 전시실엔 그의 아름다운 작품이 가득하다. 서둘러 둘러보면 30분이 채 걸리지 않는다. 하지만 한 시간 두 시간 눌러앉아 작품을 바라보고 있노라면 마치 사진 속 장소에 서 있는 듯한 기분이 든다. 그의 작품은 강하게 빠져들게 하는 매력을 가지고 있다. 두모악은 한라산의 옛 이름이다.

📷 올레 1코스 시흥-광치기 올레

코스 시흥초등학교-광치기해변(길이 15.1km,
4~5시간 소요, 난이도 중)

상세 경로 시흥초등학교→말미오름(1.8km)→
알오름 정상(2.8km)→종달리 옛 소금밭(6.5km)
→목화휴게소(8.1km)→성산 갑문 입구(11.1km)
→수마포 해안(13.7km)→광치기해변(15.1km)

출발지 서귀포시 성산읍 시흥상동로 113

콜택시 **성산 호출 개인택시** 064-784-3030

성산 콜택시 064-784-8585

문의 064-762-2190

©제주특별자치도청

성산일출봉과 오름 군락을 그대 품 안에

올레 1코스는 올레길 중에서 가장 먼저 열렸다. 성산읍 시흥초등학교에서 출발하여 종달리 해변과 성산포를 지나 광치기해변까지 이어진다. 시흥초등학교는 무지개처럼 아담하고 예쁘다. 저절로 카메라를 찾게 된다. 출발지를 벗어나면 봄마다 색채의 향연이 펼쳐진다. 검은 돌담과 노란 유채꽃, 그리고 푸른 들이 환상적이다. 올레 안내소를 지나 조금 더 가면 말미오름과 알오름이 나타난다. 정상에 서면 동부의 오름 군락이 시야 가득 들어온다. 오름이 물결치는 모습이 소름이 돋을 만큼 아름답다. 시선을 반대로 돌리면 또 하나의 풍경 미학이 당신을 기다리고 있다. 푸른 들과 평화로운 마을, 우도와 성산일출봉이 파노라마처럼 펼쳐진다. 발길이 쉽게 떨어지지 않는다. 종달초등학교를 지나면 해안도로다. 특히 종달리와 시흥리를 잇는 해안도로는 제주도 해안도로 중에서 가장 길고 가장 아름다운 곳이다. 드라이브 코스로 인기가 높다. 해안도로를 지나면 일출봉이 다시 눈앞에 와 있다. 일출봉을 옆에 두고 수마포해변에 닿는다. 조금 더 가면 종착지인 광치기해변이다. 봄이면 해안사구를 따라 유채꽃이 만발하여 장관을 이룬다. 일출봉까지 함께 눈에 넣으면 아름다움에 넋을 놓게 된다. 올레 2코스가 이곳에서 시작해 남쪽으로 내려간다.

서귀포시 동부권 맛집

가시아방국수

◎ 서귀포시 성산읍 섭지코지로 10 & 064-783-0987

() 10:00~20:30(수요일·명절 당일 휴무) ₩ 7천원~3만5천원 ① 주차 전용 주차장

쫄깃한 고기와 고소한 국물의 환상 조합

제주 동부에서 고기 국숫집의 신흥 강자로 떠오른 곳이다. 성산읍 섭지코지 입구에 있어서 일출봉, 우도, 섭지코지를 여행할 때 들르기 좋다. 고기국수는 육수가 깊으면서도 고소하고 깔끔하다. 하지만 이 집의 하이라이트는 바로 국수에 올린 돔베고기 고명에 있다. 찰지면서 잡내 하나 없이 삶아 낸 고기가 입안에서 사르르 녹는다. 고기국수를 싫어하는 사람마저 이 집의 돔베고기엔 매료되고 만다. 여느 고기 국숫집과 다르게 국수 위에 뿌려지는 김 가루 고명이 생략된다. 고명을 줄여도 될 만큼 가시아방국수의 맛은 출중하다. 비빔국수도 고기국수 못지않게 인기가 많다. 고기국수와 돔베고기 수육이 함께 나오는 세트 메뉴를 주문하길 권한다. 양도 많은 편이라 배불리 먹을 수 있다.

🍴 복자씨연탄구이 성산 본점

📍 서귀포시 성산읍 해맞이해안로 2764 (오조리 367-1)

📞 064-782-7330 🕐 12:00~22:00 (연중무휴)

₩ 예산 5만원~7만원 ⓘ 주차 전용 주차장

성산의 오션 뷰 흑돼지구이 맛집

바다를 감상하며 흑돼지 바비큐를 즐길 수 있다. 말 그대로 풍경 맛집이다. 풍경과 분위기만 좋은 게 아니라 고기 맛도 훌륭하다. 초벌로 구운 고기를 직원들이 연탄불에 구워준다. 노릇노릇 잘 익은 고기를 연탄불에 끓인 멜젓에 적셔 한입에 베어 물고 한 번, 창밖의 시원한 눈맛에 또 한 번 감탄이 나온다. 근고기 600g이 기본으로 나온다. 흑돼지와 백돼지의 우열을 가리기 힘들다. 같은 값에 양을 추구하는 분이라면 백돼지 메뉴를 추천한다. 김치찌개도 빼놓을 수 없다. 마파람에 게 눈 감추듯 술잔이 비워진다. 대기는 필수다.

🍴 맛나식당

📍 서귀포시 성산읍 동류암로 43(고성리 316) 📞 064-782-4771

🕐 08:30~14:00(성수기엔 11시 이전에 대기표 받아야 주문 가능, 수·일 휴무)

Ⓜ 추천메뉴 갈치조림, 고등어조림 ₩ 1만3천원 ⓘ 주차 길가 주차

감격의 갈치조림

아침 댓바람부터 줄을 서게 만드는 집이다. 재료가 떨어지기 전에 식사하고 나오면 오히려 손님들이 허탕 치지 않았다고 좋아한다. 맛나식당 음식은 소박하고 간결하다. 커다란 접시에 올린 갈치조림과 그 위에 풋고추를 띄운 것이 전부다. 하지만 충실한 재료에서 우러나온 묵직한 맛이 일품이다. 싱싱한 갈치의 탱글탱글한 살이 미감을 돋운다. 적당히 졸여진 무 역시 구수하다. 시원하고 칼칼한 국물 또한 맛이 절묘해서 공깃밥 하나 추가하지 않을 수 없다. 아침부터 기다린 시간이 전혀 아깝지 않다. 착한 가격에 만족감은 더욱 커진다.

등경돌식당

⊙ 서귀포시 성산읍 일출로 279   📞 064-782-0707

🕐 매일 08:00~21:00(명절 당일 휴무)

Ⓜ 추천메뉴 통갈치구이, 갈치조림, 오분자기뚝배기

₩ 100,000원(4인 기준)   ⓘ 주차 일출봉 방면 전용 주차장

인스타그램 @deunggyeongdol_jeju

일출봉 아래 40년 맛집

성산일출봉 아래, 공영주차장 근처에 있다. 대표 메뉴는 갈치 음식과 해물전골, 오분자기뚝배기이다. 오분자기는 떡조개의 제주어로, 전복의 사촌쯤 된다. 크기는 전복보다 작다. 등경돌식당은 성산일출봉의 터줏대감 같은 음식점이다. 문을 연 지 40년을 헤아린다. 40년 가까이 여행자들이 찾고 있으니, 맛에 대해서는 걱정할 필요 없다. 갈치 세트 메뉴를 시키면, 구이와 조림을 한꺼번에 먹을 수 있다. 오분자기뚝배기는 술 마신 다음 날 속을 풀기에 좋다. 전복과 문어, 홍합, 딱새우, 홍게가 들어간 해물전골도 추천한다.

경미네집

⊙ 서귀포시 성산읍 일출로 259   📞 064-782-2671

🕐 07:30~18:00(마지막 주 화 휴무)

Ⓜ 추천메뉴 해물라면, 성게밥 ₩ 25,000원

ⓘ 주차 맞은편 방파제에 주차 후 도보 이동

인스타그램 @gyeongminejib

해녀들이 갓 잡은 해산물 잔치

성산일출봉 근처의 경미네집은 입소문으로 유명해진 작은 식당이다. 변변한 주차장도 눈에 띄는 입간판도 없지만, 일출봉을 오고 가는 여행객들로 늘 붐빈다. 이 집에서 가장 유명한 메뉴는 해물라면과 성게밥이다. 양은냄비에 내오는 해물라면은 싱싱한 문어와 오징어, 바지락과 미역이 가득하다. 맛은 깊고 양은 푸짐하다. 시원하고 칼칼한 국물맛이 일품이다. 성게밥도 싱싱한 재료 덕분에 많은 사람이 찾는다. 전복죽, 멍게밥, 한치덮밥, 해물모듬 등도 음식 맛이 수준급이다. 든든하게 한 끼 해결했다면 이제 일출봉을 향해 떠나자.

🍴 해왓

📍 서귀포시 성산읍 신고로 30-1 📞 064-782-5689

🕐 09:00~21:00(수요일 휴무, 주문 마감 20:00)

🅼 추천메뉴 갈치조림, 성게미역국, 전복해물뚝배기, 물회, 고등어구이

₩ 30,000원~90,000원(2인 기준) ⓘ 주차 전용 주차장 인스타그램 @haewat

정갈한 성게미역국, 씹는 맛이 좋은 물회

섭지코지 근처 신양리사무소에 옆에 있는 해산물 맛집이다. 해왓은 제주어로 바다의 밭이라는 뜻이다. '해'는 바다를, '왓'은 밭을 의미한다. 메뉴는 제법 다양해 선택의 폭이 넓다. 갈치조림, 우럭조림, 성게미역국, 전복해물뚝배기, 물회, 갈치구이, 고등어구이 그리고 한치회와 고등어회 같은 생선회까지 즐길 수 있다. 어느 메뉴를 시켜도 맛있지만, 물회와 성게미역국, 갈치조림, 고등어구이를 많이 찾는다. 특히 성게가 듬뿍 들어간 미역국의 인기가 제일 높다. 여름철엔 전목물회, 활한치물회 등 물회를 추천한다.

🍴 나목도식당

📍 서귀포시 표선면 가시로 613길 60(표선면 가시리 1877-6)
📞 064-787-1202 🕐 09:00~20:00(첫째·셋째 수요일 휴무)
Ⓜ 추천메뉴 돼지생갈비, 두루치기, 멸치국수
₩ 1만원~2만원 ⓘ 주차 가능

돼지고기 마니아의 천국

놀라운 맛과 저렴한 가격. 나목도식당은 알 만한 사람
은 다 안다. 생갈비는 미리 기별을 넣어둔 손님만 맛볼
수 있다. 생갈비가 동이 났다면 다음으로 좋아하는 부
위를 생고기로 주문하시라. 제주 사투리 좀 섞어서 "삼
춘, 등심이나 목살 남았수꽈?" 하고 물어보시라. 주인
장이 밝게 웃으며 고기를 내올 것이다. 두루치기도 맛
있다. 남은 양념에 밥을 비벼 철판볶음밥으로 먹거나
부추를 고명으로 총총 썰어 넣은 멸치국수를 후식으
로 먹는 것도 별미이다. 근처에 몸국과 두루치기로 유
명한 가시식당이 있다.

🍴 가시식당

📍 서귀포시 표선면 가시로 565길 24(표선면 가시리 1898) 📞 064-787-1035
🕐 08:30~20:00(쉬는 시간 15:00~17:00, 둘째·넷째 일요일 휴무) Ⓜ 추천메뉴 몸국, 두루치기
₩ 1만원~1만5천원 ⓘ 주차 가능

두루치기와 몸국의 진수

제주 토속음식 몸국은 처음 먹었을 때 그 맛을 제대로 느끼기가 쉽지 않다. 표선면 가시리에 있는 가시식당은 두
루치기도 유명하지만, 몸국 식당으로도 인기가 높다. 메밀가루를 넣어 걸쭉하게 끓인 육수에 모자반과 큼직하게
썬 돼지고기가 가득하다. 첫눈에는 느끼해 보이지만 몇 술 뜨고 나면 진면목을 알 수 있다. 입안 가득 구수함이 퍼
지며 쫄깃하게 씹히는 고기 맛이 일품이다. 밑반찬으로 나오는 고추를 썰어 넣은 멜젓멸치젓은 몸국을 개운하게
즐길 수 있도록 도와준다. 마니아들이 많은 식당이다. 제주시 이도2동에 2호점을 냈다.

🍽 메밀밭에 가시리

📍 서귀포시 표선면 가시로 423

📞 0507-1330-0480 🕐 11:00~17:00(라스트오더 16:30,
매주 화요일 휴무, 동절기 영업시간 10:00~15:00)

₩ 1만원~1만3천원 ⓘ 주차 전용 주차장

자꾸자꾸 생각나는 메밀들기름면

제주는 메밀의 고장이다. 척박한 화산섬의 구황작물
로 오랫동안 메밀을 키워왔기에 제주의 메밀 음식은
역사가 깊고 다양하다. 메밀 음식점이 점점 늘어나지
만, 온전히 제주 메밀로 손수 제분하고 제면해 국수를 뽑
아내는 맛집은 드물다. 김 고명과 들기름을 듬뿍 올린
메밀들기름면이 대표 메뉴다. 중면으로 뽑아내 먹을
수록 구수하고 씹을수록 감칠맛을 더한다. 제주도민
이 즐겨 먹던 조리법을 바탕으로 했지만, 누구나 사랑
할 수밖에 없는 맛을 품고 있다. 제주에 오면 100% 메
밀들기름면을 꼭 즐겨보시라. 이 집이 전국에 판매하
는 메밀국수 상품도 인기가 높다.

🍽 광어다 표선본점

📍 서귀포시 표선면 민속해안로 73 광해수산 2층 📞 064-787-8838

🕐 매일 10:30~20:00(라스트오더 19:00) ₩ 1만2천원~2만5천원 ⓘ 주차 전용 주차장

바삭 촉촉한 광어탕수어 맛집

이름부터 알 수 있듯 표선에서 제주 광어의 특별함으로 승부하는 맛집이다. 어느 메뉴를 골라도 기본 이상의 맛
을 보여준다. 양어장에서 축적한 양식 기술에 정성을 더해 직접 기른 까닭에 광어의 신선함과 쫄깃함이 남다르다.
이 집의 대표 메뉴인 광어탕수어는 맛도 좋고 비주얼은 더 압권이다. 한 입 베어 물면 고소한 튀김옷 속의 두툼하
고 부드러운 광어살이 촉촉하게 씹힌다. 특제 소스를 찍어 먹으면 고급스러운 생선가스를 맛보는 듯하다. 거기다
가격도 제법 착하기에 광어물회, 광어회국수 같은 다른 메뉴를 곁들여 먹기에도 좋다.

🍴 마므레

📍 서귀포시 남원읍 태위로 456(남원리 2419-13)
📞 064-764-8592 🕐 11:00~22:00
₩ 4만원~10만원 ⓘ 주차 가능

돼지고기와 양갈비를 캠핑 요리로 맛보고 싶다면

마므레의 양왕직 셰프는 캠핑 마니아이다. 그는 미국과 한
국에서 캠핑하며 아웃도어 요리를 배웠다. 그가 직접 캠핑
요리를 선보이는데, 주요 메뉴는 통삼겹, 폭립 갈비, 양갈
비이다. 천연 허브와 안데스산맥의 호수에서 캔 청정 소금
을 사용하여 요리를 한다. 그릴에서 섭씨 180도로 한 시간
이상 훈제한 두툼한 고기가 입에서 녹는다. 양갈비도 별미
이다. 최상급 숄더랙Shoulder rack, 양갈비을 사용하는 까닭에
고기 맛이 좋다. 사이드 메뉴로 일본식 새우야채튀김이 있
다. 캠핑 기분을 내기에 이만한 맛집도 드물다.

🍴 섬소나이 위미점

📍 서귀포시 남원읍 위미해안로 18 2층 📞 064-900-9878
🕐 10:00~18:00(월요일 휴무, 재료 소진 시 조기 마감) Ⓜ 추천메뉴 맑은짬뽕, 빨간짬뽕, 트러플 피자
₩ 12,000원~30,000원(1인 기준) ⓘ 주차 가능 인스타그램 @wimiseomsonai

제주에서 손꼽히는 짬뽕 맛집

섬소나이는 특이하게 우도에서 성공을 거두어 본섬에 지점을 냈다. 비유하자면 지방에서 인기를 얻어 서울로
진출한 격이라고 할까? 시그니처 메뉴는 해산물과 모자반을 접목하여 개발한 퓨전 짬뽕이다. 10여 가지 한약재
를 열두 시간을 끓여 육수를 만든다. 불맛이 나는 매콤한 빨간짬뽕, 깔끔하고 감칠맛이 뛰어난 맑은짬뽕, 크림소
스와 우도 땅콩으로 만든 크림짬뽕이 그것이다. 빨간짬뽕과 크림짬뽕을 많이 찾는다. 피자도 인기 메뉴이다. 위
미항이 내려다보이는 2층에 있어서 창가 전망이 좋은 편이다.

서귀포시 동부권 카페

☕ 카페 오른

📍 서귀포시 성산읍 해맞이해안로 2714 📞 0507-1401-1559 🕐 매일 10:30~19:00
Ⓜ 추천메뉴 오른라떼, 아이스크림크러핀, 곰돌이우유 ₩ 15,000원 ⓘ **주차** 전용 주차장 **인스타그램** @orrrn_official

예쁘다고 난리 났네

카페 오른은 제주의 아름다운 풍경을 감상할 수 있는 '핫'한 카페이다. 종달리에서 성산으로 이어지는 해안도로
를 달리다 보면 감각적인 노출 콘크리트 건물 하나가 눈에 띈다. 오른쪽에는 성산일출봉, 왼쪽으로는 우도가 보
이는 명당이다. 푸른 바다, 바람, 유채꽃, 돌담 등 카페 앞에 펼쳐진 풍경을 섬세하게 감상할 수 있다. 외부에서 내
부를 거쳐 옥상에 이르는 구조는 제주의 상징인 '오름'의 형태와 의미를 담았다. 벽을 따라 물이 흘러나오는 모습
과 하늘이 그대로 비치는 작은 연못은 여행자의 눈을 사로잡는다. 확 트인 통창에서 가까운 자리는 제주의 자연
을 마주하려는 손님으로 항상 붐빈다. 메뉴는 단출한 듯 다양하다. 시그니처 메뉴는 우도땅콩크림이 올라간 오른
라떼와 플랫화이트이다. 레몬머틀차와 한라봉주스, 자두에이드와 직접 만든 케이크, 머핀과 크로와상이 합쳐진
크로핀 등 다양한 베이커리도 판매한다.

☕ 도렐 제주 본점

📍 서귀포시 성산읍 동류암로 20 (고성리 297-1) 📞 0507-1405-3026 🕐 08:30~20:00 ⓘ 주차 가능

커피 맛이 좋은 베이커리 카페

자유로운 여행자를 위한 공간 성산 플레이스캠프 안에 있다. 도렐의 커피는 훌륭하다. 질 좋은 원두, 청량한 물, 그리고 바리스타의 정성이 만든 맛이다. 도렐의 대표 메뉴는 너티 클라우드다. 추출한 커피의 진한 바디 감과 땅콩 크림의 고소함이 조화를 이룬다. 첫맛은 쌉쌀하고, 달콤하고 고소한 맛이 뒤이어 혀를 자극한다. 디저트도 인기가 높다. 특히 단팥 소스를 발라서 먹는 오메기 베이글이 이색적이면서도 맛있다. 넓은 창, 채광 좋은 개방감, 모던한 인테리어 그리고 편집숍과 전시를 겸한 공간. 다채로운 실내 분위기도 매력적이다.

☕ 해일리 카페

📍 서귀포시 성산읍 한도로 269-37 (성산리 308) 📞 064-783-8368 🕐 09:00~23:00 ⓘ 주차 전용 주차장

일출봉과 우도를 품은 휴양카페

언제나 뜨거운 포토존, 바다를 향한 천국의 계단으로 유명해진 일출봉 옆 휴양카페. 성산일출봉 바로 곁에 있어 전망이 환상적이다. 평소에 보기 힘든 오밀조밀한 일출봉의 뒷모습과 우도를 품은 바다를 한눈에 조망할 수 있다. 그늘막을 갖춘 좌석과 편안하게 누워서 쉴 수 있는 등받이 쿠션을 갖춘 평상형 좌석까지 갖추고 있다. 실내보다 야외의 인기가 높다. 커피와 디저트를 시켜놓고 오래 머물고 싶은 곳이다. 바다를 향한 천국의 계단, 수영장처럼 꾸며진 포토존도 있다. 수영장 포토존은 사진을 찍으면 물속을 유영하는 모습이라 재미있다.

☕ 카페 아오오

◎ 서귀포시 성산읍 환해장성로 75 📞 064-782-0007
🕐 매일 09:00~20:30(11월~2월은 19:30까지, 반려동물 동반 불가)
ⓘ 주차 전용 주차장 인스타그램 @cafe.ooo

우리들의 블루스가 선택한 오션 뷰 카페

섭지코지에서 표선해수욕장 방면으로 해안도로를 따라가면 카페 아오오가 나온다. Out of Ordinaryooo의 줄임말로 잠시 일상을 벗어나 자연경관을 만끽하는 공간이라는 의미를 담았다. 2020년 제주도 건축문화대상 특선을 수상했다. 카페는 내부의 인공적인 공간과 외부의 자연이 하나가 되는 특별한 건축물이다. 특히나 푸른 바다가 한눈에 내려다보이는 오션 뷰는 실로 압도적이다. 건축가는 병산서원의 만대루에서 낙동강 풍경을 바라보는 듯한 경험을 2층에 구현했다. 2층을 정면 7칸, 측면 2칸의 기둥과 지붕으로만 구성해 바깥 풍경을 훤히 내다보이게 했다. 자연과 손님을 배려한 디자인으로 편안하고 조화로운 공간을 완성했다. 날이 좋을 때는 정원으로 나가보자. 야자수 아래 빈백에 누우면 자연과 일체가 되는 황홀경을 경험할 수 있다. 이 정도면 '우리들의 블루스'의 촬영지가 되기에 충분하지 않은가. 단언컨대, 카페 아오오는 단순히 차를 마시는 카페를 넘어 제주의 자연을 음미하는 공간이다.

☕ 서귀피안 베이커리

📍 서귀포시 성산읍 신양로122번길 📞 0507-1338-8378
🕐 매일 08:00~20:00(라스트오더 19:30) ₩ 7천원~1만원 ⓘ 주차 전용 주차장

압도적인 섭지코지 오션 뷰 카페

성산의 섭지코지와 신양해변까지 한눈에 품을 수 있는 대형 베이커리 카페다. 여유롭게 오션 뷰를 즐길 수 있도록 전면 통창을 내었다. 실내는 라운지 스타일로 꾸몄다. 유럽풍 원목 가구와 실내 식물로 감성적인 분위기를 잘 살렸다. 1층엔 해변으로 이어지는 테라스가 있다. 1층부터 3층까지 어느 테이블에서도 파노라마 오션 뷰를 즐길 수 있다. 베이커리 카페답게 시간대별로 갓 구워낸 빵이 매대를 채운다. 대표 메뉴는 서귀피넛과 청보리안 커피이다. 커피에 인절미를 올린 쑥절미라테도 인기가 많다. 빛의 벙커와 아쿠아플라넷 방문 시 제휴 관광지 할인을 해준다.

☕ 목장카페 밭디

📍 서귀포시 표선면 번영로 2486 📞 0507-1371-6019
🕐 09:00~18:00(라스트오더 17:30, 수요일 휴무) ₩ 7천원~1만원 ⓘ 주차 전용 주차장

초원 위의 목장 체험 카페

송당리의 오름과 숲으로 둘러싸인 대형목장을 체험할 수 있는 카페다. 아이를 동반한 가족 여행지로 좋다. 오름과 숲 사이에 펼쳐진 드넓은 목장을 돌며 말먹이 체험과 승마, 야외 이색 자전거 타기를 즐길 수 있다. 시원하고 푸른 목장 뷰가 인상적이다. 잘 꾸며진 정원과 나무 옆에서 멋진 가족사진을 남길 수 있고, 커플이라면 목장 산책로를 따라 함께 걸으며 즐겁게 추억 쌓기 좋은 곳이다. 카페는 세련된 지중해풍 건물로 넓은 테이블을 여유롭게 배치해 이용자를 편안하게 해준다. 넓은 창으로 목장과 오름, 넓은 잔디밭 등 제주 특유의 전원 풍경을 물씬 느낄 수 있다.

☕ 아줄레주

📍 서귀포시 성산읍 신풍하동로19번길 59

📞 0507-1411-4052

🕚 11:00~19:00(화요일·명절 당일 휴무)

제주도의 작은 포르투갈

서귀포 동부의 핫플이다. 한적한 동부 중산간에 있다. 카페 건물이 심플하지만 매력적이다. 멀리서 보면 작은 성당 같다. 카페 이름처럼 타일 장식을 했지만, 포르투갈의 아줄레주에 비해 절제미를 보여준다. 실내는 미니멀리즘과 빈티지 느낌이 동시에 풍긴다. 빈티지풍 스피커와 중앙 화단에서 자라는 정원 식물이 마음을 편안하게 해준다. 아줄레주 카페엔 창이 많다. 2인용 테이블마다 창을 냈다. 일행이 둘이라면, 창가에 앉아 제주 감성이 물씬 풍기는 중산간 풍경을 마음껏 감상할 수 있다. 이 집의 시그니처 메뉴는 에그타르트다. 카페 이름, 타일, 에그타르트. 포르투갈 느낌이 솔솔 흐른다. 찾아가는 길이 좁고, 주차장이 넉넉하지 않은 점은 조금 아쉽다. 김영갑갤러리에서 자동차로 5분 거리여서 같이 둘러보기 좋다.

☕ 목장카페 드르쿰다

📍 서귀포시 표선면 번영로 2454 (성읍리 2873)

📞 064-787-5220

🕐 매일 09:00~18:00

ⓘ **주차** 전용 주차장

커피와 목장체험을 한 번에

표선면 성읍리 중산간 동네에 있는 목장을 주제로 한 체험 카페이다. 단순히 보는 여행에서 벗어나 체험을 통해 더 깊이 느끼고 감각하려는 사람이 늘어나면서 동부의 핫 플레이스로 떠올랐다. 커피, 승마 체험, 카트, 동물 먹이 주기 체험을 한 곳에서 할 수 있다. 그뿐이 아니다. 목장카페 드르쿰다에선 인생 사진도 얻을 수 있다. 천국의 계단과 목장을 수 놓은 아름다운 조형물을 배경 삼아 인생 사진도 남겨보자. 청명한 공기와 푸른 하늘은 덤이다. 어린이를 동반한 가족 여행자, 커플 여행자에게 특히 인기가 많다.

와랑와랑

⊙ 서귀포시 남원읍 위미중앙로 300-28(위미리 875-1) 📞 070-4656-1761 🕐 11:00~18:00

Ⓜ **추천메뉴** 핸드드립 커피, 친환경 감귤주스 ₩ 1만원 내외 ⓘ **주차** 길가 주차

귤밭 사이로 커피 향이 흐르고

카페 와랑와랑은 올레 5코스 귤밭 사이 골목길에 조용 히 자리를 잡고 있다. 지붕 위를 거닐고 있는 고양이 조 형물과 와랑와랑 표지판이 카페와 잘 어울린다. 제주 전 통 돌집을 개조해서 만들었는데 기존 돌벽을 그대로 두 어 제주 분위기를 살리면서도 인테리어와 소품이 현대 적이어서 카페 표정이 입체적이다. 야외에도 테이블이 있는데 돌담과 돌집이 만들어 내는 제주 감성이 작은 마 당에 가득 흐른다. 핸드드립 커피와 친환경 감귤로 만든 주스 등을 즐길 수 있다. 동백마을에서 생산한 동백 오 일과 동백 비누도 판매하고 있다.

서연의집

⊙ 서귀포시 남원읍 위미해안로 86(위미리 2975) 📞 064-764-7894

🕐 10:00~19:00(목요일 휴무) ₩ 1만원 내외 ⓘ **주차** 길가 주차

영화 <건축학개론>의 감성을 느끼자

서연의집은 영화 <건축학개론>에서 주인공 승민(엄태웅)과 서연(한가인)이 15년 만에 재회하는 장소이다. 건물이 조 금 달라지기는 했지만 서연이 맨발로 걸었던 잔디 깔린 옥상 정원 등은 그대로여서 영화의 감흥을 느끼기에 부 족함이 없다. 옥상 정원에서 바라보는 바다 풍경이 마음까지 시원하게 해준다. 옥상 정원도 좋지만 여유가 있다 면 커피를 테이크아웃 해서 위미마을을 산책해보기를 추천한다. 서연의집보다 더 정겹고 아름다운 위미마을이 당신을 기다리고 있을 테니까.

☕ 모노클제주

📍 서귀포시 남원읍 태위로360번길 30-8(위미리 745-4)
📞 070-7576-0360 🕐 19:30~17:00(수요일 휴무) ⓘ **주차** 가능

제주 감성이란 이런 것이다

남원읍 위미리에 있는 매력적인 카페. 해안가에서 조금 떨어진 조용한 마을에 있다. 돌담과 나무, 들꽃이 어우러진 진입로가 한가롭고 여유롭다. 특별히 꾸민 구석이 없는데 들어서는 길에서부터 제주 감성이 폴폴 흐른다. 카페도 아름답다. 붉은 벽돌 건물도 멋지고 넓은 잔디밭과 정원은 더 매력적이다. 카페는 새로 지은 것 같지만, 사실은 옛날부터 사용하던 돌 창고를 멋진 벽돌 건물로 리모델링했다. 넓은 정원에 비해 작은 편이지만 그래서 더 정겹다. 카페 안에도 진입로에서 느껴졌던 특유의 제주 감성이 흐른다. 커피도 다양하지만, 그에 못지않게 베이커리도 다채롭다. 스콘, 마들렌, 파운드케이크, 컵케이크, 카눌레 등이 있다. 매장에서 직접 만든 것들이다. 모노클제주는 직원 유니폼도 인상적이다. 흰색 바탕에 블랙으로 포인트를 준 유니폼이 꽤 멋지다. 카페가 아니라 바에서 대접받는 느낌이 든다. 날이 좋으면 야외에서 커피와 빵을 즐겨도 좋겠다. 제주 감성을 흠뻑 느낄 수 있을 것이다.

☕ 알맞은시간

📍 서귀포시 남원읍 신흥앞동산로35번길 2-1 (신흥리 274-1)
📞 070-7799-2741
🕐 10:00~18:00 (금요일 휴무, 비정기 휴무 인스타그램 공지)
ℹ️ 주차 가게 앞 인스타그램 egg_hit_time

올레길 옆 빈티지 카페

돌로 지은 오래된 감귤 창고를 빈티지 카페로 바꾸었
다. 작은 창이 매력적인 카페로, 세월의 향기와 제주의
감성을 아울러 느낄 수 있다. 남원읍 신흥리 올레 4코
스 중간 즈음에 있어서 길을 걷다가 쉬었다 가기 좋다.
간판엔 '음료 간식 취급소'라는 문구가 달려 있다. 정성
가득한 음료가 준비돼 있고, 감자를 넣어 만든 감자 한
모 케이크도 있다. 책이 있고 음악이 흐르는 카페로 조
용한 분위기를 지향한다. 풍경이 특별한 카페는 아니
지만, 은근히 매력이 흐른다. 수채화도 판매한다.

☕ 세러데이아일랜드

📍 서귀포시 남원읍 남한로21번길 28 (남원리 1262)
🕐 12:00~18:00 (2024년 5월까지 휴무) ℹ️ 주차 길가, 공영주차장

감성 돋는 빈티지 카페

오래된 돌집을 개조해서 만들었다. 제주도에 있지만, 어딘가 모르게 프로방스의 어느 시골 카페 같기도 하다. 돌집
을 개조해 만든 카페는 많지만, 이처럼 독특하게 재해석한 카페는 많지 않다. 커다란 창문으로 보이는 그림 같은 귤
나무가 먼저 시선을 끈다. 이곳은 포토존이다. 선반에 놓인 소품은 인상파 화가의 그림에서 막 튀어나온 것 같다.
소품 하나하나에서 빈티지 감성이 멋스럽게 묻어난다. 차는 가능하면 주변 공영주차장에 세우자. 구좌읍 평대리
에 같은 이름의 레스토랑을 운영 중이다.

PART 9

섬 속의 섬

우도·마라도·가파도·비양도·차귀도

우도

매력의 끝을 알 수 없는 섬

제주도엔 무인도와 유인도를 합해 딸린 섬이 62개이다. 그 가운데 우도가 가장 크다. 섬 모양이 소가 평화롭게 누운 듯하다고 해서 우도라는 이름을 얻었다. 섬 둘레는 약 17km이고, 넓이는 서울의 여의도보다 조금 작다. 성산포 여객터미널과 구좌읍의 종달항에서 배로 10~15분이면 우도에 닿는다. 섬 남쪽의 천진항 또는 서쪽의 하우목동항에 내려준다. 우도 여행이 처음이라면 먼저 해안도로 순환 버스를 타라고 권하고 싶다. 해안도로를 15분 간격으로 운행한다. 기사 아저씨가 마이크를 끼고 주요 명소와 우도 이야기를 구수하게 안내해준다. 마음 내키는 곳에 내려 구경하다가 다시 순환 버스를 타면 된다.

두 번째로 우도에 왔다면 하룻밤 묵어가길 권한다. 우도팔경 중 '천진관산'과 '야항어범'은 밤에만 볼 수 있다. 천진관산은 천진항에서 바라보는 한라산이라는 뜻으로, 성산 일출봉과 석양에 불타는 한라산 풍경이 경이로움을 자아낸다. 여행 시기가 여름이라면 '야항어범', 곧 밤 고깃배 풍경을 구경할 수 있다. 6~7월 밤이면 꼭 우도에서 하룻밤 묵기 권한다. 밤이 되면 멸치잡이 어선들이 한꺼번에 집어등을 밝히는데 휘황찬란한 '어화'는 황홀경 그 자체이다. 특히 섬 북동쪽에서 바라보는 풍경이 압권이다. 이밖에 산호해수욕장, 검멀레해변, 하고수동해안 등 우도의 해변은 모두 절경이다. 여름에 소나기가 쏟아진다면 비와사폭포로 달려가자. 비가 와야 쏟아지는 해안 폭포인데 이 또한 장관이다. 이렇듯 우도는 곳곳이 절경이지만, 아마도 최고의 풍광은 당신의 마음에 담은 우도일 것이다.

밤수지맨드라미
파도소리 해녀촌
타코 밤
블랑로쉐
하고수동해수욕장
비양도
카페 살레
해와 달 그리고 섬
하우목동항
우도 올레
우도면사무소
산호해수욕장
우도로 93
훈데르트바서 파크
검멀레해변
유채꽃마을
우도봉
천진항
비와사 폭포

Travel Tip 1 — 우도 가는 방법

제주도에서 우도행 배가 출발하는 곳은 성산포와 구좌읍의 종달항, 이렇게 두 곳이다. 대부분 배편이 많은 성산포에서 출발한다. 성산포에서는 10~30분 간격으로 배가 출발한다. 종달항에서는 하루 4~7편이라 배 시간 맞추기가 쉽지 않다. 여객선은 섬 남쪽의 천진항 또는 서쪽의 하우목동항에 여행자를 내려준다. 내리는 곳에서 곧바로 여행을 시작하면 된다.

우도행 배에 타기 위해서는 승선신고서를 2부 작성하고, 신분증을 꼭 보여주어야 한다. 주민등록증, 운전면허증 외에 주민등록등본과 초본, 가족관계증명서, 국가자격증, 의료보험카드, 학생증을 신분증으로 대신할 수 있다. 표를 사기 전에 매표소에 신분증과 승선신고서를 보여주어야 한다.

성산포 종합여객터미널
◎ 서귀포시 성산읍 성산등용로 112-7(성산리 347-9) ☎ 064-782-5670, 5671
⏱ 08:00~18:00(겨울철은 17:00, 여름철은 18:30까지) 운항 간격 10~20분
₩ 왕복 요금 성인 1만5백원, 중고등생 1만1백원, 초등학생 3천8백원, 3~7세 3천원
≡ http://udoship.com

종달항
◎ 제주시 구좌읍 종달리 484-10 ☎ 064-782-5670, 5671
⏱ 4~9월 09:00부터 17:00까지 하루 7회, 10월~3월 09:30부터 15:30까지 하루 4회
₩ 왕복 요금 성인 성인 1만5백원, 중고등생 1만1백원, 초등학생 3천8백원, 3~7세 3천원
≡ http://udoship.com

Travel Tip 2 — 렌터카, 가지고 갈까? 놓고 갈까?

우도는 섬 환경을 보호하기 위해 특별한 예를 빼고는 자동차 입도를 제한하고 있다. 더욱이 우도엔 수시로 타고 내릴 수 있는 순환 버스를 비롯하여 소형 전기차, 자전거 등 교통편이 잘 갖추어져 있다. 따라서 굳이 렌터카를 가지고 가지 않아도 된다.

다만, 다음의 경우엔 자동차 진입을 허용해준다. 우도 숙박 예약자, 65세 이상 노인, 임산부, 또는 7세 미만 영유아 동반자, 그리고 대중교통 이용 약자에게만 렌터카 진입을 허용한다. 우도에 숙소를 예약했을 땐 숙소에서 모바일로 전송해준 예약 확인 메시지를 매표 시 제시해야 한다. 자동차 입도가 허용되면 차량 이용 허가 스티커를 발부해준다. 이 스티커를 자동차 앞면 유리에 부착하면 된다.

해안도로 순환 버스

가성비 좋은 교통 수단이다. 15분 간격으로 해안도로 27개 정류장을 순환한다. 27개 구간 통합권(1일권)을 사면 마음 내키는 곳에 내려 구경하다가 어디서든 순환 버스를 다시 탈 수 있다. 한 번만 타고 내릴 수 있는 1회권도 있다. 주요 관광지에 모두 정차한다. 기사 아저씨가 주요 명소와 우도 이야기를 구수하게 설명해준다. 짝숫날은 시계 방향, 홀숫날은 시계 반대 방향으로 운행한다.

📞 064-782-6000 ₩ **1일권** 어른 8천원, 청소년 7천원, 어린이 5천원 **1회권** 카드 950원, 현금 1천원(성인)

전기 렌터카

다인승 전기 렌타카이다. 일행 3명이 움직여야 할 때 선택하면 좋다. 어디든 원하는 곳이면 빠르게 이동할 수 있어서 좋다. 운전면허증이 필요하다. ₩ 3시간 4만원, 24시간 15만원

2인승 전기차

가심비 좋은 교통수단이다. 전기차가 장난감처럼 앙증맞아 타는 기분이 즐겁다. 어디든 원하는 곳으로 빠르게 이동할 수 있어서 좋다. 대여비가 비싼 편이다. 천진항과 하우목동항에 대여 업체가 있다. 운전면허증이 필요하다.

₩ 2시간 2만5천원, 하루 5만원

자전거

일반 자전거와 전기 자전거가 있다. 낭만적이나 겨울철엔 추워서 이용하기 불편하다. 천진항과 하우목동항에 대여 업체가 있다. 운전면허증이 필요 없다.

₩ 일반 자전거 하루 5천원, 1인용 전기 자전거 하루 1만원, 2인용 전기 자전거 하루 2만원

사이드 카

낭만적인 가심비 교통수단이다. 차가 예쁘고 2인승이라 연인이라면 한 번 타볼 만하다. 다만 겨울철엔 추워서 이용하기 불편하다. 천진항과 하우목동항에 대여 업체가 있다. 운전면허증이 필요하다. ₩ 하루 2만원

스쿠터

50cc 스쿠터이다. 어디든 빠르게 이동하기 편하지만 여행자가 많을 땐 상대적으로 사고 위험이 높은 교통수단이다. 사이드 카와 마찬가지로 겨울철엔 추워서 이용하기 불편하다. 천진항과 하우목동항에 대여 업체가 있다. 운전면허증이 필요하다.

₩ **1인승** 하루 2만원 **2인승** 하루 2만5천원

산호해수욕장

◎ 제주시 우도면 우도해안길 252

소금처럼 하얀 모래가 반짝이는

우도 서쪽에 있는 해수욕장이다. 우도8경 중 하나로 예전엔 서빈백사西濱白沙로 불렸다. 서빈백사란 서쪽 해변의 흰 모래란 뜻이다. 소금을 뿌려놓은 듯 모래가 신기할 정도로 새하얗다. 놀랍게도 이 모래는 원래는 홍조류 덩어리였다. 바닷속에서 떨어져 나와 생명을 다한 붉은 홍조류 덩어리가 광합성 작용으로 소금처럼 하얗게 변한 것이다. 하얀 모래와 수심에 따라 변하는 다채로운 에메랄드빛 바다가 연출하는 색 대비가 아름다워 저절로 감탄사가 나온다. 동양에서 유일한 홍조류 해변인 데다 천연기념물이므로 몰래 가져가면 처벌받는다.

훈데르트바서파크

◎ 제주시 우도면 우도해안길 32-12 📞 064-766-6077
🕒 09:30~18:00(입장 마감 17:00) ₩ 7,500원~15,000원 ⓘ 인스타그램 @hundertwasserpark

색채와 이국성이 돋보인다

양파를 닮은 돔, 원색의 향연이 펼쳐지는 색채, 개성이 넘치는 창문, 모양이 각기 다른 세라믹 기둥들… 훈데르트바서파크는 첫인상부터 남다르다. 자연 이미지가 강한 우도와 어색하게 조우하는 듯하지만, 이국적이고 색채미가 돋보이는 훈데르트바서의 건축은 그 자체로 퍽 매력적이다. 훈데르트바서는 구스타프 클림트와 더불어 오스트리아를 대표하는 화가이자, 곡선의 미학을 살리는 건축가이다. 훈데르트바서파크는 크게 훈데르트바서 전시관, 우도미술관, 숙소 훈데르트힐즈, 카페 톨칸이, 카페 훈데르트윈즈로 구성돼 있다.

우도봉과 우도 등대

◎ 제주시 우도면 우도봉길 105

우도와 푸른 바다를 그대 품 안에

우두봉은 섬 남쪽 끝에서 소가 머리를 든 모습을 하고 있다. 높이 126.7m로 한라산에 비하면 작은 야산이지만 우도에서는 가장 높은 봉우리이다. 다른 말로 소머리오름, 우두봉이라고도 한다. 산 정상에 하얀 우도 등대가 있다. 우도봉은 화산이 수중에서 폭발하여 만들어졌다. 봉우리 가운데는 비스듬하게 패인 분화구이다. 이 화구 중앙에 저수지와 두 번째 화산 폭발로 생긴 작은 산 알오름이 있다. 정상에는 우도 등대와 등대공원이 있다. 등대 관련 전시물과 전망대, 산책로, 세계 7대 불가사의 중 하나인 이집트 알렉산드리아의 파로스 등대 등 세계와 한국의 등대 모형을 모아 놓은 전시장 등을 구경할 수 있다.

검멀레해변

검은 모래 고래가 살던 동굴

우도봉 동쪽 절벽 아래에 숨은 작은 해변이다. 길이는 100m 남짓이다. 검멀레는 제주도 사투리로 검은 모래라는 뜻이다. 제주시 삼양동의 삼양해수욕장과 더불어 제주도의 대표적인 검은 모래 해변이다. 검멀레해변 끝에는 우도8경 중 하나인 동안경굴東岸鯨窟이 있다. 동안경굴은 동쪽 해안에 있는 고래 동굴이라는 뜻이다. 이 동굴에 고래가 살았다는 전설이 있어 이런 이름을 얻었다. 근처에 보트 선착장이 있다. 보트를 타면 육지에서 볼 수 없는 우도 8경 중 4경을 볼 수 있다.

비양도

◎ 제주시 우도면 안비양길 51

섬 속의 섬 속의 섬, 백패킹의 성지

제주도엔 비양도가 둘이다. 하나는 한림읍 협재해수욕장 앞바다에 떠 있고, 또 하나는 우도 동쪽에 있다. 우도가 제주도에 딸린 섬이라면, 비양도는 다시 우도에 딸린 섬이다. 다행인 건 우도와 비양도 사이에 길을 내 쉽게 오갈 수 있다는 점이다. 우도 선착장에서 걸어가도 좋지만, 자전거나 2인승 전기자, 순환 버스를 타면 시간을 아낄 수 있다. 비양도는 백패킹의 성지이다. 백패커들의 버킷리스트 중 하나가 비양도에서 야영하는 것이다. 야영 경험을 올린 블로그도 쉽게 찾아볼 수 있다. 비양도는 우리나라에서 제일 먼저 해가 뜨는 곳이다.

하고수동해수욕장

남국의 해변에 온 듯

우도 동북쪽에 있는 해변이다. 투명한 물빛과 밀가루같은 모래, 바닷물이 찰랑거리는 얕은 수심. 누구나 마음을 빼앗길 만큼 아름다운 해변이다. 에메랄드빛 해변이 얼마나 아름답고 이국적이면 사람들이 '사이판 해변'이라 부를까? 6~7월에 하고수동해수욕장 근처에 머문다면 '야항어범'을 기억하자. 우도8경 중 하나로, 밤의 고깃배 풍경을 말한다. 멸치잡이 어선들이 바다에서 한꺼번에 집어등을 밝히는데 불빛이 꽃처럼 피어난 모습은 황홀하기 그지없다. 멸치잡이 배의 '어화'는 하고수동해수욕장에서 바라보는 풍경이 가장 아름답다.

458 섬 속의 섬

우도 맛집·카페

 ## 우도로 93

📍 제주시 우도면 우도로 93 📞 0507-1329-2329 🕐 10:00~17:00(토·일은 18:00까지) ₩ 1만원~2만원

카페 같은 새우 요리 전문점

우도 남중부 우도로 옆에 있는 새우 요리 전문점이다. 대표 메뉴는 새우 토마토 우동, 새우 샐러드 우동, 코코넛 새우튀김, 갈릭 새우튀김이다. 맛집이지만 내부 인테리어도 예쁘고, 창밖 풍경도 아름다워 카페에 온 것 같다. 음식이 무척 정갈하게 나와 감성 사진을 찍기에 좋다. 샐러드 우동은 샐러드와 우동이 조합된 음식인데, 음식 안에 소스가 있어서 섞어 먹으면 된다. 면발이 탱글탱글해 식감이 좋다. 새우 토마토 우동은 국물 우동이다. 통통한 쉬림프가 들어 있어서 쫀득한 면과 촉촉한 새우의 조합이 아주 좋다. 국물이 걸쭉해 해장하는 기분이 든다.

 ## 타코 밤

📍 제주시 우도면 우도해안길 780-2 📞 0507-1319-0500
🕐 10:00~16:00(일요일 휴무) ₩ 1만2천원~3만원(1인 기준)
ⓘ 인스타그램 @tacobam

우도 바닷가의 멕시칸 요리 전문점

우도 북동쪽 하고수동해수욕장 근처에 있는 멕시칸 요리 전문점이다. 우도 올레가 바로 앞으로 지난다. 해안도로를 건너면 푸른 바다와 하고수동해수욕장이 눈앞에 펼쳐진다. 음식을 주문하고 조리하는 동안 해변 풍경을 둘러보길 권한다. 타코 밤의 주요 메뉴는 한라산우도볶음밥과 우도애미친해물라면, 흑돼지 브리토이다. 가장 인기 좋은 메뉴는 한라산우도볶음밥이다. 화산 폭발 당시 한라산을 재현한 음식으로, 비주얼이 끝내준다. 제주산 딱새우, 타코와 같이 먹을 수 있어 더 좋다. 재료가 떨어지면 일찍 문을 닫는다.

🍴 파도소리해녀촌

📍제주시 우도면 우도해안길 510 📞 064-782-0515 🕐 08:00~20:00 ₩ 1만원~2만원

맛이 끝내주는 보말칼국수와 해물 뚝배기

우도 서북쪽 해안가에 있다. 원래 이름난 맛집이었으나 TV 프로그램 〈배틀트립〉에 나온 뒤로 더 인기를 끌고 있다. 대표 메뉴는 보말칼국수, 해물칼국수, 해물 뚝배기이다. 바다 고둥 보말을 넣은 보말칼국수의 인기가 가장 많다. 반죽에 톳을 넣어 국물과 면발 색깔이 갈색이다. 보말이 씹혀 식감이 쫄깃하다. 국물은 매콤하면서도 고소하다. 새우, 전복, 꽃게 등 다양한 해산물을 넣어 양도 푸짐하다. 해물 뚝배기도 양이 무척 많다. 전복, 새우, 뿔소라, 홍합이 잔뜩 들어가 해물 뚝배기가 아니라 해물탕 같다. 보말칼국수와 마찬가지로 보말 육수로 끓인 해물칼국수, 뿔소라회, 문어숙회, 보말죽, 뿔소라죽, 전복죽도 맛있다. '문어 소라 반반'이라는 메뉴도 있는데, 문어숙회와 뿔소라회가 반반 나오는 메뉴이다.

🍴 해와 달 그리고 섬

📍제주시 우도면 우도해안길 946 📞 064-784-0941 🕐 10:00~20:30(첫째·셋째 수요일 휴무) ₩ 1만원~5만원

우도 제일의 해물 뚝배기와 성게비빔밥

해물 뚝배기로 소문이 자자한 우도 맛집이다. 우도 동쪽 해안가, 비양도 가기 전에 있다. 우도의 터줏대감 같은 음식점으로, 여전히 많은 사람이 찾는다. 본 메뉴뿐만 아니라 밑반찬이 맛있기로 유명하다. 특히 오징어 해물전은 바삭한 첫맛과 쫄깃하게 씹히는 뒷맛이 그만이다. 해물 뚝배기가 나오기도 전에 막걸리 한 사발부터 시작하기 십상이다. 거기다 여기는 땅콩 막걸리로 유명한 우도 아닌가. 해물 뚝배기의 첫맛은 시원함 그 자체다. 뚝배기에 가득한 오분자기, 전복, 딱새우, 성게알, 꽃게, 조개, 소라를 하나하나 꺼내 먹다 보면 우도 앞바다 풍경이 아름답게 밀려들 것이다. 성게알 비빔밥, 생선회도 맛이 좋다. 우도 특산물 땅콩과 국화차도 판매한다.

☕ 카페 살레

◎ 제주시 우도면 우도해안길 816

📞 0507-1317-8409

🕐 매일 08:40~17:00(라스트오더 16:30)

🅼 추천메뉴 우도땅콩아이스크림, 우도땅콩라테, 제주돌담당근
케이크 ₩ 6천원~8천원(1인 기준)

오션 뷰 카페에서 달콤한 디저트를

우도 북동쪽 하고수동해수욕장 앞에 있는 오션 뷰 카페이
다. 이 집의 시그니처 메뉴는 땅콩 아이스크림이다. 커피와
같이 먹으면 달콤함과 쌉싸름함, 차가움과 뜨거움을 동시
에 즐길 수 있다. 땅콩 쿠키, 케이크, 크림빵 등 하나같이 달
콤해서 입이 즐겁다. 당근케이크 인기도 좋다. 1층에도 자
리가 있지만 멋진 뷰를 즐기고 싶다면 2층으로 올라가자.
통유리창 너머로 비양도와 푸른 바다가 와락 다가온다. 해
안도로의 야자수까지 한눈에 넣으면 남국에 온 듯 마음이
설렌다. 창밖을 보면 저절로 카메라를 들게 된다.

🍴 블랑로쉐

◎ 제주시 우도면 우도해안길 783 📞 064-782-9154 🕐 매일 11:00~17:00

에메랄드빛 바다를 그대 품 안에

하고수동해수욕장 옆에 있는 바다 전망 카페이다. 우도의 많은 카페 중에서 가장 인기가 많은 곳이다. 바닷가에
인접해 있어서 하고수동해수욕장의 은빛 모래와 에메랄드빛 바다를 모두 품을 수 있다. 바람이 잔잔하고 햇살이
좋은 날엔 야외 카페로 나가자. 하얀 차양을 친 테라스에 앉으면 남빛 바다가 와락 달려든다. 바람, 푸른 바다, 백
사장, 파도 소리, 바다를 닮은 남빛 하늘. 종일 앉아 있어도 지루하지 않을 것 같다. 이곳의 우도 땅콩 크림라떼는
여전히 인기가 많다. 카페 한쪽에 기념품을 판매하고 있다.

마라도

살레덕 선착장
자리덕 선착장
마라도 짜장면
마라도 등대
마라도 성당
최남단 기념비

대한민국 최남단, 땅끝으로 가자

국토의 끝! 해발 39m, 동서 길이 500m, 남북 길이 1,250m, 면적 10만 평, 섬 둘레 4.5㎞. 30분 남짓 배에 몸을 맡기면 넓은 축구장 같은 마라도에 도착한다. 섬 대부분이 천연기념물이다. 섬에 머물 수 있는 시간은 90분이다. 마라도에서 숙박하는 등 특별한 예외가 아니라면 90분 후에 제주도로 나와야 한다. 성당과 절, 교회, 마라도 등대, 학생이 겨우 세 명인 마라 분교, 파출소, 편의점, 짜장면을 파는 식당과 민박집 등이 섬을 듬성듬성 채우고 있다. 주민은 50명이 전부다. 천천히 걸어도 한 시간이면 섬을 둘러볼 수 있다. 우리나라 남쪽 끝, 마라도를 걷다 보면 흥분과 설렘, 내 땅에 대한 애틋한 감정이 동시에 밀려온다. 마라도에 가면 잊지 말고 일몰을 감상해보시라. 마라도에서 석양을 본다면 틀림없이 눈물을 흘리게 될 것이다. 최남단에서 보는 일몰은 장엄하고 숭고하다. 그리고 조금은 슬프게 아름답다.

©제주특별자치도청

Travel Tip 마라도 가는 방법

마라도로 가기 위해서는 대정읍 운진항과 송악산 선착장에서 여객선을 타야 한다. 운진항과 송악산 선착장에서 각각 하루 7~10편 운행한다. 주말이나 성수기엔 운행 편수가 늘어나기도 한다. 늘 손님이 많아 예약 필수이며, 날씨 때문에 편수가 줄어들 수 있으므로 사전에 꼭 확인해야 한다.

마라도 배에 타기 위해서는 신분증이 있어야 한다. 승선신고서도 작성해야 한다. 주민등록증, 운전면허증 외에 주민등록등본과 초본, 가족관계증명서, 국가자격증, 의료보험카드, 학생증을 신분증으로 대신할 수 있다.

운진항 ⊙ 서귀포시 대정읍 최남단해안로 120(하모리 646-20) 📞 064-794-5490
₩ 어른 20,000원, 청소년 20,000원, 어린이 10,000원 ☰ wonderfulis.co.kr

송악산 선착장 ⊙ 서귀포시 대정읍 송악관광로 424(상모리 133-2) 📞 064-794-6661
₩ 어른 20,000원, 청소년 20,000원, 어린이 10,000원 ☰ www.maradotour.com

📷 마라도 성당

📍 서귀포시 대정읍 마라로 153 📞 070-4210-3200

마라도의 핫 플레이스

우리나라에서 가장 남쪽에 있는 성당이다. 천천히
걸으면 선착장에서 15분 정도 걸린다. 2000년에
지었는데, 마라도의 특산품인 전복 모양에서 영감
을 얻어 설계했다고 하나 실제로는 달팽이를 닮았
다. 성당이 작고 생김새가 동화에 나오는 요정의
집처럼 깜찍하고 귀엽다. 누구나 보자마자 카메라
를 들게 된다. 성당이지만 신부가 상주하지 않아
정기적으로 미사를 지내진 않는다. '성경 이어쓰
기'와 '방문 기념 기도 글 남기기'를 진행하고 있
으니 천주교 신자라면 참여해보자. 성당은 마라도
의 천주교 신자가 관리한다. 마라도 주민 중 천주
교 신자는 7명이다.

📷 마라도 등대

📍 서귀포시 대정읍 마라로 161

대한민국 최남단 등대

마라도에 있으면 그것이 무엇이든 운명적으로 대
한민국 최남단에 있는 것이다. 성당이 그렇고, 초
등학교가 그렇고, 등대도 마찬가지다. 마라도 등
대는 섬 동남쪽 잔디밭 끝에 있다. 우리나라 최남
단에 있는 희망봉 같은 등대이다. 등대는 100년
전부터 뱃사람의 희망이었다. 1915년 3월 1일 처
음 불을 밝혔고, 1987년 3월 새로 만들었다. 등대
는 10초에 한 번씩 반짝인다. 날이 좋으면 48㎞ 거
리에서도 불빛을 볼 수 있다. 긴 시간 이곳을 항해
하는 모든 배의 희망이고, 나침반이고, 친구였다.
덩치 큰 사물에 지나지 않지만 새하얀 등대를 보
면 은근히 고마운 마음이 든다.

📷 최남단 기념비

◎ 서귀포시 대정읍 마라로 131

여기가 국토의 끝이다

마라도 성당에서 산책로를 따라 남쪽으로 3~4분 더 내려가면 검은 비가 눈에 들어온다. 국토의 가장 남쪽임을 알리는 비석이다. 1985년 2월 남제주군(지금의 서귀포시)에서 세웠다. 비석 몸통엔 한자로 이렇게 씌어 있다. 대한민국 최남단! 비석은 외롭게 서서 태평양에서 불어오는 바람에 맞서고 있다. 남단비에서 몇 발자국 더 나가면 끝이다. 더 나아갈 수 없다. 시선을 던지면 망망대해, 태평양이 검푸르게 펼쳐져 있다. 바람에 맞서고 있는 비를 보면 여러 감정이 한꺼번에 밀려온다. 애틋하고, 고맙고, 미안하고, 뭉클하다.

📷 원조마라도해물짜장면집

◎ 서귀포시 대정읍 마라로101번길 46 📞 064-792-8506 ⏱ 10:20~16:00(일요일 휴무)
Ⓜ **추천메뉴** 해물짜장면 9천원, 해물짬뽕 1만5천원

마라도의 소울 푸드

마라도엔 유난히 짜장면 맛집이 많다. 1997년 개그맨 이창명과 김국진이 출연한 SK텔레콤 광고 '짜장면 시키신 분~'을 마라도에서 촬영하면서 짜장면 식당이 늘기 시작했고, <무한도전>의 짜장면 투어로 더 유명해졌다. 지금도 열 개 남짓이 성업 중이다. 마라도로 짜장면 투어를 오는 사람이 있을 정도이다. 해산물이 많이 들어가는 게 특징이며, 톳짜장면 등 특산물을 이용하여 차별화한 메뉴도 있다. 짜장면 못지않게 해산물을 듬뿍 넣은 짬뽕도 유명하다. 식당 중에서 원조마라도해물짜장면집, 철가방든해녀, 마라도해녀촌짜장이 많이 알려져 있다. 짜장면 가격은 9천원, 짬뽕은 1만5천원이다. 가파도 청보리막걸리도 별미이다.

가파도

상동선착장
블랑로쉐 가파도
가파도 김진현 핫도그
가파도 올레
가파도 청보리밭
가파초등학교
하동선착장
가파도 용궁정식
가파도 해물짜장짬뽕

청보리밭, 가파도 올레, 자전거 산책

가파도는 이름만큼이나 서정적인 섬이다. 제주도와 마라도 사이에 있다. 가파도는 해발 20.5m로 우리나라에서 가장 낮은 섬이다. 대정읍 모슬포에서 5.5km 떨어져 있다. 모슬포 옆 운진항에서 배로 10분이면 닿는다. 넓이는 27만 평으로 마라도의 2.5배이다. 주민 150여 명이 섬 위쪽 상동선착장 부근과 아래쪽 하동선착장 부근에 옹기종기 모여 살고 있다. 가파도 최고 명소는 보리밭이다. 햇빛 좋은 봄날, 상동 선착장에서 섬 안쪽으로 발걸음을 옮기면 탄성이 저절로 터져 나온다. 키 낮은 가옥과 작은 학교, 보건소 따위를 제외하고는 섬이 온통 청보리 초록 물결이다. 섬 전체가 푸르게 물결치는 모습이 감동적이다. 가파도 올레, 하동의 벽화마을 길, 9~10월의 해바라기와 코스모스꽃 잔치도 잊지 말고 찾아보자. 가파도는 2~3시간 남짓이면 다 돌아볼 수 있다. 자전거를 빌려 바람을 가르며 섬을 탐닉해도 좋을 것이다. 배 운항 편수는 하루 7회이다. 청보리축제가 열리는 4월 중순부터 5월 중순까지는 30분 간격으로 운행한다. 여객선 왕복 요금에 해상공원입장료 800원~1,000원이 추가된다.

©제주특별자치

Travel Tip 1 **가파도 가는 방법**

대정읍 운진항에서 여객선을 타야 한다. 보통 4~5편 운행한다. 주말이나 성수기엔 편수가 늘어난다. 청보리 축제가 열리는 3월 말부터는 손님이 많아 예약 필수이다. 날씨 때문에 편수가 줄어들 수 있으므로 사전에 꼭 확인해야 한다. 마라도와 마찬가지로 숙박 등 특별한 경우를 제외하면 체류 시간이 정해져 있다. 출발하는 배에 따라 2~3시간이다. 가파도행 여객선을 타려면 신분증이 있어야 한다. 승선신고서도 써야 한다. 주민등록증, 운전면허증 외에 주민등록등본과 초본, 가족관계증명서, 국가자격증, 의료보험카드, 학생증을 신분증으로 대신할 수 있다.

운진항 ⊙ 서귀포시 대정읍 최남단해안로 120(하모리 646-20) 📞 064-794-5490
₩ 어른 14,500원, 청소년 14,300원, 어린이 7,300원 ☰ wonderfulis.co.kr

Travel Tip 2 **가파도 자전거 대여**

가파도는 대부분이 평지라서 자전거로 둘러보기 편하다. 도보 여행보다 시간을 절약할 수 있는 장점도 있다. 자전거는 상동 선착장 가파도 마을회관에서 대여할 수 있다. ₩ 1인승 5천원, 2인승 1만원

📷 가파도 청보리밭

초록의 바다, 18만 평 청보리밭.
3월 중순부터 5월 중순까지 청보리 축제가 열린다.

청보리가 넘실넘실 춤춘다

대한민국에서 가장 먼저 봄이 오는 섬. 가파도는 3월 중순부터 청보리가 넘실댄다. 18만 평 보리밭이 바람 따라 춤을 춘다. 5월 초순까지 푸른 생명이 절정을 이룬다. 잘 자란 보리는 1m가 훌쩍 넘는다. 바람이 조금만 불어도 섬 전체가 넘실거린다. 푸른 들판으로 걸어가면 그대로 영화 한 장면이 된다.

3월 중순부터 5월 중순까지 청보리 축제가 열린다. 보리밭 걷기, 소망 기원 돌탑 쌓기, 가파도 청보리 막걸리 마시기 같은 체험을 할 수 있다. 봄이 청보리라면, 가파도의 여름은 해바라기, 가을엔 코스모스 세상이다. 노란 해바라기와 하늘하늘 코스모스가 당신을 유혹한다. 봄, 여름, 가을, 꽃밭을 품에 안고 가파도 올레를 걸어도 좋고, 따르릉따르릉 자전거를 빌려 섬 산책에 나서도 좋다. 그러다가 잠시 시선을 돌리면 한라산, 송악산, 산방산까지 제주도 남서부 풍경이 손에 잡힐 듯 당신에게 다가온다.

📷 가파도 올레

코스 상동 포구-하동포구(총 길이 4.2Km, 1~2시간 소요, 난이도 하)

상세 경로 상동 포구→냇골챙이(1.6km)→가파초등학교(2km)→개엄주리코지(2.9km)→큰옹진물(4.1km)→하동 포구(5km)

문의 및 대중교통 안내 064-762-2190 및 스마트폰 애플리케이션

10-1코스, 보리밭 사잇길로 걸어가면

가파도 올레는 5km로 제주 올레 중에서 가장 짧다. 천천히 걸어도 90분이면 충분하다. 하지만 어느 올레보다 표정이 풍부하다. 무엇보다 가장 낮은 섬에서 가장 높은 산을 눈에 넣으며 걸을 수 있다. 어디 그뿐인가? 해안가를 걷다가 보리밭 사잇길로 들어가고, 돌담길을 걷다가 다시 바닷가로 나오며 섬의 외면과 내면을 관통할 수 있다. 섬의 매력을 고스란히 느낄 수 있는 길인 셈이다.

올레는 S자를 그리며 가파도를 보여준다. 시작점은 상동 포구이다. 길은 얼마 후 마을을 오른쪽에 두고 바다로 나아간다. 30분쯤 걸었을까? 길은 섬 안쪽으로 여행자를 안내한다. 계절마다 청보리, 해바라기, 코스모스가 이어서 핀다. 가파초등학교를 지나면 멀리 송악산과 산방산이 가까이 다가와 있다. 길은 다시 해안가로 나와 쪽빛 바다를 보여준다. 그리고 얼마 후 하동 포구에서 올레는 수줍게 꼬리를 감춘다.

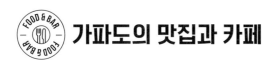

가파도의 맛집과 카페

🍴 가파도 김진현 핫도그

◎ 서귀포시 대정읍 가파로67번길 95-7 📞 0507-1372-6759 🕐 매일 09:00~17:00(6월 23일~8월까지 휴무) ₩ 4천원

가파도의 보물 맛집

가파도는 대한민국 최남단의 섬 마라도와 이웃하고 있고, 제주도 부속 섬 중 4번째로 큰 섬이다. 평지로 이루어져 있으며 도보 2시간이면 섬 전체를 둘러볼 수 있다. 섬을 걷다 보면 슬슬 배가 고파온다. 섬 특성상 먹을거리가 많지 않은 까닭에 김진현 핫도그가 친구를 만난 것처럼 반갑다. 갓 튀겨낸 빵 위에 적절한 설탕 그리고 케첩과 머스터드 소스가 뿌려진다. 보기만 해도 군침이 돈다. 한입 베어 물면 말 그대로 '겉바속촉'이다. 도톰한 소시지는 입속을 더욱 즐겁게 만든다. 평범한 핫도그이지만, 가파도에서 먹으면 그것 자체로 특별해진다.

🍴 가파도 해물짜장짬뽕

◎ 서귀포시 대정읍 가파로67번길 1 📞 064-794-6463 🕐 09:00~15:30 ₩ 9천원~3만원

착한 짬뽕 최종 후보

가파도를 가로질러 반대쪽으로 걸어가면 하동 선착장 근처, 해안가 끝자락에 있다. 겉모습은 일반 식당과 별반 다르지 않지만, 짬뽕이 나오는 순간 입이 떡 벌어진다. 소라, 문어, 작은 게, 새우 등이 면발 위에 가득하다. 짬뽕 맛의 비법은 단연 재료다. 가파도 해녀들이 직접 잡은 해산물들이다. 특히 중식 마니아들에겐 성지 같은 곳이다. 예전에 <먹거리 ×파일>에서 착한 짬뽕 최종 후보로 뽑혔다. 해물짜장면, 해물짜장밥, 소라구이, 모둠 해산물 등도 판매한다. 이왕 가파도까지 갔으니 가파도 보리막걸리도 한 잔 마셔보자.

🍽 가파도 용궁정식

📍 서귀포시 대정읍 가파로67번길 7 📞 064-794-7089
🕐 매일 10:00~20:00 ₩ 1만3천원~3만원

가성비 좋은 푸짐한 해산물 정식

가파도 하동 포구에 있는 이름난 해산물 정식 맛집이다.
여러 해산물이 밑반찬으로 나오는데 가성비가 뛰어나
다. 옥돔구이, 뿔소라, 성게미역국, 해물부침개, 게튀김,
갓김치, 고들빼기 등등이 가득 올라온다. 가격이 1만7천
원인데, 음식값에 비하면 과분할 정도다. 반찬이 하나같
이 맛있다. 가파도 계절 생선으로 만드는 조림정식도 판
매한다. 안주로는 보말파전과 소라파전이 있다. 여기에
청보리막걸리 한 잔 마시면 금상첨화. 식사는 2인분
부터 주문할 수 있다.

🍽 블랑로쉐 가파도

📍 서귀포시 대정읍 가파로 239 📞 0507-1381-3370 🕐 매일 10:30~17:00(풍랑주의보 시 휴무) ₩ 6천5백 원~1만원

통유리로 감상하는 가파도 바다

상동 포구 근처에 있는 오션 뷰 카페이다. 가파도 선착장에서 남쪽으로 조금만 걸어가면 보인다. 북쪽으로는 푸른
바다와 송악산, 산방산 그리고 한라산이 한눈에 들어오고, 남쪽으로는 가파도가 넓은 시야 가득 잡힌다. 청보리 아
이스크림이 대표 메뉴이다. 고소한 미숫가루와 청보리 가루가 뿌려진 아이스크림 위에 볶은 청보리 콩이 같이 나
오는 데, 달면서 고소하다. 블랑로쉐는 4월 초~5월 초 사이에 찾는 게 가장 좋다. 이때 청보리 축제가 열린다. 가파
도를 가득 메운 청보리가 바람이 불어 흔들릴 때면 온 섬이 흔들리는 것처럼 보여 신기하다.

비양도

동화 같은 신비의 섬

협재해수욕장 앞바다에 작은 섬이 떠 있다. 수심이 얕아 걸어서 갈 수 있을 것 같다. 어른들은 이 섬이 아주 먼 옛날 중국에서 날아왔다고 말해주었다. 이 전설을 들은 뒤로 비양도는 늘 신비의 섬이었다. 〈제주역사기행〉의 저자 이영권 선생의 말처럼 생김새가 〈어린 왕자〉에 나오는, 코끼리를 먹은 보아 뱀 같다. 2005년 고현정이 컴백하여 드라마 〈봄날〉을 촬영한 뒤로 세상에 널리 알려졌다.

비양도는 제주도에서 가장 젊은 섬이다. 〈신증동국여지승람〉에는 1002년과 1007년에 '산이 바다 한가운데서 솟아 나왔다'는 기록이 있다. 이 섬의 나이 이제 천 년이다. 섬 둘레는 약 3.5km이다. 화산 활동 때 솟아난 봉우리를 비양봉114m이라 부르는데 주민들은 '암메'분화구를 뜻하는 제주어라고도 한다. 정상엔 쌍분화구가 있다. 큰 것은 둘레가 800m이고 작은 것은 500m이다. 정상에 오르면 바다 건너 제주도와 한라산이 가득 들어온다. 그 광경이 혼자 보기 아까울 만큼 평화롭고 아름답다. 비양도에 가려면 한림항에서 배를 타야 한다. 15분이면 섬에 닿을 수 있다. 정상을 오르내리고 섬을 한 바퀴 돌려면 3시간 남짓 걸린다.

Travel Tip	비양도 가는 방법

한림항에서 하루 4회 왕복 운행한다. 왕복 요금은 어른 9천원, 어린이 5천원이다. 천년호와 비양호가 운행한다.
배 시간표
한림항 출발 09:00, 09:20, 11:20, 12:00, 13:20, 14:00, 15:20, 16:00
비양도 출발 09:15, 09:35, 11:35, 12:15, 13:35, 14:15, 15:35, 16:15
한림항 비양도 매표소 ◉ 제주시 한림읍 한림해안로 196 ☎ 064-796-3515

©제주특별자치5

비양도의 맛집과 카페

🍴 호돌이식당

📍 제주시 한림읍 비양도길 284 📞 064 796 8475
🕐 매일 09:00~16:00 ₩ 1만2천원~1만5천원

정성스럽게 만든 보말죽과 보말칼국수

비양도의 터줏대감 같은 해산물 전문 식당이다. 모든 음식
이 맛있지만, 이 집의 대표 메뉴는 단연 보말죽과 보말칼국
수다. 비양도 보말로 정성스럽게 고아낸 보말죽은 정말 맛
있다. 진하고 고소한 보말 맛이 죽에 깊게 배어 있다. 소라
와 문어를 함께 넣고 만든 보말칼국수도 이 집에서만 맛볼
수 있는 메뉴다. 이외에 소라, 성게, 전복으로 만든 물회도
빼놓을 수 없다. 기본 반찬도 인상적이다. 비양도 해녀들이
잡은 겡이(작은 게), 생미역, 톳 등이 기본 반찬으로 나오는
데, 주인의 손맛을 제대로 느낄 수 있다. 점심시간에는 자리
가 없을 정도이다.

🍴 쉼그대머물다

📍 제주시 한림읍 비양도길 274-2 📞 0507-1427-2871 🕐 월~목 09:00~16:00, 금~일요일 09:00~21:00 ₩ 7천원~1만6천원

한라산을 품은 제주도가 한눈에

비양도는 사람이 사는 제주의 부속 섬 중 가장 작다. 1시간이면 섬 대부분을 볼 수 있지만, 볼거리는 많은 섬이다. 오
름과 바다를 함께 즐길 수 있는 게 가장 큰 장점이다. 쉼그대머물다는 이 둘을 한꺼번에 즐길 수 있는 카페이다. 카
페 앞으로 에메랄드빛 바다와 한라산을 품은 제주도가 보이고, 뒤로는 귀여운 비양봉이 보인다. 2층 카페 건물 앞
뒤로 창문이 있어 이 아름다운 풍경을 모두 볼 수 있다. 메뉴로는 시그니처 커피인 쉼라테(쑥크림라테), 비양도 쑥
팬케이크, 팥빙수 등이 있다.

차귀도

📍 제주시 한경면 노을 해안로 1160

📞 064 738 5355

해안 절경과 기암괴석으로 만들어진 섬

제주도 주변에는 많은 섬이 있다. 우도, 마라도, 가파도, 비양도 등 대부분의 섬은 사람이 살고 있지만, 사람이 살지 않는 무인도 많다. 차귀도는 제주의 무인도 가운데 가장 크다. 제주에서 가장 아름다운 노을을 볼 수 있는 수월봉과 이웃해 있는데, 화산활동으로 생긴 해안 절경과 기암괴석으로 섬을 아름답게 장식하고 있다. 예전엔 차귀도에도 사람이 살았다. 가장 많을 때는 7가구가 살았지만, 지금은 사람의 흔적이 거의 사라져 자연 그대로의 아름다움을 느낄 수 있다.

차귀도로 가려면 섬 앞의 작고 아름다운 자구리 포구에서 유람선을 타면 된다. 푸른 바다를 가르며 10분 정도 가면 차귀도에 도착한다. 올레길이 조성되어 있어 어렵지 않게 차귀도를 탐험할 수 있다. 한 시간이면 섬 한 바퀴를 둘러보기에 충분하다. 정상에 오르면 한라산 아래로 펼쳐진 제주 서쪽 풍경이 한눈에 보이는데 숨이 막힐 정도로 아름답다. 유람선은 9시부터 15시까지 30분 단위로 운항한다. 참고로 차귀도 주변에서 잡히는 오징어는 제주에서 으뜸으로 쳐주니 오징어를 맛보는 것도 잊지 말자.

Travel Tip | **차귀도 가는 방법**

유람선 운항 시간 매일 09:00~ 15:00(30분 간격으로 운행한다. 차귀도에서도 나오는 시간은 출발 시각에서 70분 후이다. 계절과 날씨에 따라 운항 시간이 변동이 생기므로 미리 전화로 확인하자.)

투어 요금 **섬 탐방 노을 선셋 투어** 성인 2만2천 원, 어린이 1만7천원

돌고래 노을 선셋 투어 성인 3만5천원, 어린이 2만3천원

PART 10

한라산

한라산

걸어서 백록담까지

한라산은 제주도의 모태이다. 한라산을 중심으로 수많은 오름과 곶자왈, 계곡, 촌락이 생겨났다. 제주 사람들은 한라산을 북악, 서산, 두모악, 영주산 등으로 부르며 영산이라 믿어왔다. 1800년대 말 귀양을 왔다가 정상에 오른 면암 최익현은 백록담과 한라산을 소동파에게 보여주고 싶다며 절경에 감탄했다.

한라산을 오르는 길은 성판악, 관음사, 어리목, 영실, 돈내코, 어승생악, 석굴암 코스 등 모두 7개이다. 이 가운데 정상까지 갈 수 있는 등산로는 관음사와 성판악 코스 둘 뿐이다. 이 두 코스는 백록담을 만나는 감격을 맛볼 수 있지만, 왕복 20km에 가까운 산길을 10시간 남짓 걸어야 한다. 영실과 어리목 코스는 정상까지 갈 수 없지만, 7개 등산로 중에서 가장 아름답다. 꼭 백록담을 보지 않아도 된다면, 영실 코스로 올라 어리목 코스로 내려오기를 추천한다. 영실-어리목 코스를 이용하면 백록담을 뺀 한라산의 모든 절경과 환상적인 전망을 모두 경험할 수 있다. 등반 시간은 5~6시간 정도 걸린다. 돈내코 코스도 이와 비슷하다. 어승생악과 석굴암 코스는 가볍게 등산하기 좋다. 왕복 소요 시간은 1~2시간이다.

©제주특별자치도

성판악과 관음사 탐방로 예약제

성판악과 관음사 탐방로는 백록담까지 오를 수 있는 코스이다. 두 코스는 자연생태계 보호를 위해 탐방 예약제를 실시하고 있다. 1일 탐방 인원은 성판악 1,000명, 관음사 500명이다. 매월 업무 개시일 첫날부터 다음 달 이용 예약을 할 수 있다. 1인이 최대 4인까지 예약할 수 있다. 코로나19로 탐방 예약 정책이 변경될 수 있으므로, 사전에 반드시 확인해야 한다.

📞 064-713-9953 ⓘ https://visithalla.jeju.go.kr/

한라산 입산과 하산 통제시간

한라산은 당일 탐방이 원칙이다. 일몰 전에 하산을 완료할 수 있도록 마지막 입산 시간과 하산 시간을 정해 통제하고 있다. 첫 입산 시간은 계절에 관계없이 05:00부터이다. 계절별 마지막 출입 제한 시간은 다음과 같다.

		10월~3월	4월~9월	비고
입산	어리목입구매표소	12:00	15:00	
	영실탐방로입구통제소	12:00	15:00	
	성판악코스 탐방로 입구	11:30	12:30	정상 하산 동절기 13:30 하절기 14:30
	관음사코스 탐방로 입구	11:30	12:30	정상 하산 동절기 13:30 하절기 14:30
	어승생악코스	17:00	17:00	
	돈내코등반로입구안내소	10:00	11:00	
	석굴암 충혼묘지 주차장	17:00	17:00	
하산	윗세오름	15:00	17:00	
	백록담 정상	13:30	14:30	
	남벽 분기점	14:00	15:00	

*기상특보가 발령된 때에는 입산을 통제한다. 태풍주의보·경보, 호우주의보·경보, 대설주의보·경보, 강풍 경보가 발령된 때는 등산을 부분 또는 전면적으로 통제하고 입산객을 하산 조치한다.

한라산 탐방시 유의사항

❶ 식수 준비 한라산에서 식수를 조달하기 쉽지 않으므로 미리 식수를 챙기자.
❷ 비상식량 등반 시간이 길다. 사탕, 초콜릿, 김밥, 소금 등을 미리 준비하자.
❸ 여벌 옷 준비 한라산은 기상 변화가 심하다. 우비, 바람막이 옷, 여벌 옷을 갖추자.
❹ 등산화 착용 산이 험하므로 일반 운동화는 피하는 게 좋다. 꼭 등산화를 갖추자.
❺ 겨울철 장비 겨울철엔 아이젠, 장갑, 방한복, 따뜻한 물 등을 꼭 준비하자.
❻ 배낭 무게 줄이기 몸이 힘들면 작은 짐도 부담이 된다. 배낭 무게를 줄이자.
❼ 위치 번호 확인 위급 시엔 탐방로 주변에 설치한 위치표시판 번호를 확인하자.

📷 성판악 탐방로

📍 제주시 조천읍 516로 1865(교래리 산 137-24)
📞 064-725-9950
ⓘ 대중교통 281번 버스, 181번 버스

코스 성판악 탐방 안내소-백록담(왕복 19.2Km, 8~9시간 소요, 난이도 상)

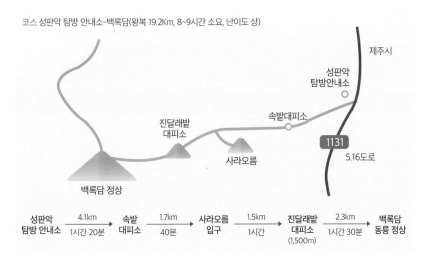

| 성판악
탐방 안내소 | 4.1km
1시간 20분 | 속밭
대피소 | 1.7km
40분 | 사라오름
입구 | 1.5km
1시간 | 진달래밭
대피소
(1,500m) | 2.3km
1시간 30분 | 백록담
동릉 정상 |

삼림욕과 환상적인 오름 군락을 즐기자

한라산 동쪽 코스이다. 관음사 코스와 더불어 백록담까지 오를 수 있는 탐방로이다. 오르는 길만 9.6Km로 한라산의 모든 탐방로 중에서 가장 길다. 해발 750m에 있는 성판악 관리사무실에서 출발한다. 속밭 대피소, 사라오름 입구, 진달래밭 대피소를 거쳐 정상까지는 이어진다. 왕복 19.2km를 걸어야 하므로 체력안배가 중요하다. 해발 1,300m 지점에 사라오름 전망대가 있다. 산정호수를 품은 사라오름과 한라산의 아름다운 경관을 감상할 수 있다.

성판악 탐방로는 숲길이 많아 삼림욕을 즐기기에 최적 코스이다. 탐방로에서 내려다보이는 오름 군락은 신비롭고 환상적이다. 한라산은 크리스마스 나무로 알려진 구상나무의 자생지이다. 정상에 가까워질수록 구상나무 군락을 자주 볼 수 있다. 숨차게 급경사를 오르면 둘레 1,720m, 깊이 108m의, 흰 사슴이 산다는 거대한 연못 백록담이 와락 다가온다. 성판악 코스는 교통편이 잘 갖춰져 있다. 제주시와 서귀포를 잇는 시외버스를 이용하거나 자동차로 성판악 주차장까지 가 등산을 시작하면 된다. 내려올 때는 관음사 코스를 이용해도 된다.

©제주

📷 관음사 탐방로

📍 제주시 산록북로 588(오등동 산180-3)

📞 064-756-9950

ⓘ 대중교통 475번 버스

코스 관음사지구 야영장-백록담(왕복 17.4Km, 10시간 안팎 소요, 난이도 상)

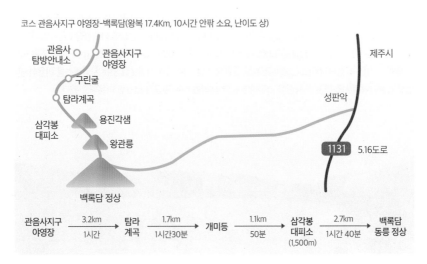

| 관음사지구 야영장 | 3.2km 1시간 | 탐라 계곡 | 1.7km 1시간30분 | 개미등 | 1.1km 50분 | 삼각봉 대피소 (1,500m) | 2.7km 1시간 40분 | 백록담 동릉 정상 |

계곡이 깊고 산의 형세가 웅장하다

한라산 북쪽 탐방로이다. 탐방로 입구에 무척 큰 야영장이 있다. 성판악 탐방로와 더불어 한라산 정상에 오를 수 있는 코스다. 탐방로 길이가 8.7㎞로, 한라산 등반 코스 중에서 성판악에 이어 두 번째로 길고, 등반 시간은 편도 5시간 안팎으로 가장 많이 걸린다. 성판악 탐방로보다 거리가 짧은데 백록담까지 오르는 시간이 더 걸린 다는 건 그만큼 탐방로가 험하다는 뜻이다. 실제로 성판악 코스보다 계곡이 깊고 산세가 웅장하다. 해발 고도 차이도 커 한라산의 진면목을 볼 수 있다.

관음사 코스는 전문 산악인이나 등산을 자주 하는 사람이 많이 이용한다. 성판악 코스로 올랐다가 내려올 때는 이 코스를 이용하는 사람도 많다. 반대로 관음사 코스로 올랐다가 성판악 탐방로로 내려와도 된다. 관음사지구 야영장을 출발해 30분쯤 오르면 제주도에서 가장 높이 있는 구린굴이 나온다. 탐라계곡, 숲이 울창한 개미등, 삼각봉 대피소, 왕관릉을 지나 숨이 턱까지 차오를 때까지 가파른 경사를 오르면 이윽고 정상이다. 이제 더 오를 곳이 없다. 당신이 서 있는 그곳이 하늘이 제일 가까운 곳이다.

©제주통

영실 탐방로

📍 서귀포시 영실로 248(하원동 산1-1)
📞 064-747-9950
ⓘ 대중교통 240번 버스

코스 영실 탐방 안내소-남벽 분기점(왕복 11.6Km, 5~6시간 소요, 난이도 중)

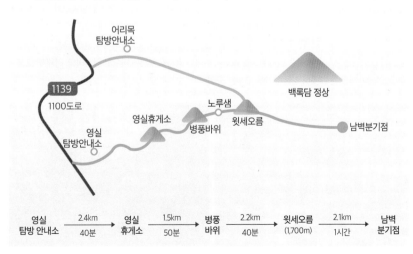

영실 탐방 안내소	2.4km 40분	영실 휴게소	1.5km 50분	병풍 바위	2.2km 40분	윗세오름 (1,700m)	2.1km 1시간	남벽 분기점

환상적인 절경을 모두 보여준다

한라산 서남쪽 탐방로이다. 해발 1,000m에 있는 영실 탐방 안내소에서 출발한다. 영실 휴게소까지 2.4km 구간
은 자동차 도로를 따라 올라가야 한다. 휴게소에서 간단한 식음료와 아이젠 같은 등산 장비를 살 수 있다. 등산
로는 병풍바위, 윗세오름 대피소1,700m를 지나 남벽 분기점1,600m까지 이어진다. 영실 탐방 안내소에서 출발하
면 편도 3시간 15분, 영실 휴게소에서 출발하면 편도 2시간 30분 정도 걸린다. 영실 계곡에서 병풍바위에 이르
는 구간을 빼면 난도는 그리 높지 않다. 초보자에게 잘 어울리는 코스이다.

아름드리 소나무 숲, 병풍바위와 영실기암, 짜릿한 카타르시스를 느끼게 해주는 탁 트인 시야, 고산평원과 정상
남벽의 웅장함…… 영실 탐방로는 한라산의 환상적인 절경을 모두 보여준다. 발라드와 메탈, 재즈와 클래식 명
곡을 한 음반에서 모두 듣는 것과 비슷하다. 하산할 때는 다시 영실로 내려와도 되지만 남벽 순환로를 따라 윗세
오름까지 되돌아온 뒤 이곳에서 갈라지는 어리목 코스를 추천한다. 어리목 코스는 숲이 많아 산림욕을 즐기기
좋다. 남벽 순환로 일대는 날씨 변화가 심하다. 안개와 바람에 미리 대비하는 게 좋다.

©제주특

📷 어리목 탐방로

📍 제주시 1100로 2070-61(해안동 산220-13)

📞 064-713-9950~1

ⓘ 대중교통 240번 버스

코스 어리목 탐방 안내소-남벽 분기점(왕복 13.6Km, 5~6시간 소요, 난이도 중)

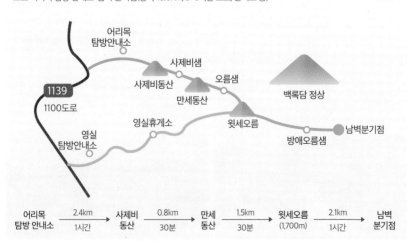

어리목 탐방 안내소	2.4km 1시간	사제비 동산	0.8km 30분	만세 동산	1.5km 30분	윗세오름 (1,700m)	2.1km 1시간	남벽 분기점

평탄하지만 경치 좋은 인기 등산로

한라산 서북쪽 탐방로이다. 영실 탐방로의 행정구역이 서귀포시라면, 어리목 탐방로는 제주시에 속한다. 해발 970m인 어리목 탐방 안내소에서 시작하여 어리목계곡, 사제비동산1,423m, 만세동산, 윗세오름 대피소1,700m, 남벽 순환로를 거쳐 남벽 분기점1,600m까지 이어진다. 탐방로 길이는 6.8km이고, 편도 3시간 안팎 걸린다.

어리목 탐방로는 영실과 더불어 등산객이 가장 많이 이용하는 등반로이다. 영실 코스보다 1km 더 길지만, 등산 로가 평탄해 시간은 오히려 덜 걸린다. 다만 어리목계곡과 사제비동산 사이 구간은 숨이 목까지 차오를 만큼 경사가 심하다. 이 구간을 지나면 남벽 분기점 구간까지 어렵지 않게 오를 수 있다. 어리목 탐방로의 최고 구간은 윗세오름 대피소에서 남벽 분기점에 이르는 구간이다. 이 구간에서는 고산평원의 아름다움과 백록담 남벽의 장중한 절경을 마음껏 감상하며 걸을 수 있다. 하산할 때는 윗세오름까지 되돌아온 뒤 영실 탐방로를 이용하자. 등산 어리목, 하산 영실 코스를 잡는다면 백록담을 제외한 한라산 최고 절경과 신비로운 오름 군락, 바다까지 탁 트인 시야감을 모두 체험할 수 있다.

📷 돈내코 탐방로

📍 서귀포시 돈내코로 295-28
📞 064-710-6920~3

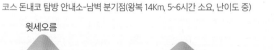

코스 돈내코 탐방 안내소-남벽 분기점(왕복 14Km, 5~6시간 소요, 난이도 중)

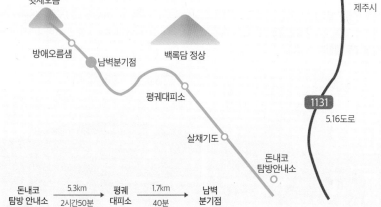

윗세오름

방애오름샘   남벽분기점

백록담 정상

평궤대피소

살채기도

제주시

1131

5.16도로

돈내코
탐방안내소

돈내코 탐방 안내소	5.3km 2시간50분	평궤 대피소	1.7km 40분	남벽 분기점

최고의 산림욕 코스

한라산 남쪽 코스이다. 돈내코탐방로는 서귀포시 충혼묘지 위쪽 돈내코 탐방 안내소500m에서 출발한다. 동산로는 썩은 물통, 살채기도, 평궤대피소1,450m를 지나 남벽 분기점까지 이어진다. 코스 길이는 7km이고, 등산 시간은 편도 3시간 30분 안팎 걸린다. 영실, 어리목 탐방로와 마찬가지로 종점은 남벽 분기점이다. 하산할 때는 영실이나 어리목 탐방로를 이용하자. 종점에서 남벽 순환로를 따라 1시간 남짓 걸어가면 윗세오름이 나온다. 이곳에서 어리목과 영실 탐방로가 갈라진다. 한라산의 기승전결을 다 보여주는 입체적인 풍경을 원한다면 영실 코스로, 숲길을 걸으며 산림욕을 즐기고 싶다면 어리목 코스로 길을 잡으면 된다.

돈내코 탐방로는 한라산 남쪽에 있어서 식생의 변화가 다채롭다. 산 아래부터 위로 올라가면서 동백나무 같은 상록수, 단풍나무와 서어나무 같은 활엽수, 구상나무 같은 한대 숲이 수직적으로 분포하고 있다. 나무에 관심이 많고 삼림욕을 즐기고자 하는 사람에게 어울리는 탐방로이다.

📷 어승생악 탐방로

📍 제주시 1100로 2070-61(해안동 산220-13) 📞 064-713-9950~1 ⓘ 대중교통 240번 버스
코스 어리목 탐방 안내소-어승생악 정상(왕복 2.6Km, 1시간 소요, 난이도 하)

짧지만 풍경이 짜릿하다
해발 970m 어리목 탐방 안내소에서 시작하여 해발 1,169m 어승생악 정상까지 이어지는 비교적 짧은 등산로이다. 편도 30분 남짓 가볍게 등산하며 한라산을 느끼고 싶은 사람에게 추천한다. 어승생악은 제주도 북부 지역을 대표하는 오름이다. 날이 청명한 날에는 탁 트인 시야감을 짜릿하게 느낄 수 있다. 제주 시내는 물론 비양도, 우도, 성산 일출봉, 그리고 멀리는 추자도까지 시야에 담을 수 있다. 파노라마처럼 펼쳐지는 전망을 보고 있으면 가슴이 벅차고 심장이 쫄깃쫄깃하다. 어승생악 정상에는 1945년에 만든 일본군 해군사령부 동굴 진지가 있다. 총 길이는 317m에 이르고 출입구는 셋이었다. 이 동굴 진지는 1945년에 일본군 제58군사령부 지휘부 사무실로 쓰였다. 태평양 전쟁 말기, 수세에 몰린 일본이 제주도를 저항 기지로 삼았던 사실을 알려주는 요새 시설이다. 당시 만들어진 토치카가 아직 남아있으며, 토치카와 연결되었던 지하 요새는 지금은 함몰되어 막혀있다. 요즘엔 다크 투어리즘의 주요 코스로 떠오르고 있다.

📷 석굴암 탐방로

📞 064-713-9950~1 ⓘ 대중교통 240번 버스
코스 제주시 충혼묘지 주차장-석굴암(왕복 3Km, 1시간 소요, 난이도 하)

계곡과 숲이 아름답다

한라산 북쪽에 있는 짧은 등산 코스이다. 코스는 1.5km에 지나지 않지만, 경사가 급하고 나무 계단이 많아 제법 숨이 차다. 이 코스의 공식적인 출발지는 제주시 충혼묘지 주차장이지만 1100도로1139번 도로 변에 있는 천왕사 입구부터 시작하길 추천한다. 천왕사 입구부터 시작되는 삼나무 숲길이 무척 아름다운 까닭이다. 삼나무가 하늘을 밀어 올릴 듯 수직으로 자란다. 삼나무 숲길이 부드러운 곡선을 그리며 여행자를 한라산으로 안내한다. 10여 분 삼나무 숲길을 걸으면 한라산에 들기도 전에 힐링이 다 된 거 같다. 제주시 또는 중문에서 240번 버스를 타고 1100도로 충혼묘지 정류장에서 내리면 이윽고 삼나무 숲길이 시작된다. 석굴암 탐방로는 계곡이 깊고 소나무가 아름답다. 숲을 지나는 바람 소리를 들으며 한 시간 오르면 암벽 아래에 있는 석굴암이 나온다. 이름은 경주 석굴암과 같지만, 조형미와 숭고미는 기대하지 말자. 절보다는 바위 절벽과 깊은 계곡이 더 인상에 남는다.

Index
찾아보기

명소

카페&숍